KB120390

서정주의 우주론적 언술미학

정 유 화 지음

청운

| 머리말 |

시 텍스트를 읽고 분석하는 일은 고되지만 그것을 통하여 새로운 의미를 탐구해낼 때의 기쁨은 헤아릴 수 없이 크다. 어쩌면 그 기쁨을 자주 만끽하기 위하여 스스로 그 고된 일을 자초하고 있는지도 모른다. 필자에게 시 텍스트는 매혹의 근원이고 기쁨의 근원이다. 좋은 시 텍스트는 분석하면 할수록 새로운 의미와 새로운 구조를 보여주기 때문이다. 비유하자면 좋은 시 텍스트의 분석은 깊은 샘에서 맑고 차가운 신선한 물을 길어 마시는 것과도 같다.

그렇다면 시 텍스트가 어떤 마력을 지니고 있기에 늘 새로운 의미, 새로운 구조를 보여주는가. 예의 그것은 시 텍스트가 언어로 구조화된 기호공간의 세계이기에 그러하다. 기호공간 안에서의 언어는 그 자체로써 어떤 고유한 의미를 지니지는 못한다. 그 언어가 기호공간의 테두리 안에 있는 다른 요소들의 언어들과 관계할 때에 비로소 의미가 생성되기 때문이다. 말하자면 이때에 개성적이고 창조적인 의미를 생성시킬 수 있는 것이다. 그러므로 언어를 구조화한 시 텍스트가 어떤 기호형식을 갖느냐에 따라 그 시적 의미는 수시로 달라질 수밖에 없다.

이런 점에서 보면, 우리가 시 텍스트를 읽는다는 것은 다름 아니라 그 기호형식 곧 구조를 읽는다는 뜻이다. 그 구조를 어떻게 파악하느냐에 따라 그 언어들의 관계가 다양하게 나타나기에 그러하다. 물론 그 관계가 달라지면 당연히 의미작용도 달라질 수밖에 없다. 그런데 문제는 그러한 구조가 불가시적으로 존재한다는 사실이다. 부연하면 하나의 물건이나 건물의 형태처럼 눈에 보이거나 지각되지 않는다는 점이다. 그러므로 우리가 시 텍스트를 분석한다는 것은 바로 불가시적인 구조를 가시적인 구조로 명료하게 밝혀낸다는 것을 의미한다.

예의 그러한 구조를 가장 합리적 논리적으로 탐색할 수 있는 것은 바로 기호론적 연구방법이다. 시 텍스트는 시인의 전기적 산물 그 자체도 아니고, 시인의 이데올로기적 산물 그 자체도 아니다. 시 텍스트는 다름 아닌 시인의 언어적 산물일 뿐이다. 그래서 시 텍스트의 기호형식은 곧 시인의 실존 그 자체를 나타내준다. 요컨대 시적 언어의 구조 양식이 곧 시인의 존재 양식 그 자체라는 것이다. 따라서 기호론적 방법으로 시 텍스트의 구조와 의미작용을 가시적으로 탐색해낸다면, 그 탐색 결과가 바로 시인의 존재적 의미가 되는 것이다.

필자는 기호론적 방법론으로 서정주 시인의 시 텍스트를 분석하였다. 예의 서정주의 시 텍스트는 감동적인 기호형식과 기호작용을 보여주고 있었다. 서정주는 언어를 시 텍스트로 구조화하는 기호형식을 통해서 신비한 우주공간의 삶을 두루 다 체험하는 놀라운 시적 상상력을 창조해내고 있었다. 이를 한마디로 단언하면 서정주는 '땅↔바다↔하늘'로 순환하는 기호형식을 창조해놓고, 그 속에서 우주적인 리듬을 따라 영원히 살고 있는 시적 존재로 나타난다. 우주와 합일된 존재로서 말이다.

이 책을 출판해주신 전병욱 사장님께 전심을 다하여 감사하다는 말씀을 올린다. 서재에 깊이 잠들어 있던 학위논문과 학술논문을 꺼내어 이 세상의 빛을 볼 수 있도록 부족한 필자를 늘 격려하며 이끌어주었기 때문이다. 사장님 아니었다면 지금도 먼지 쌓인 구석진 공간에서 이 논문들은 잠자고 있었을 것이다. 더불어 깔끔하게 편집해주신 최덕임 편집장께도 감사드린다. 오랫동안 다듬고 다듬었지만 부족한 점이 너무 많은 책이다. 바라건대 서정주 연구에 하나의 작은 디딤돌이라도 되었으면 좋겠다.

2013년 9월 21일

정 유 화

차례

차례

| 제1장 |

천·지·인 통합의 기호론적 공간

|제1장| 천·지·인 통합의 기호론적 공간

Ⅰ. 연구사 검토 및 시적 공간의 의미

1. 연구사 개관

未堂 徐廷柱(1915~2000)는 한국 현대시문학사를 대표하는 시인 가운데 한 사람이다. 그는 한국 현대시문학사에서 "언어의 政府"[1]로 지칭될 만큼 그의 작품 세계는 다양한 면과 독특한 깊이를 지니고 있다. 서정주는 1935년 ≪詩建設≫에 작품 「自畵像」을 발표하면서부터 詩作을 하여 1936년 동아일보 신춘문예에 「벽」이 당선되어 정식으로 문단 활동을 시작했다. 같은 해에 동인지 ≪詩人部落≫을 창간,[2] 주재하면서 여기에다 「문둥이」, 「대낮」, 「房」 등을 발표하였고, 그 동안의 시를 모아 첫 시집 『花蛇集』을 上梓하게 된다. 『花蛇集』 이후 그의 줄기찬 시적 편력은 『新羅抄』, 『冬天』, 『질마재 神話』 등의 세계를 지나 90년대의 『山詩』라는 세계의 다양한 산봉우리에 오른 것이다. 이와 같은 서정주 시인의 詩精神과 시적 방법은 한국 현대시의 근원적인 주류를 터 놓았을 뿐만 아니라, 그 量과 質에 있어서 현대시를 한 차원 더 넓혀 놓았다.

그 동안 未堂의 시에 대한 논의는 긍정과 부정의 이분법적 대립이라

---

1) 고 은, 「서정주시대의 보고」, ≪문학과 지성≫, 1973년 봄호, p.181. "서정주는 政府다. 그가 그의 당대에 보여주고 있는 秘術的 카리스마와는 달리, 한국 시문학사는 그를 언어의 정부로서 논술할 필요가 있다."

2) ≪詩人部落≫은 1936년 11월 서정주의 주재하에 발간된 시 전문지로 同人은 함영수, 김동리, 오장환, 김달진, 김상원 등이었고, 지령은 단 2호로 끝난 동인지이다.

는 단조로운 틀 속에서 진행되어 왔다.[3] 이러한 고착된 시각 속에서 서정주 시세계를 논의하는 것은 많은 위험성을 내포한다. 왜냐하면 첫째로 評者들의 논의가 서정주 시 전체를 통합적으로 고찰하여 평가한 것이 아니기 때문이다. 둘째로는 평자들이 객관적인 잣대를 설정하지 못하고 다소 감정적인 잣대로 미당을 평가한 것이기 때문이다. 셋째로는 시가 유기체적 동적 구조물이라는 작품의 자율성을 배제한 채 시인론(전기적 비평)에만 치우칠 경우, 독자들에게 작품의 해석이나 감상에 협소한 시각을 줄 소지가 있기 때문이다.

필자는 그 동안 논의된 연구 업적들을 몇 가지 유형으로 분류해 보고 이들 논의에 나타난 미비점을 지적해 보고자 한다.

첫째, 未堂의 詩論과 생애사적 요소 및 사회(역사)적 배경을 바탕으로 서정주 시정신의 실체와 그 의식의 변화과정을 기본적으로 논의한 유형을 들 수 있다. 김윤식, 김시태, 박철석, 황동규, 김병택, 손진은, 윤재웅, 김선영, 김정신, 김종호 등이 예의 역사·전기적 비평을 참조하여 未堂의 정신사와 그 시적 욕망을 집중 조명한 부류이다.[4] 이 유형의 작

---

3) 김봉군, 「미당 서정주」, 『한국현대작가론』, 민지사, 1988, pp.229~30.
이 글에서 조연현, 문덕수, 원형갑, 김용직, 천이두, 최원규, 오세영, 김재홍 등은 미당의 시적 작업에 대해 긍정적으로 평가한다. 반면에 미당 문학을 세계적인 보편성과 지성의 수용면에서 질타, 부정하는 평자로 송 욱, 김우창, 김시태가 있다. 그런가 하면 문학사적 의미는 긍정하면서도 그 한계점을 지적 비판한 평자로는 김윤식, 김학동, 김선학 등이 있다.

4) 김윤식, 「서정주의 『질마재 神話』 攷」, ≪현대문학≫, 1976. 3.
———, 『미당의 어법과 김동리의 문법』, 서울대학교출판부, 2002.
김시태, 「想像의 패러독스-서정주론」, 『현대시와 전통』, 성문각, 1981.
박철석, 「미당 시학의 변천고」, ≪한국문학논총3≫, 1980. 12.
황동규, 「탈의 완성과 해체」, ≪현대문학≫, 1981. 9.
김병택, 「시적 경험과 상상력:서정주론」, 『바벨탑의 언어』, 문학예술사, 1986.
손진은, 『서정주 시의 시간성』, 경북대 대학원, 박사학위논문, 1996. 2.
윤재웅, 『서정주 시 연구』, 동국대 대학원, 박사학위논문, 1996. 8.
김선영, 『서정주 시 연구』, 성신여대 대학원, 박사학위논문, 1998. 8.
김정신, 『서정주 시의 변모과정 연구』, 경북대 대학원, 박사학위논문, 2000. 8.
김종호, 『서정주 시의 영원지향성 연구』, 상지대 대학원, 박사학위논문, 2001. 8.

업은 초기 서정주 시를 이해하는데 큰 주춧돌이 되었지만, 텍스트 자체의 분석보다는 지나치게 텍스트 외적인 요소에 중심을 두고 시인의 정신사와 그 의미를 조명하다보니 작품의 내재적 분석에는 한계를 지닐 수밖에 없었다.

둘째, 종교적 차원에서 未堂의 작품을 중심으로 시적 의미 및 상상력의 세계를 탐구한 유형이다. 즉 未堂 시에 나타난 불교사상, 샤머니즘(무속), 설화(신화)를 삼국유사 등과 대비하여 詩作의 변모양상 및 主題意識을 고찰한 유형이라 할 수 있다. 김해성, 김지향, 김선학, 이몽희, 송하선, 오세영, 배영애, 홍신선, 김옥성, 오태환 등이 이 유형에 속하는 평자들이다.[5] 대체로 이들이 탐구한 내용은 신라정신, 동양정신의 구체적인 의미와 그 작용을 추출하는데 모아지고 있다.

이 논문 중에서 조금 새로운 면을 보여 주는 것으로는 오세영의 글을 꼽을 수 있겠다. 오세영은 「귀촉도」 한편을 '귀촉도'라는 설화를 도입하여 내재적 구조 속에서 이미지를 자세하게 분석하여 그 의미작용까지를 공간적으로 밝혀내고 있다. 기존의 막연하고 추상적이던 시적 화자의 '恨'을 구체적 실상으로 보여준 깊이 있는 논문이라 생각된다.

셋째, 작품에 나타난 이미지와 상징을 추출하여 심리학적 내지 현상학적 비평으로 未堂의 시적 인식과 존재론적 의미를 탐구한 유형이다. 이 유형에 속하는 평자들은 정금철, 류근조, 김열규, 김재홍, 이진홍, 육

5) 김해성, 「서정주」, 『현대불교시인연구』, 대광문화사, 1981.
김지향, 「서정주 시에 나타난 巫俗信仰的 특성」, ≪한양여전논문집≫ 8집, 1985.
김선학, 「시와 불교의 만남」, 박상률 엮음, 『불교문학평론선』, 민족사, 1990.
이몽희, 「서정주」, 『한국 현대시의 巫俗的 연구』, 집문당, 1990.
송하선, 『미당 서정주 연구』, 鮮一文化社, 1991.
오세영, 「설화의 시적 변용」, 『미당 연구』, 민음사, 1994.
배영애, 『현대시에 나타난 불교의식 연구: 한용운, 서정주, 조지훈 시를 중심으로』, 숙명여대 대학원 박사학위논문, 1999. 8.
홍신선, 「서정주 시의 불교적 상상력」, 『한국시와 불교적 상상력』, 역락, 2004.
김옥성, 『한국 현대시의 불교적 시학 연구: 한용운, 조지훈, 서정주의 시를 중심으로』, 서울대 대학원, 박사학위논문, 2005. 8.
오태환, 『서정주 시의 무속적 상상력 연구』, 고려대 대학원, 박사학위논문, 2006. 2.

근웅, 김용희, 문정희, 남진우, 정효구, 김수이, 최현식, 정형근, 이수정 등이다.[6] 사실 서정주 시에 대한 본격적인 논의와 다양한 해석을 시도한 것은 이 부류의 논자들에 의해서 열려지게 되었다고 볼 수 있다.

이 중에서 새로운 의미를 모색한 글을 소개하면 다음과 같다. 김재홍은 이미지를 시의 중핵으로 보고 서정주 詩의 본질구조와 그 변모의 원리를 논리적으로 모색했다. 그는 대지적 질서를 우주적 질서의 차원으로 상승시키는 것이 서정주의 詩學이라고 언급하면서, 불교적 윤회의 은유법을 통해 인간의 물질적인 대지적 근원성을 우주적 영원성으로 상승시키려는 노력의 과정이었다고 결론지었다. 이에 비해 정효구는 『花蛇集』에 나타난 육체성을 단지 대지성, 원죄라고 하는 기존의 견해

---

6) 정금철, 『화사집』의 심리분석적 접근」, ≪서강어문≫ 제1집, 서강어문 학회, 1981. 6.
류근조, 「詩에 있어서의 Ethos的 영원성에 관한 연구」, 『한국 현대시의 구조』, 중앙출판, 1984.
김열규, 「俗信과 신화의 서정주론」, 『우리의 傳統과 오늘의 문학』, 문예출판사, 1987.
김재홍, 「미당 서정주-대지적 삶과 생명에의 飛翔」, 『한국현대시인연구』, 一志社, 1989.
이진흥, 『서정주 시의 심상 연구』, 영남대 대학원 박사학위 논문, 1989. 2.
육근웅, 『서정주 시 연구』, 한양대 대학원 박사학위 논문, 1990. 12.
김용희, 「서정주 시의 욕망구조와 그 은유의 정체-『서정주 시선』을 중심으로」, ≪이화어문논집≫ 제12집, 1992. 3.
문정희, 『서정주 시 연구: 물의 심상과 상징체계를 중심으로』, 서울여대 대학원 박사학위 논문, 1993. 8.
남진우, 「남녀 양성의 신화: 서정주 초기시의 심층 탐험」, 『미당연구』, 민음사, 1994.
정효구, 「서정주의 시집 『화사집』에 나타난 육체성」, 『20세기 한국시의 정신과 방법』, 시와 시학사, 1995.
김수이, 『서정주 시의 변천과정 연구: 욕망의 변화 양상을 중심으로』, 경희대 대학원, 박사학위논문, 1997. 8.
최현식, 『서정주와 영원성의 시학』, 연세대 대학원, 박사학위논문, 2003. 2.
정형근, 『서정주 시 연구: 판타지와 이데올로기의 문제를 중심으로』, 서강대 대학원, 박사학위논문, 2005. 2.
이수정, 『서정주 시에 있어서 영원성 추구의 시학』, 서울대 대학원, 박사학위논문, 2006. 8.

에 대해 지적한다. 정효구는 융의 심리학적 방법을 적용하여 육체성을 '숙명, 그림자, 우주적인 힘, 에로스'와 관련시켜 육체성의 실상과 그 의미를 새롭게 조명했다.

넷째, 형식주의, 구조주의, 기호학 등의 이론을 적용하여 텍스트의 내적 문법 구조와 시·공간기호의 체계를 밝혀 보고자한 유형이다. 심재기, 김화영, 이어령, 송효섭, 김옥순, 이경희, 이승훈, 유지현, 엄경희, 이경수 등이 이에 해당된다.[7] 대부분 이에 해당하는 논자들은 시 전체를 하나의 유기적 체계로 보고 텍스트의 내재적 비평으로써 텍스트 건축의 원리, 구조, 의미, 기호체계 등을 분석했다. 특히 기호학 이론으로 접근한 연구는 기호학의 가장 기본적인 원리라고 할 수 있는 '선택과 결합'의 이항대립을 적용하여 텍스트 자체의 의미작용의 실제를 새롭게 탐구하고 있었다.

최근 이런 논자들의 비평에 의해 서정주 시에 대한 논의가 새롭게 진행된 것은 고무적인 일이 아닐 수 없다. 특히 이어령과 이경희의 논문은 비록 몇몇 작품을 텍스트로 선정하여 부분적으로 분석하긴 했지만, 서정주 시를 새로운 시각에서 볼 수 있는 가능성을 시사했다는 점에서 큰 의미를 갖는다고 본다. 필자가 전개해 나갈 본 논문의 연구시각도

---

7) 심재기, 「'映山紅'의 詩文法的 구성분석」, ≪언어≫, 제1권 제2호, 1976.
김화영, 『미당 서정주의 시에 대하여』, 민음사, 1984.
이어령, 「피의 순환과정-未堂詩學」, ≪문학사상≫, 1987. 10.
송효섭, 『질마재 神話』의 서사구조 유형」, 최현무 엮음, 『한국문학과 기호학』, 문학과 비평사, 1988.
김옥순, 「서정주 시에 나타난 우주적 신비체험-화사집과 질마재 신화의 공간구조를 중심으로」, ≪이화어문논집≫ 제12집, 1992. 3.
이경희, 「서정주의 시 「알묏집 개피떡」에 나타난 신비체험과 공간」, 『문학상상력과 공간』, 도서출판 창, 1992.
이승훈, 「서정주의 초기시에 나타난 미적 특성」, 『미당 연구』, 민음사, 1994.
유지현, 『서정주 시의 공간 상상력 연구: 『화사집』에서 『질마재 신화』까지』, 고려대 대학원, 박사학위논문, 1998. 2.
엄경희, 『서정주 시의 자아와 공간·시간 연구』, 이화여대 대학원, 1999. 2.
이경수, 『한국 현대시의 반복 기법과 언술 구조: 1930년대 후반기의 백석·이용악·서정주 시를 중심으로』, 고려대 대학원, 박사학위논문, 2003. 2.

이 유형에 속한다. 상세한 것은 본론에서 언급하겠지만, 앞의 논자들이 단편적으로 분석한 내용 중에서 미비점을 보완해 가며 서정주 시 전체를 통합적으로 분석하고자 한다.

2. 연구 목적

서정주 시에 대한 지금까지의 연구업적이 어느 정도 시인의 시를 이해하고 해명하는데 큰 기여를 한 것은 사실이다. 하지만 논의의 대부분이 몇몇 작품이나 시집에 한정되었을 뿐만 아니라, 뚜렷한 방법론적인 자각 없이 자기 편의적인 발상에 기댄 채 논의되어 왔다. 그러다 보니 未堂의 경험적 사실이나 자서전적인 기록에 의존하기도 하였고, 작품보다는 시인의 정신사에 매달려 작품을 解讀하는 경우가 많았다. 연구자들이 서정주 시를 총체적으로 다루었다 하더라도 그 의미면에서는 이러한 한계를 극복하지 못한 것이 사실이다.

물론 문학 작품 이외의 외재적 제 요건들이 작품을 분석하는 데 유용한 면이 없지는 않다. 그러나 시 작품 자체의 내적 구조의 자율성을 간과한 채 주제라 할 수 있는 의미 추출에만 초점을 맞출 때, 작품 자체를 구성하고 있는 언어기호는 시인의 사상만 전달하는 수동적이고 종속적인 위치로 전락하고 말 것이다. 그래서 논자들의 대부분은 未堂의 시세계를 보편적으로 초기의 원시적 육성과 야수적 욕정으로부터 시작해 민족정서의 고향인 불교와 신라의 영원주의, 그리고 후기의 토착세계나 일원적 조화주의라는 정신적 미학에 가 닿게 마련이었다. 물론 최근에 와서는 작품의 내재적 비평에 충실한 논문이 많이 산출되기 시작했고, 그 논문들이 보여준 새로운 시각은 서정주 시를 多義的으로 읽게 하는 열린 공간을 제시해 주고 있다. 하지만 작품 전체를 대상으로 하여 천착한 글들이 없다는 게 하나의 흠으로 지적될 수 있겠다.

문학연구에 있어 작품 자체의 해석과 분석은 작가의 생애와 사회적 환경에 종속되지 않는 특성을 지닌다. 그래서 작품 자체의 자율성과 기호체계를 중시하는 기호론적 연구는 서정주 시를 새롭게 해석할 수 있는 가능성을 주고 있다. 언어기호는 그 자체로는 의미를 갖지 못한다. 개별적인 각 기호는 반드시 어떤 구조나 체계 속에서만 의미를 갖게 된다. 그러므로 하나의 작품을 해석한다는 것은 작가의 의도를 밝히는 것도 아니요, 한 두 마디로 요약될 수 있는 작품의 주제를 밝히는 것도 아닌 것이다. 기호론적 방법을 한마디로 요약하면 시작품의 전체 텍스트를 하나의 기호체계로 보고 그 기호가 구성하는 체계 안에서 산출되는 의미작용의 구조를 파악하는 데 있다.

따라서 본 논문의 목적은 서정주 시집을 하나의 큰 텍스트로 간주하고 전체적인 공간기호 체계를 분석하여 의미론적 구조를 밝히는 데에 있다. 이렇게 분석해 봄으로써 문학연구의 자율성을 잃지 않는 가운데 서정주 시의 심층적인 구조-공간에 대한 변모 양상을 파악할 수 있을 것으로 기대된다. 나아가 분석방법의 객관적인 틀을 제시하여 이전 연구들이 지닌 미비점을 수정・보완해 줄 수 있는 토대를 나름대로 제공하고자 한다.

3. 연구 방법 및 연구 범위

(1) 공간에 대한 인식

인간은 시간과 공간을 떠나서는 어떠한 개념도 가질 수 없다. 시간과 공간은 인간을 둘러싼 세계와 우주를 이해하고 사고하는데 있어서 필수적인 요소이다. 궁극적으로 시간의 개념은 인간의식의 문제로 귀착하게 되고, 인간의식의 문제는 공간의식의 문제로 이어지게 된다. 이와 같이 시간이 공간의 차원으로 편입될 때, 그 의미가 생성됨으로 공간은 더욱 인간에게 포괄적인 관심 대상으로 나타날 수밖에 없다. 우리가 시간을 과거・현재・미래라고 부르는 것도 사실은 지속적인 시간의 흐름을 공간적으로 투시해 보는 바와 다를 바가 없는 것이다.[8]

그러므로 문학이 시간예술에서 공간예술로 편입되는 것은 자연스러운 현상이라고 하겠다. 이것을 認識論的 차원에서 제기한 철학자는 칸트이다. 칸트는 "공간은 후천적 경험으로부터 추상되어진 경험적 개념이 아니므로 外界物이 감각으로 표상되기 위해서는 경험에 앞서 선험적으로 미리 공간이 구비되어 있어야 한다"[9]고 말한다. 칸트의 이러한 言述은 다름 아닌 선험적 표상공간의 중요성을 역설한 것에 지나지 않는다. 바로 이러한 선험적 직관공간에 의하여 동일한 세계 동일한 事象은 나타나지 않는 것이다.

공간의식에 대한 중요성은 현상학자인 바슐라르와 하르트만(N. Hartmann)에 의해서도 강조된다. 바슐라르는 칸트의 선험론적 형이상학적 공간 개념을 경험적 인식론으로 대체 시킨 현상학자이다.[10] 그러나 울림과 반향이라는 그의 이미지 현상학을 문학의 공간문제로 전환시키면 그는 훌륭한 기호학자로 탈바꿈 된다. 왜냐하면 이미지 상상력을 분석하는 것이 언어적 공간을 형성하고 있는 내밀한 장소 분석이기 때문이다.[11]

하르트만은 공간을 실재공간 · 직관공간 · 기하학적 이념공간으로 분류하고 있다. 실재공간은 그 속에서 실재적 자연이 전개되는 차원으로서의 공간이고, 직관공간은 자연을 직관하는 우리 의식의 형식으로서의 공간이다. 여기서 실재공간은 객관적 공간이 되고 주관적 공간은 의식공간이 된다. 이러한 공간이 집약되는 곳이 다름 아닌 입체적이고 다차원적인 이념공간으로 모아진다.[12] 그 이념공간을 문학적 공간으로 수용하면 수직적 공간, 즉 초월의 공간으로 나타난다.

---

8) 이승훈, 『문학과 시간』, 이우출판사, 1983, p.57. 구체적인 예를 더 들어보면, 일상생활에 이용되고 있는 달력, 시계의 시침에 의해 표시되는 시간 등이 있는데, 이러한 객관적인 시간도 量으로 표시되는 공간상의 길이로 인식한다.
9) 金鎔貞, 『칸트철학연구』, 유림사, 1978, p.18.
10) 박진환, 「空間詩學」, 『現代詩學이론과 실제』, 자유지성사, 1993, p.216.
11) Gaston Bachelard, *La Poètique de L'espace*, 곽광수 역, 『공간의 시학』, 민음사, 1993, pp.83~98. 참조.
12) 河岐洛, 『하르트만 연구』, 형설출판사, 1977, pp.101~103. 참조.

프랭크도 현대문학의 본질을 '공간적 형식'이라는 술어로 모더니즘의 특질을 규명하고자 하였다. 그는 이미지의 중요한 본질이 시각성보다는 공간적 구조 파악에 있음을 강조한다. 이것은 바로 시간성의 추방이라고 할 수 있다. 부연하면 사물의 의미를 시간적 지속성에서가 아니라 시간이 단절된 공간성에서 파악하기 때문이다. 그러므로 이미지는 한 순간에 제시된 사물의 여러 이질적인 관념, 정서들을 공간적 관계로 통합하게 되는 것이다.[13]

(2) 문학적 공간

지금까지 살펴본 것은 공간에 대한 포괄적이고 보편적 인식에 대한 논의였다. 그러면 문학에서 空間詩學은 어떤 원리에 의해서 가능하게 되었으며, 공간연구가 어째서 문학비평의 중요한 자리를 차지하게 되었는지를 간략하게 살펴보고 本 논문의 연구방법론을 제시하고자 한다.

문학연구가 언어학과 긴밀한 관계를 지니게 된 것은 소쉬르의 구조언어학[14] 연구에 힘입은 바가 크다. 그는 언어가 사상을 표현하는 기호의 체계로 보고 記號內容(Signifié)과 記號表現(Signifiant)의 관계가 恣意的인데 주목한다. 이것은 언어를 실질(Substance)로 보는 견해를 배척하고 '관계적'이라는 구조로 본다는 뜻이다. 그러므로 언어기호라는 것은 '체계' 속에서 音素의 '차이'에 의해 그 의미가 생성된다는 결론을 얻을 수 있다. 구조주의와 기호학자들은 소쉬르의 이런 언어학 이론을 援用하여 문학작품의 문학성을 내재적으로 규명하는 과학적인 연구방법론으로 발전시켰다.

기호학의 기본원리는 체계 속의 差異이다. 그 차이는 二項對立的 관

---

13) 이승훈, 앞의 책, pp.78~79.

14) Ferdinand de Saussure, *Cours de linguishtique g é n é rale*, Editions critique préparée par Tullio de Mauro, Paris: Payot, 1972, pp.33~35. 소쉬르는 '인간事象속에서의 언어의 위치-기호학'이란 글에서 그의 기호학 구상을 소상히 밝히고 있다.

계에서 출발한다. 이항대립들은 모든 텍스트의 심층구조의 골간을 이룬다. 그레마스에 의하면, 구조를 이룬다는 것은 이항대립쌍들을 지각하는 행위와 맞먹는다고 본다. 여기서 이항대립 자체의 존재가 중요한 것이라기보다는 그것에 이미 내재하는 '관계'가 더 중요하다는 것이다. 그러므로 이항대립주의는 자연에 주어진 조직원리라기 보다는 인간의 인식작용이 빚어낸 문화질서라고 봐야 한다.[15] 그레마스의 구조 의미론도 이와 같은 이항대립의 언어학적 모델에 기초해서 이루어진 것이다.[16]

야콥슨은 선택의 축을 은유, 결합의 축을 환유의 개념으로 이해한다. 그는 이러한 兩極性으로 시적 기능을 설명하고 있다. 시적 기능은 등가의 원리를 선택의 축에서 결합의 축으로 투사한다는 것이다.[17] 따라서 은유의 축인 계열적 관계와, 환유의 축인 통합적 관계가 동시 융합되어 텍스트 공간으로 치환된다. 즉 은유의 축인 언어의 수직적 전개를 언어학적 용어로는 계열적 구조, 환유의 축인 언어의 수평적 전개를 통합적 구조라 부른다. 그러므로 야콥슨도 이항대립적 원리인 兩極性을 적용하여 시 텍스트를 공간기호 체계로 파악한 것이다.

시 텍스트를 공간화하여 意味作用의 심층적인 구조를 파악할 수 있게 된 것은 바르트와 로트만의 이론에 의해서였다. 기호형식인 공간에서 기호내용인 의미작용의 기호학을 전개한 바르트는, 소쉬르의 언어학적 개념을 모델로 하여 의미작용의 질서를 밝혀낸다. 의미작용은 시니피에와 시니피앙이 결합되는 과정에서 산출된다.

---

15) 이항대립의 주요한 기능은 ①범주화를 갖는다. 이에 의해 사람들은 '친구/적, 우익/좌익, 선/악' 등등의 기초적인 분류를 한다. ②의미 생산의 기초가 된다. 이항대립 쌍의 한쪽은 나머지 한쪽의 대립적 의미를 전제하고 자신의 의미를 가질 수 있다. ③구조적이다. 부분은 전체라는 테두리 안에서 의미를 얻게 되며, 전체는 그것의 의미를 부분에서 얻게 된다. 김경용, 『기호학이란 무엇인가』, 민음사, 1994, pp.180~181.

16) A. J. Greimas, *Sémantique Structurale*, Paris: Larousse, 1966.

17) Roman Jakobson, *Language in Literature*, 신문수 역, 『문학 속의 언어학』, 문학과지성사, 1989, p.61.

바르트는 이러한 의미작용에는 두 수준의 질서가 있다고 본다. 제1차 질서는 현실의 수준, 또는 자연의 수준으로서 기호의 사전적이고 외시적인 의미작용을 배태한다. 이 수준에서 기호는 모호함이 없는 객관적이고 직접적인 자연의 의미를 나타낸다. 제2차 질서는 문화의 수준으로서 바로 문학에서 말하는 함축과 신화(myth)[18]의 의미작용을 산출한다. 바르트는 신화를 '함축 의미의 체제'라고 정의하고 있다. 즉 함축의미의 연쇄고리를 구축함으로써 하나의 신화를 만들 수 있다는 것이다. 바르트는 이러한 두 수준을 토대로 함축언어와 메타언어라는 도식을 이끌어 내어 텍스트의 구조의미를 해명하고 있다. 이것을 도형으로 나타내면 다음과 같다.[19]

이차기호(함축언어)	Sa^2(수사)		$Sé^2$(신화)
일차기호(외시언어)	Sa^1	$Sé^1$	

Sa^2		$Sé^2$	이차기호(메타언어)
	Sa^1	$Sé^1$	일차기호(외시언어)

이와 같이 의미(meaning)가 기호들의 상호작용에서 생성되므로 이 세계는 어떤 경험의 세계라기보다는 무엇인가에 대한 기호의 공간일 뿐이다. 그래서 그레마스는 "의미작용은 언어의 어떤 레벨에서 딴 레벨로의, 한 언어에서 딴 언어로의 이동에 불과하며, 또 의미라는 것도 그러한 코드전환 이외의 아무 것도 아니다"[20]라고 역설한다.

---

18) 여기서 신화라는 것은 설화에서 말하는 민담, 전설, 신화 등과 다른 개념이다. 바르트에 의하면 신화란 '하나의 이야기' 혹은 '하나의 특수한 언술'을 가리킨다. 즉 이차기호의 기표를 수사적인 것으로 본다면, 이차기호의 기의는 신화가 된다. 그러므로 신화는 함축 의미의 연쇄고리를 만드는 과정의 체제라고 할 수 있다.
Roland Barthes, *Mythologies*, trans. Annette Lavers, New York: Hill and Wang, 1972, p.109.

19) 김경용, 앞의 책, pp.176~188. 참조.

20) A. J. Greimas, *Du Sens*, Paris: Seuil, 1970, p.13.

로트만도 바르트와 같은 맥락에서 外示言語를 "1차 모델링 체계"로, 시적언어를 "2차 모델링 체계"로 명명하여 의미작용을 音素의 차이라는 이항대립의 원리로 설명하고 있다.[21] 그는 텍스트의 공간구조가 우주의 공간구조의 모델이 된다고 보고, 이 공간언어의 2차 모델링 체계의 多聲構造를 밝히는 것이 일차적으로 작품에 접근하는 길로 보았던 것이다. 또한 크리스테바도 바르트의 의미작용의 분석적 방법을 더욱 확장하여 '상호텍스트성'[22]이라는 기호이론으로 체계화한다. 예의 그 이론에 의해 의미작용의 무한한 공간적 회로 생성을 탐색할 수 있게 되었다.

문학작품은 기본적으로 자연언어를 재료로 하여 구성된다. 이 1차적인 자연언어는 線條的이고 物理的인 음성언어로서 기호표현이라는 형식을 갖는다. 그러나 앞서 논의한 것처럼, 음성언어인 자연언어가 이항대립의 원리인 差異에 의해 2차 체계의 언어기호로 전환되면 평면적인 선조성이 입체적인 공간성으로 共起된다는 사실이다. 이렇게 코드가 전환됨으로써 텍스트 내의 공간구조는 우주적 구조 모델로 의미작용을 생성한다. 이때 텍스트의 공간은 하이데거의 발상처럼 "사람이 말한다기보다 언어가 말하는 것"[23]이 되며, 음성적 언어로 도저히 기술할 수 없는 不可視的인 세계를 무한하게 가시화해 줄 수 있다.

이어령도 그의 논문에서 로트만의 공간이론을 설명하면서 "예술의 二次모델 형성체계의 그 모델은 공간을 통해서 나타나며, 공간적 관계의 언어는 현실의 의미부여(기호내용)의 수단의 하나가 된다. 문학만이

---

21) Youri Lotman, *Analiz Poetikcheskogo Teksta; Structura Stikh*, 유재천 역, 『시 텍스트의 분석; 시의 구조』, 가나, 1987, pp.12~16.

22) 이 용어는 크리스테바에 의해 처음 사용된 것으로, 바흐친의 '대화성' '多聲性'이라는 용어를 체계화한 것이다. 츠베탕 토도로브도 '대화성'이나 '다성성'이라는 포괄적인 용어 대신에 문학적 텍스트에만 국한시키는 '상호 텍스트성'이라는 용어를 사용하고 있다. Tzvetan Todorov, *Mikhail Bakhtin: The Dialogical Principle*, trans. Wald Godzich, Minneapolis: University of Minnesota Press, 1984. p.60. 참조.

23) 김열규, 「超言語가 되게 한 구조주의」, ≪문학사상≫, 1986. 2, p.121.

아니라 문화를 기술하는 二次言語의 의미들은 공간형식을 통해서 그 '世界像'을 형성하게 된다."[24]고 언급한다. 물론 여기서 제시하고 있는 공간은 詩作品에 나타난 장소나 공간 지시어를 의미하지는 않는다. 언어로 이루어진 추상적 상상적 공간으로 정신적 구조물에 가까운 공간이다.[25]

문학 기호론의 기본을 이루고 있는 것은 이항대립적 관계에 의한 차이다. 그러나 이항대립 속에 있는 兩極性은 고정적인 측면이 있어 多義的인 의미작용을 생성할 수 없다. 이 양극성을 중재하고 연결하는 媒介項의 개입으로 문학공간은 2차적 의미를 산출하게 된다. 이런 매개항의 기능에 의하여 텍스트의 공간은 三元構造를 이루면서 兩項은 역동적이고 입체적인 의미작용의 가치를 생성하는 것이다.[26]

본 연구는 이러한 이항대립과 이 양극성을 중재하고 연결하는 제3항인 매개항의 기능을 연구방법의 기본 이론으로 하여 서정주 시의 공간기호 체계와 의미작용의 구조를 분석하고자 한다. 그리고 본 연구 논문의 대상 텍스트로는 『未堂 徐廷柱 詩全集・1~2』(민음사, 1991)를 사용하기로 한다.

---

24) 이어령, 『문학공간의 기호론적 연구』, 단국대 대학원 박사학위논문, 1986, p.13.
25) S. 채트먼, 한용환 역, 『이야기와 談論』, 고려원, 1990, pp.138~9.
26) 퍼스의 기호학 이론은 이런 점에서 시사적이다. 그는 기호과정을 세 측면(3분법적)으로 보고 2항적 관계로 설명할 수 없는 것을 3항적 관계로 복합적으로 나타낼 수 있다고 보았다. 소쉬르의 언어기호 이론이 2분법적인데 비하여, 퍼스는 3분법에 기초한 기호이론으로 기호의 表意樣式을 분류하고 있다. 소두영, 「일반기호학」, 『기호학』, 인간사랑, 1993, pp.48~47. 참조.

Ⅱ. 시 텍스트 산출의 발화점

1. 신체공간의 定位와 기호작용

공간의 중요성은 근본적으로 인간이 신체를 가지고 살 수밖에 없는 존재라는 데 있다. 공간의 근본적인 핵은 인간의 신체이다. 공간은 신체를 갖는 인간이 세계와 자아를 파악하는 형식이다.[27] 예의 은유란 것도 바로 공간과 신체를 거쳐서 존재 저 너머의 것을 이해하려는 방식에 지나지 않는다. 인간의 五感에 구체적인 느낌을 전달하기 위해서는 공간적 은유를 사용할 방법밖에 없기 때문이다. 그러므로 인간과 대면한 공간, 이 세계는 공간적 구조에서 생겨나는 '意味 世界' 이외에는 그 무엇도 아닌 것이다.

인간이 공간에 대하여 흥미를 갖는 것은 실존에 근거한다. 왜냐하면 인간은 공간(환경) 속에서 生의 여러 관계를 이해하고, 공간(환경) 속에서 사건이나 행위의 의미를 체계적으로 파악해낼 수 있기 때문이다. 그래서 인간의 공간은 주체를 軸으로 하여 중심화 된다. '중심'은 인간이 생각하는 존재로서 그 공간 속에서 위치를 획득하는 지점, 즉 인간이 공간 속에서 '지체하며 생활하는' 지점이 된다.[28]

그러므로 인간의 定位(orientation)[29]는 바로 실존적 공간의 의미를 나타낸다. 인간 행위의 대부분은 定位의 대상에 따라 안과 밖, 위와 아래, 遠方과 近接, 분리와 결합, 연속과 비연속 등으로 나누어진다. 이러한 대립적 분리로 보면 인간의 정위는 공간적 측면을 지닌다. 따라서 공간이란 어떤 종류의 공간이든지 간에 이미 주어진 고정된 공간이 아

---

27) 김화영, 「한국인의 미의식-서정주 시의 공간」, 『미당연구』, 민음사, 1994, p.225.

28) O. F. Bollnow, *Mensch und Raum*, Stuttgart: Kohlhamner, 1980, p.58.

29) 定位란 생물이 外界의 상태에 반응하여 그 몸의 위치·방향을 정하는 것으로 새로운 환경, 사상, 습관 등에 대한 적응·순응을 나타내는 것이다.

니라, 인간의 定位에 의해 그 의미가 다양하게 변화될 수 있는 공간이다.[30] 그래서 실존적 공간은 인간의 필요성만으로는 이해될 수 없으며, 오히려 인간과 공간(환경)과의 상호작용의 결과로서만 이해할 수 있다. 주지하다시피 인간과 환경과의 상호작용은 각각 내부와 외부, 혹은 상부와 하부로 향하는 두 개의 相補的인 과정에 의하여 성립된다. 때문에 실존적 공간의 位階的인 단계란 인간이 자신의 공간(환경)을 소유함으로써 생겨나는 변별적 의미의 층위를 말한다.

세계는 항상 신체가 실존하는 바로 그 방식에 의해 비로소 그 윤곽이 나타난다. 신체는 본질적으로 의미를 표현하는 공간적 기호이다. 그러므로 공간 속에서 신체를 움직인다는 것은 바로 의미를 표현하는 기호 행위가 된다. 이러한 의미 표현은 실존을 가능케 하는 것으로 작용한다. 결국 신체야말로 모든 의미를 생산하고 수렴하는 진원지가 되는 셈이다. 이 지점에서 강조하자면, 신체가 지닌 신체적 공간성은 역동적일 뿐만 아니라 의미의 세계로 가득한 실존적 세계, 달리 표현하면 실존을 담보하는 기호 공간의 세계를 대변해 준다.

이렇듯 신체적 공간성은 인간 존재의 전체적 실존에 내재되어 있다. 이에 따라 신체적 공간성은 습득되어 고착된 경험적 특성이 아니라, 신체가 신체로서 존재하는 방식에 따라 수시로 변하는 사변적 특성, 관계적 특성을 지닌다.[31] 그래서 인간이 어떠한 世界像을 그린다는 것은 결국 신체적 공간성을 현시한 것에 지나지 않는다. 신체적 공간성은 한 존재가 어떻게 세계 內에 존재하는가에 대한 정보를 제공해주기도 하며 동시에 어떻게 존재하고 있는가에 대한 방식을 보여주기도 하기 때문이다.[32] 이처럼 인간은 세계 내의 공간적 맥락을 통하여 존재 안과 존재 밖을 인식할 수 있으며, 신체를 定位로 하여 '신체 ↔ 집 ↔ 우주공

---

30) C. Norberg-Schulz, 김광현 역, 『실존 · 공간 · 건축』, 태림문화사, 1985, p.8.
31) 모니카 M. 랭어, 서우석 · 임양혁 역, 『메를로 퐁티의 '지각의 현상학'』, 청하, 1992, p.93.
32) 버논 W. 그라스, 「문학 현상학 서설」, 김진국 역, 『문학현상학』, 대방출판사, 1983, p.10.

간'으로 확대와 회귀를 거듭할 수 있다. 다시 말해서 인간은 단독자의 존재 내부로 산만한 우주공간의 여러 요소들을 흡수하여 하나의 의미 있는 우주적 이미지(공간)로 통합하기도 하고, 이와 반대로 자신의 신체 내부에 있는 욕망을 우주공간으로 투사하여 우주화하기도 한다는 사실이다.

그래서 인간의 신체는 정위의 기점으로 인식되기도 하고 우주적 이미지로 인식되기도 한다. 정위의 기점은 앞서 논의한 것처럼 인간의 신체를 기본 방위의 중심공간에 둘 때 나타난다. 그에 비해 인간의 신체를 우주적 이미지로 간주하는 도식(schema)은 신체를 소우주로 이미지화할 때 나타난다.[33] '신체'의 소우주는 '집'과 '우주'와 은유적 相同性을 갖는다. 신체공간의 확대가 집이요 우주공간이기에 그러하다.

이를 종교적 측면에서 확인해 보자. 이것으로 보면 '신체-집-우주'의 동일시(상동성)는 매우 일찍부터 현현하고 있었다. 가령 인도의 종교사상을 보면 '신체-집-우주'의 전통적인 동일시는 매우 풍부한 것으로 나타난다. 곧 신체를 우주와 마찬가지로 동일한 존재조건의 체계로 여긴다. 요컨대 등뼈는 우주의 기둥이나 혹은 메루산과 동일시되고, 호흡은 바람과, 배꼽은 세계의 중심과 동일시된다. 마찬가지로 인간의 신체는 집과도 동일시된다. 하타-요가의 문헌을 보면, 인간의 신체는 '하나의 기둥과 아홉 개의 문을 가진 집'으로 언급하고 있기에 그러하다.[34] 이렇게 보면 신체의 연장이 집이며 우주이다. 반대로 우주와 집을 축소하면 신체가 된다. 이처럼 인간은 신체(소우주)를 중심으로 하여 집과 대우주의 공간을 의미 있는 세계로 구조화할 뿐만 아니라 그 가치체계를 탐구할 수도 있다.

未堂 서정주는 신체 공간의 定位로 '이마'를 세계의 중심에 두고 출발하고 있다. 이마는 신체 공간 기호체계에서 하방공간인 '다리'와 대립되

---

33) Yi-Fu Tuan, 정영철 역, 『공간과 장소』, 태림문화사, 1995, p.113.

34) M. Eliade, *The Sacred and The Profane,* 이동하 역, 『聖과 俗』, 학민사, 1994, pp.152~3. 참조.

는 상방공간에 위치한다. 하방공간에 해당하는 '다리'가 육체성(감성)의 의미를 산출한다면, 상방공간에 위치하는 '이마'는 '발'과 달리 정신성(이성)의 의미, 곧 형이상학적인 의미를 산출한다. 그런데 문제는 이러한 미당의 이마 위에 육체성을 상징하는 '피'의 기호와 정신성을 상징하는 '이슬'의 기호가 혼합되어 그 위에 얹혀 있다는 점이다. 주지하다시피 '피'는 지상공간에 사는 인간의 육체에서 생성된 물질이고, '이슬'은 상방공간인 천상의 하늘에서 생성되어 지상에 내려온 물질이다. 이로 미루어 보면, 미당의 이마는 육체성과 정신성, 지상적 의미와 천상적 의미가 대립하는 기호공간이 된다. 물론 좀 더 확대한다면 미당의 이마는 지상의 유한한 존재적 가치와 천상의 무한한 존재적 가치가 대립하는 기호공간이 되는 셈이다.

이런 점에서 보면, 시 텍스트를 산출하는 未堂의 언어는 대립적 융합에서 발화되고 있다. 곧 모순의 기호가 충돌하는 지점에서 그의 언어가 발화되고 있는 셈이다. 말할 것도 없이 그 발화는 그의 시 텍스트들을 지속적으로 산출하는 시적 힘으로 작용한다. 이에 따라 미당의 실존적 공간은 모순의 기호가 구조화된 시 텍스트 그 자체이다. 바로 초기시의 대표작인 「自畵像」, 「花蛇」 등이 이를 대변해 준다. 「自畵像」, 「花蛇」 등의 시적 공간은 다름 아닌 미당의 실존공간인 것이다. 예의 미당의 이러한 시적 출발은 단발에 그치지 않고 그의 전 생애를 통하여 지속적으로 진행된다. 그만큼 모순의 기호를 통합하고 극복하려는 것이 그의 삶 자체였던 것이다. 그러므로 미당의 전체적인 삶을 이해하기 위해서는 이항대립적 기호, 곧 모순의 기호가 융합된 「自畵像」, 「花蛇」 등을 먼저 분석하고 난 다음, 거기에서 산출된 시적 구조와 의미가 어떻게 다른 시 텍스트들로 변환되어 나타나고 있는지를 탐색해야 한다. 부연하면 그 변환과정을 통시적 체계로써 탐색해야 하는 것이다.

2. 공간의 분절과 의미작용

(1) 內/外 공간에 의한 이항대립

사물에 대한 우리의 앎, 곧 우리의 지각세계는 신체에 대한 지각세계와 분리될 수가 없다. 우리가 지각하는 사물은 항상 우리의 신체와의 관련 속에서 인식되기에 그러하다. 예컨대 우리의 신체는 하나의 실존으로서 사물들을 향하여 열려 있으며, 이를 통하여 그 사물과 교감하는 인식의 통로라고 할 수 있다. 따라서 사물을 안다는 것, 그것은 역설적으로 바로 우리 신체 자체를 안다는 것을 의미한다. 그러므로 세계에 대한 신체의, 그리고 신체에 대한 세계의 이러한 상호적인 움켜쥠이 바로 지각적 지반, 다시 말해 상대성 안의 절대점이 되는 것이다.[35] 그 절대 지점에서부터 이 세계는 上/下, 內/外 등으로 분절되는 특이한 공간이 산출하게 된다.

未堂의 신체 공간 중에서 이마는 上/下, 內/外의 공간적 의미를 산출하는 절대점이 된다고 할 수 있다. 상/하의 공간적 의미가 산출되는 것은 그의 이마에 천상적 기호인 '이슬'과 지상적 기호인 '피'가 혼융되어 얹혀 있기에 그러하다. 내면/외면의 공간적 의미가 산출되는 것은 '이슬'이 신체 외부에 존재한 기호라면 '피'는 신체 내부에 존재하는 기호이기에 그러하다. 이에 따라 미당의 시적 공간은 '피'와 '이슬'의 대립과 융합에 의해 창조적으로 산출되고 있는 셈이다.

이런 점에서 '피'의 기호체계와 관련된 「自畵像」과 「花蛇」의 시 텍스트는 未堂의 시적 출발의 의미를 진단할 수 있는 근거인 동시에 그의 전체 시작품의 방향성을 가늠할 수 있는 잣대이기도 하다. 물론 이 두 작품이 첫 시집인 『花蛇集』의 첫 머리에 실려 있기 때문에 그렇게 보는 것은 아니다. 두 작품이 『화사집』을 대표할 정도로 秀作일 뿐만 아니라 시 텍스트 공간을 구축하는 '피'의 기호체계가 중기를 거쳐 후기 시집에 이르기까지 그 영향력을 지속적으로 주고 있기 때문에 그러한 것이다.

---

35) 모니카 M. 랭어, 앞의 책, p.139.

부연하면 「자화상」과 「화사」의 시 텍스트를 산출하게 했던 '피'의 기호 체계가 하나의 지배소가 되어 다양한 텍스트로 변주되어 나타난 것이다.

먼저 분석의 편의를 위해 「自畵像」의 전문을 인용하도록 한다.

> 애비는 종이었다. 밤이기퍼도 오지않었다.
> 파뿌리같이 늙은할머니와 대추꽃이 한주 서 있을뿐이었다.
> 어매는 달을두고 풋살구가 꼭하나만 먹고 싶다하였으나… 흙으로 바람벽한 호롱불밑에
> 손톱이 깜한 에미의아들.
> 回甲年이라든가 바다에 나가서는 도라오지 않는다하는 外할아버지의 숯많은 머리털과
> 그 크다란눈이 나는 닮었다한다.
> 스믈세햇동안 나를 키운건 八割이 바람이다.
> 세상은 가도가도 부끄럽기만하드라
> 어떤이는 내눈에서 罪人을 읽고가고
> 어떤이는 내입에서 天痴를 읽고가나
> 나는 아무것도 뉘우치진 않을란다.
>
> 찬란히 티워오는 어느아침에도
> 이마우에 언친 詩의 이슬에는
> 멫방울의 피가 언제나 서꺼있어
> 볓이거나 그늘이거나 혓바닥 느러트린
> 병든 수캐만양 헐덕어리며 나는 왔다.
>
> —「自畵像」 전문[36)]

未堂은 시 텍스트를 통하여 자신의 自畵像을 독특하게 구현해내고 있다. 먼저 "애비는 종이었다"라는 詩的 言述을 살펴보도록 하자. 이 언술을 시대・사회적인 층위에서 읽으면 이때 '종'은 일제치하라는 당시 민

---

36) 『未堂 徐廷柱 詩全集・1』, p.35. 이하 본 논문에 인용되는 詩는 모두 이 전집에서 하기로 한다. 그리고 인용 페이지를 생략하기로 한다.

족적 현실을 상징적으로 나타난다. 이 경우 시의 解讀은 '굴욕과 流浪의 죄의식'[37]이 될 것이다. 또한 시인의 전기적 층위에서 이 언술을 파악하더라도 비슷한 맥락으로 읽을 수 있다. 즉 핏줄로서의 '종'이 아니라 비유적·상징적으로 표현된 '종'임을 알 수 있다.[38] 그러나 문학 작품이 언어로 구성된 내재적 자율성을 가진 독자형태론으로 본다면, 이러한 해명을 그대로 받아들이기에는 다소 무리가 있다.

"애비는 종이었다"라는 명제를 메타언어로, 즉 기호론적 층위에서 읽어보면, 이것은 하나의 시적 공간을 창조해내기 위한 시적 언술이었음을 알게 된다. 한 가족의 가장으로서의 애비인 '종'을 二項對立 체계로 보면 집의 內공간에 있는 여성들과 대립한다. 집의 內공간을 구성하는 인물로는 할머니와 어머니가 있다. 이에 대립되는 外공간에는 밤이 깊어도 돌아오지 않는 아버지와 바다에 나가서 돌아오지 않는 외할아버지의 존재가 있다. 그러므로 이 텍스트는 外공간에 위치한 부계와 內공간에 위치한 모계로 대립한다. 물론 이러한 內/外의 공간을 분절하는 단위는 다름 아닌 '집'이라는 기호체계이다.

집의 공간은 벽에 의해 분할된다. 이런 점에서 벽은 근본적으로 안과 밖을 나누기 위해 존재한다. 따라서 "흙으로 바람벽한 호롱불 밑"에서의 '벽'도 안과 밖을 분절하는 기능을 한다. 즉 外공간에 있는 바람을 막는 경계로 매개적 기능을 하게 되는 것이다. 매개항 '벽'의 기호체계에 의해 집의 공간은 內/外로 분절이 되며, 그 兩項의 의미 가치도 변별적으로 나타나게 된다. 곧 內공간에는 어머니, 할머니, 대추꽃, 풋살구 그리고 아직 어른으로 분화되지 못한 중성적 존재인 어머니의 아들이 있

37) "분명히 우리 민족의 長久한 불행한 운명은 침략해 온 他民族 앞에 우리의 아버지가 종도 되었고, 우리 민족을 길러 온 8할이 바람이었을 수도 있었으며, 침략자는 확실히 우리 민족을 천치와 죄인으로 만들기까지도 했던 것이다." 조연현, 「서정주론」, 『서정주연구』, 동화출판공사, 1975, p.12.

38) "〈아비는 종이었다(…)〉 한 구절은 당시 日政下의 농촌태생의 내 위치를 비유적·상징적으로 표현한 것일 뿐, 아무 특수혈족의 사실도 그 詩 속에는 없는 것이다." 『서정주문학전집』 제5권, 일지사, 1972, p.314.

다면, 外공간에는 이와 대립되는 외할아버지와 아버지가 존재하고 있다. 그래서 기본적으로 내외공간의 가치는 여성성(내)과 남성성(외)으로 대립하는 것으로 드러난다.

이런 가운데 외할아버지와 아버지는 내부공간과 대립되는 외부공간으로 탈주하는 것으로 나타난다. 이들은 한 곳에 정착하는 것이 아니라 항상 이동하고 있다. 대지가 아니라 바다로, 혹은 바다 저 너머의 공간으로 탈주를 시도하고 있다. 요컨대 그들은 이상적인 세계를 찾아 바람처럼 떠돌고 있는 것이다. 마찬가지로 화자인 '나' 역시 동물적 이미지를 표방하는 "병든 수캐"처럼 탈주의 삶을 살아온 것이다. 그러므로 외부공간은 이동성, 탈주성, 동물성, 이상성 등의 의미를 지닌 이미지로 나타나고 있다. 반면에 집의 내부공간은 어머니와 할머니로 대변되는 모계적인 이미지로, 그리고 파뿌리, 풋살구, 대추꽃 등이 표방해주고 있듯이 식물적 이미지로 나타나고 있다. 뿐만 아니라 이러한 식물적 기호들이 흙과 관련될 때에는 대지성, 부동성, 정착성의 의미를, 먹음과 관련될 때에는 물질성, 육체성의 의미를 산출하게 된다. 이러한 이항대립적 차이에 의해 兩項은 변별적 의미체계를 갖는다.[39] 이것을 도표화하면 다음과 같다.

39) Leach는 이러한 이항대립이 인간의 사고 과정에 있어 본질적이라고 본다. 이 세상은 어떤 식으로 기술하든지 간에 반드시 'P는 not-P'의 범주 목록으로 구별된다. 따라서 인간은 남성이거나 여성이며, 인간의 대립되는 성은 성의 상대로서 유용하거나 또는 유용하지 않거나 둘 중 하나다. 보편적으로 이런 것들은 모든 인간 경험 가운데 가장 중요한 대립쌍들이다. Edmund R. Leach, "Genesis as Myth," ed., John Middleton, *Myth and Cosmos,* Texas: Univ. of Texas Press, 1967, p.3.

外공간	內공간
부계	모계
동물성	식물성
이동성	부동성
탈주성	정착성
바다	대지(흙)
이상성	물질성
(정신성)	육체성
바람	불(호롱)

이와 같이 이항대립적 체계로 보면 '애비인 종'은 존재적 기호로서 집과 대립하는 외부공간(바다 혹은 미지 공간)을 지향하고 있다. 할머니와 어머니의 가치가 뿌리 내리고 있는 집의 내부공간을 지향하는 것이 아니라 외할아버지의 가치를 지닌 바다 공간을 지향하고 있는 것이다. 주지하다시피 바다는 수평 운동뿐만 아니라 깊이를 지니고 있어서 수직 운동도 한다. 이때 바람은 수직 운동을 더 한층 강화시켜 주는 의미작용을 하게 된다. 바람이 바닷물을 끌어올려 하늘에 닿게 해주기 때문이다. 그러므로 바람은 물의 깊이를 지닌 바다와 공기의 깊이를 지닌 하늘을 매개해주는 기능을 하게 된다. 이 매개 기능에 의해 바다와 하늘은 등가성을 지니게 되며, 兩項의 가치체계가 상호 교환되기도 한다. 이런 점에서 볼 때, '애비인 종'으로 표상되는 부계의 탈주, 다시 말해서 바다로의 탈주는 곧 하늘 공간으로의 탈주가 되는 셈이다. 예의 이것이 바로 '종'의 기호체계가 구축한 시적 공간인 것이다. 논의해가는 과정 중에 자주 언급하겠지만, 未堂의 시 텍스트에서 바람과 바다는 시적 공간을 구조화하는 중요한 기호체계로서 지상과 천상을 매개해주는 매개적 기능을 하게 된다.

문제는 지금까지 살펴본 '종'의 기호체계가 시적 화자에게 과거의 경험과 기억으로만 고스란히 남아 있는 것이 아니라는 사실이다. 다시 말해서 그 과거의 경험과 기억이 현재의 시적 화자에게 지속적인 영향을 주고 있다는 사실이다. 시적 화자에게 '과거의 집'은 가족 구성원인 '애비, 외할아버지'와 '어매, 할머니'의 존재적 가치가 대립하는 공간이었다. 이에 따라 과거의 집은 父系와 母系의 가치체계를 통합하지 못하고 분리된 기능을 수행하고 있었다. 그래서 화자는 과거의 집에 부정적인 가치를 부여하게 된다. 그럼에도 불구하고 시적 화자는 그 과거의 집으로부터 해방될 수가 없다. 그것은 바로 "이마우에 언친 詩의 이슬에는 / 멫방울의 피가 언제나 서꺼있"기 때문이다. 요컨대 혈육의 기호인 '피'의 세계를 벗어날 수 없기 때문이다.

'피'는 육체성의 상징이요 생명의 힘이다. 또한 '피'는 유전적인 것으로서 이미 숙명적인 운명을 나타낸다. 물론 그 운명을 나타내는 '피'에는 부계적인 혈통과 모계적인 혈통이 함께 섞여 있다. 그럼에도 불구하고 시적 화자인 '나'에게는 특수하게 부계적인 혈통의 특징만 강하게 나타나게 된다. 예의 피가 작동하는 의미가 다른 셈이다. 그래서 그 '피'를 다스리고 키우는 것도 모계적인 것이 아니라 부계적인 것이 된다. 부계적인 것은 집 내부가 아니라 집 외부에서 '바람'처럼 유동하고 이동하는 특징을 지니고 있다. 이것 또한 '바람'으로 자신들의(부계) '피'를 다스리기 위한 행위적 요소라고 할 수 있다. '나를 키운건 八割이 바람'이라고 한 언술도 이에 따라 생겨난 것이다. 앞에서 논의한 것처럼 外공간에는 바람과 함께하는 男性群이 있다. 그러므로 바람이 나를 키웠다는 것은 父系인 남성군이 나를 키웠다는 뜻이 된다. 그 영향력은 약 8할 정도이다. 말하자면 부성의 張力이 크다는 사실을 강조하고 있는 셈이다.

이에 따라 자연스럽게 女性群인 母系의 영향력은 미미할 수밖에 없다. 약 2할 정도의 母性만이 '나'에게 영향을 주고 있는 셈이다. 그러므로 시적 화자는 여전히 과거의 外공간에 위치한 남성들의 부성적인 힘을 지속적으로 전달받게 된다. 물론 피에 내장된 그 속성을 통해서이다. 그리고 이것이 무의식적으로 화자인 나를 지속적으로 자극하고 있는 것이다. 그래서 의미체계로 보면, 여성군이 있는 집의 內공간은 부정적 의미를 띠게 되고 外공간의 남성공간은 긍정적 의미를 띠게 된다. 예의 그 긍정성은 바람에 대한 긍정이다. 그러므로 外공간에 있는 바람은 화자 자신의 삶을 새롭게 창조하는 정신적 가치로 기능하기도 한다.[40] 그 정신적 가치는 다름 아닌 세속적 논리(종의 피)를 수용하지 않겠다는 것이다. 그래서 육체성으로서의 종의 피를 바람으로써 소멸시키려고 하려는 것이다.

그런데 주지하다시피 그 유전적인 피는 소멸되지 않고 "시의 이슬"에도 그대로 섞여 나오고 있다. 그것도 신체공간의 상방성에 해당되는 이마 위에 섞여 나오고 있는 것이다. 이마는 얼굴의 상부로서 턱이나 뺨과는 달리 정신과 관념의 상징성을 나타낸다.[41] 정신과 관념 위에 놓인 시의 이슬은 바로 시적 화자의 시정신을 암시해 준다. 그 시정신은 다름 아닌 순수하고 투명한 탈속적 세계(자연적, 천상적)를 상징해 준다. 하지만 그 시정신을 쉽게 구현할 수는 없다. 시의 이슬 속에는 "언제나" 육체성의 피가 섞여 있기 때문이다. "언제나"의 시간성 부사가 암시하는 것처럼 일시적인 것이 아니라 항상 지속성을 띤 채로 섞여서 나타나는 것이다. 이런 점에서 未堂의 시 텍스트의 생성은 이슬 속에서 피를 분리해 내는 작업이라고 할 수 있다. 물론 "언제나" 섞여 있기 때문에 그러한 작업은 쉽게 완성되지 않는다. 그래서 천이두는 미당의 시적 역정을 "피에 이끌리며, 피에 시달리며, 그것을 달래어 맑히어 나가는 가운데 엮어진 생애"[42]라고 설명하기도 했다.

---

40) 공기(바람)는 중간적 세계에 속한 요소로서 하늘과 땅, 불과 물의 중계자이다. 그것은 삶의 창조적·보존적 능력을 나타내는 콧김과 더불어 야베의 입으로부터 터져나온 말씀과 동일한 신의 숨결을 의미한다. 또한 공기(바람)는 정신적 숨결의 발로로서, 창세기 속에서는 태초의 물을 갈라 세계를 창조하기 위해 그 위에서 움직였던 존재이다. 뤽브느와, 윤정선 역, 『징표, 상징, 신화』, 탐구당, 1984, pp.84~5.

41) 기로가 언급한 J. Brun-Ros의 얼굴 관상학의 체계에 의하면, 얼굴의 각 부분은 단계적인 절차에 따라 삼분법으로 나누어진다. 즉 上: 머리·이마(관념), 中: 눈·코(감정), 下: 입술·턱(본능)으로 분절된다.
P. Guiraud, *Semiologie de la Sexualité*, Paris:Payot, 1978, p.27.

여기서 “이마” 위에 얹힌 ‘피/이슬’의 공간기호 체계는 ‘육체성/자연성, 지상적/천상적, 무거움/가벼움, 붉은색/흰색, 유한성/무한성, 유기체/무기체’ 등의 대립쌍을 갖는다. 이러한 대립에는 상방적 공간의 의미와 하방적 공간의 의미가 융합되어 있다. 이슬은 천상적 공간에서 생성되어 하강한 기호체계이며, 피는 지상의 공간에서 생성된 공간기호 체계이다. 이러한 대립적 갈등에서 未堂이 이슬을 욕망할 경우, 그것은 두 가지 의미작용으로 나타난다. 하나는 지상과 대립되는 상방공간, 곧 천상공간으로의 지향성이다. 왜냐하면 피에서 분리된 이슬은 다시 수증기가 되어 하늘로 올라갈 수 있기 때문이다. 요컨대 순환할 수 있기에 그러하다.

다른 하나는 이슬에 섞인 피를 정화하기 위해 바다로 나가기를 지향한다는 점이다. 텍스트에서는 구체적으로 현시되어 있지 않지만 외할아버지가 ‘바다’로 나가서 돌아오지 않았다는 언술에서 그것을 추측해 볼 수 있다. 외할아버지에게 바다가 필요했던 것도 다름 아닌 육체성인 ‘피’를 정화하기 위한 것이었다. 외할아버지를 닮은 나 또한 무의식적으로 그런 바다를 떠올리게 된다. 수직의 깊이를 지닌 바닷물의 공간에 좌정해 있는 외할아버지를 생각하면서 말이다. 이런 점에서 未堂에게 물의 공간, 즉 바다공간은 피를 정화하고 해체하기 좋은 훌륭한 장소가 된다. 초기 여러 시 텍스트에서 ‘바다’가 자주 등장되는 이유도 사실은 여기에 기인한다. 그리고 피에서 분리된 물(이슬)은 바다에서도 상승작용하여 하늘로 가게 될 것이다. 이처럼 피에 대한 거부는 세속적이고 유전적인 삶의 원천적 구속력을 벗어나고자 하는 의미를 나타낸다. 예의 ‘애비, 외할아버지’가 집으로 회귀하지 않은 것도 역설적으로는 그러한 피의 구속력을 벗어나기 위해서 그렇게 한 것이다.

반대로 이러한 대립적 갈등에서 未堂이 피를 욕망할 경우, 그것은 하방공간의 세계, 흙에 밀착하고자 하는 육체성의 세계, 물질성의 세계를

---

42) 천이두, 「지옥과 열반」, 『서정주연구』, 동화출판공사, 1975, p.209.

지향하는 것으로 나타난다. 이럴 경우, 시 텍스트 안에서의 '피'는 이슬을 다 붉게 물들이고, 피로 용솟음치는 세계를 구축한다. 다시 말해서 피의 생성과 분출로 가득한 텍스트의 공간을 이루면서 관능적이고 性的인 의미를 산출해내는 공간을 이루게 된다. 그렇게 해서 현기증 나는 피의 動力이 육체적, 육욕적 삶을 지배하게 만든다. 이슬과 대립되는 세속적 원리로서 말이다.

이처럼 미당의 시 텍스트는 갈등적 대립에서 발화되고 있다. 그것은 구체적으로 부계와 모계의 대립, 이슬과 피의 대립으로 가시화되어 나타나고 있다. 이러한 대립에서 부계나 이슬을 지향할 경우에는 바다나 하늘 공간을 욕망하게 되며, 모계나 피를 지향할 경우에는 동물성의 세계인 땅의 공간을 욕망하게 된다. 그래서 전자는 상승지향적인 탈속의 세계(푸른색)를, 후자는 하강지향적인 세속의 세계(붉은색)를 상징한다.

(2) 上/下 공간의 이항대립

「자화상」에서의 '피'와 '이슬'의 의미론적인 대립이 「화사」에서는 '땅'과 '하늘'의 공간적인 대립으로 그 시적 코드가 변환되고 있다. 그러므로 두 텍스트가 산출해내는 의미만 다를 뿐 시 텍스트를 구축하는 구조적 원리는 동일한 셈이다. 즉, 내용적으로 보면 「自畵像」은 개인의 특별한 자전적 소재인 가족을 그 대상으로 삼고 있고, 「花蛇」는 보편적 일반적 신화적인 소재인 '뱀'을 그 대상으로 삼고 있다. 그래서 상호 변별적인 텍스트가 된다. 그럼에도 불구하고 그것을 구축하는 시적 코드는 동일하다.

> 麝香 薄荷의 뒤안길이다.
> 아름다운 베암…
> 을마나 크다란 슬픔으로 태여났기에, 저리도 징그라운 몸둥아리냐

꽃다님 같다.
너의할아버지가 이브를 꼬여내든 達辯의 혓바닥이
소리잃은채 낼룽그리는 붉은 아가리로
푸른 하눌이다. …물어뜯어라. 원통히무러뜯어,

다라나거라. 저놈의 대가리!
돌 팔매를 쏘면서, 쏘면서, 麝香 芳草ㅅ길
저놈의 뒤를 따르는 것은
우리 할아버지의안해가 이브라서 그러는게 아니라
石油 먹은듯…石油 먹은듯…가쁜 숨결이야

바눌에 꼬여 두를까부다. 꽃다님보단도 아름다운 빛…

크레오파투라의 피먹은양 붉게 타오르는 고흔 입설이다…슴여라! 베암.

우리순네는 스믈난 색시, 고양이같이 고흔 입설…슴여라! 베암.

—「花蛇」 전문

시적 언술에 있어서 시의 제목은 어느 정도로 텍스트의 공간기호 체계에 관여할까. 먼저 '花蛇'를 제목 그대로 풀이해 보면 '꽃뱀' 이라는 지시적 의미를 쉽게 찾아낼 수 있다. 그러나 이러한 지시적 의미로는 그 텍스트의 공간구조와의 관계를 설명하는데 미흡한 감이 있다. 기호의 가치는 자기 위치에 나오므로[43] '花'와 '蛇'를 다시 대립항으로 놓고 읽어야 한다. 그 대립은 식물/동물, 수직성/수평성, 땅위/땅속, 정태적/동태적, 미/추, 芳香性/無芳香性 등의 기호의미를 갖는다. 이러한 의미를 다시 통합해 보면 '花蛇'는 그 자체로서 모순된 양면성을 나타낸다. '花

43) 기호는 말하자면 서로 다른 것과 관련을 맺으며 자리를 잡는 체계이다. J. B. 파쥬, 김현 역, 『구조주의란 무엇인가』, 문예출판사, 1972, p.32.

蛇'의 모순된 양면성은 공간기호 체계를 구축해가는 未堂에게 큰 영향을 줄 뿐만 아니라, 그러한 모순된 언술이 공간기호 체계에 그대로 반영되기도 한다.

그러므로 시 텍스트의 제목인 '花蛇'는 그 의미 그대로 텍스트의 공간으로 구현된다. 부연하면 모순의 의미를 그대로 구조화하는 공간기호 체계를 보여주게 된다. 가령, 제목으로 쓰인 모순된 존재 '화사'처럼, 시 텍스트의 본문에서도 뱀은 '아름다운 뱀과 징그러운 뱀, 달아나는 뱀과 물어 뜯는 뱀, 기는 뱀과 스미는 뱀, 꽃다님 같은 뱀과 징그러운 뱀' 등의 양면성을 지닌 모순의 존재로 나타난다. 이렇게 보면 작품 제목이 일종의 메타언어로서 텍스트의 본문 내용을 지배하는 기능을 하게 된다. 다시 말해서 제목인 '花蛇'가 일차적으로 시 텍스트 내의 모든 언어들을 통제하고 수렴하는 '上位言語'로 작용하게 된다는 사실이다.[44] 주지하다시피 상위언어로서의 '화사'는 모순적 의미를 지니고 있다. 그런 만큼 미당의 존재 자체도 그 경계에 있다고 해야 할 것이다. 이미 앞에서 논의한 바 있듯이, 이러한 모순의 경계에서 발화되는 것이 바로 그의 시 텍스트이며 그의 언어적 특징이기도 하다.

이 지점에서 상위언어가 지니고 있는 「花蛇」의 기호의미를 바탕으로 텍스트 내의 공간기호 체계를 알아보기로 한다.

제1행의 "麝香 薄荷의 뒤안길이다"에서 '뒤안'은 外공간과 대립되는 內공간으로서 닫혀진 의미, 내밀한 의미를 산출해주는 기능을 한다. 더불어 인간정신의 의식의 빛이 미치지 않는 어두운 무의식의 세계를 암시·상징해주기도 한다. 사향박하의 향기가 그런 것을 가능하도록 작용해주기에 그러하다. 후각적 이미지인 사향과 박하는 芳香性을 지닌 것으로 확산성과 상승작용을 한다. 나아가 후각적 이미지인 사향과 박하는 시각이나 청각적 이미지보다 더 육체적인 감각을 자극함으로써 이성에 억눌린 무의식의 본능적 세계, 곧 성적 세계를 해방시켜 준다. 이런 점에

44) 이어령, 『詩 다시 읽기: 한국시의 기호론적 접근』, 문학사상사, 1995, pp.247~8. 참조.

서 사향 박하는 후각적 보증물로써 뒤안을 내밀한 성적 공간으로 전환하게 하는 의미작용을 한다.[45] "사향 박하의 뒤안길"을 '후각적 관능까지 부여된 여성의 性器'[46]로 보는 것도 여기에 기인한다.

이렇게 芳香性이 가득한 뒤안에 아름다운 뱀이 있다. 아름다우면서도 징그러운 뱀은 시적 화자와 대면한다. 그런데 화자와 뱀과의 사이에는 어느 정도 거리가 놓여 있다. '저리도, 저놈'에서 轉移詞 '저'는 뱀을 지시하는 동시에 화자와 뱀과의 거리감을 나타내주는 언술로 기능한다. 시적 화자의 이런 언술은 성적인 기호로 작용하는 뱀을 비하하고 멀리하려는 심리적 태도를 나타내주는 것이다. 물론 이러한 심리적 태도는 오래가지 못한다. 곧 그 거리두기는 무너지고 뱀과의 접촉성을 욕망하는 화자의 모습으로 바뀌고 만다. "사향 박하"와 "사향 芳草"의 후각적인 芳香性이 시적 화자의 육체적인 본능, 곧 성적인 세계에 대한 감각적 기억을 자극했기에 그렇게 된 것이다.[47] 아마도 그 감각적 기억의 내용은 지금까지 숨겨져 왔던 性에 대한 본능적인 자각이 될 것이다.

이러한 뒤안의 內공간을 바깥으로 이어주는 것은 다름 아닌 '길'이다. '길'에 의해 뒤안은 外공간으로의 통로를 갖게 되고, "사향 박하"의 내밀한 공간에서 "사향 방초"라는 개방된 장소로 전환하게 된다. 길을 통한 뱀의 이러한 이동은 단순히 공간 이동만을 의미하는 것은 아니다. 그것은 "뒤안"이라는 '인간의 장소'에서 "芳草ㅅ길"이라는 '자연의 장소'로의 전환을 의미한다. 이 전환에 의해 뱀은 인간적인 구속에서 벗어나 그만큼 자유로운 존재가 된다. 자유롭다는 것은 일종의 가벼움이고 비상이다. 그래서 "뒤안"과 "방초ㅅ길"을 공간적으로 대립시켜보면, "뒤안"은 하강지향적인 의미작용을 하고 "방초ㅅ길"은 상승지향적인 의미작용을 한다. 예의 '상/하'의 兩項을 매개하는 것은 바로 뱀이다. 그러므로

---

45) 베르나르 투쎙, 윤학로 옮김, 『기호학이란 무엇인가』, 청하, 1991, p.43.
46) 이경수, 『상상력과 否定의 시학』, 문학과지성사, 1986, p.26.
47) 냄새는 가장 근본적인 최초의 커뮤니케이션 수단인데, 이러한 냄새의 후각은 시각이나 청각보다 훨씬 깊은 기억을 되살린다. Edward T. Hall, 김지명 역, 『숨겨진 차원』, 정음사, 1984, pp.66~7.

뱀은 수평과 수직 공간이 교차하는 중앙에 놓인다. 뱀은 수평적 이동을 하면서 동시에 수직적 상승을 시도하고 있는 셈이다.

이렇게 '길'은 내밀하고 어두운 공간에서 개방된 밝은 공간으로, 하방성의 공간에서 상방성의 공간으로 전환해주는 매개항의 기능을 한다. 뿐만 아니라 그 길은 역동적인 공간으로 나타나기도 한다. 도주하는 뱀의 행위가 고스란히 드러나고 있기 때문이다. 그런데 문제는 '뱀'의 행위에 의해 內공간에서 外공간으로, 하방공간에서 상방공간으로 전환되었지만, "사향"으로 상징되는 후각적인 보증물은 그대로 유지되고 있다는 점이다. "사향 박하"에서 "사향 방초"로 말이다. 이러한 "박하"와 "방초"는 역설적으로 지금까지 구축된 텍스트의 '내/외', '상/하'의 대립적 공간을 무너뜨리고 균질화시켜버리고 만다. 향기는 그 자체로써 이쪽과 저쪽, 위와 아래의 경계를 무화시키는 의미작용을 하기 때문이다. 그래서 뱀이 존재하는 공간에서는 '내/외', '상/하'의 분별이 무용해지면서 오직 향기로만 가득한 공간이 되고 만다.

이러한 芳香性 때문에 화자도 잠시 이성적 능력을 상실하고 감각적인 性的 의식에 사로잡히게 된다. 예의 방향성에 도취되는 경우는 未堂의 초기시의 특징이기도 하다. 그리고 그 방향성은 늘 성적 분위기를 고조시키는 매개적 기능을 한다.[48] 부연하면 방향성은 화자의 몸을 동요시키며 性化하는데 지대한 작용을 한다는 사실이다.[49] 그래서 화자는 理性보다 感覺에 매료되어 뱀을 바늘에 꼬여 몸에 두르고 싶어 하는 것이다. 결국 그 욕망에 의해 지금까지 유지되어 오던 뱀과의 거리는 무너지고 상호 결합이라는 욕망을 상상하게 된다. 이러한 상상적 행위는 피에 대한 이끌림, 곧 성적 이끌림을 나타낸다. 이것은 다름 아닌 지상세계의 물질적 육체적 삶에 구속되는 것을 의미한다.

---

48) 性的 분위기와 감각을 도취시키는 例로 '핫슈 먹은 듯 취해'(「대낮」), '沒藥 사향의 훈훈한 이꽃자리'(「正午의 언덕에서」), '마약과 같은 봄'(「목화」) 등이 있다.

49) 베르나르 투쎙, 앞의 책, pp.41~43. 참조.

뱀은 수평적 공간의 하방세계에 속하는 존재이지만 수직 상방성의 기호적 의미도 내재한 존재이다.[50] 하늘과 땅을 자유롭게 매개하는 새처럼, 유동성의 기호인 뱀 또한 이쪽과 저쪽, 위와 아래의 대립적 공간을 자유롭게 매개한다. 그래서 이항대립의 공간을 해체하기도 하고 새로운 공간을 구축하기도 한다. 이런 점에서 뱀은 탈코드의 기호를 지닌 존재라고 할 수 있다. 예컨대 뱀이 지하에 있으면 뱀은 '지상(상방)-뱀(매개항)-지하(하방)'을 매개하고, 뱀이 지상에서 모가지를 상방으로 들어올리면 '하늘(상방)-뱀(매개항)-지상(하방)'을 매개하게 된다.

뱀의 이러한 수직적인 특성은 "푸른 하늘이다.… 물어 뜯어라. 원통히무러뜯어"라는 언술에 가장 극적으로 나타나고 있다. 더욱이 그 긴장감을 최고조로 만들기 위해 그 물어뜯는 모습을 제로 상태의 음향효과를 주는 '소리 잃은 채'라는 언술로 표현하고 있다.[51] 이에 따라 땅을 기어가던 뱀은 상방성의 하늘을 향하여 머리를 빳빳하게 세우고 일어서려는 모습을 보여준다. 앞에서 간단하게 언급했듯이 일종의 비상의 자세인 셈이다. 그래서 뱀은 하방공간인 지상과 상방공간인 하늘을 매개하는 매개기호로 기능하게 된다. 즉 '하늘(상방)-뱀(매개항)-지상(하방)'으로 수직적 三元構造의 기호체계를 구축하게 된다. 그렇다면 삼원구조의 의미작용은 어떻게 될까. 예의 뱀이 하늘을 물어뜯으려고 하는 욕망을 보이고 있기에 천상공간은 부정적인 의미로 작용한다. 즉 뱀은 하늘과의 합일을 욕망하지 않는다. 오히려 하늘을 적대시하고 해체하려고 한다. 왜냐하면 하늘이 뱀의 육체적인 욕망, 성적인 욕망을 억압하는 기제로 작용한 것으로 보고 있기에 그러한 것이다. 이에 따라 하

---

50) 뱀은 모든 공간 코드에서 완벽할 정도로 일탈하는 기호체계이다. 뱀은 나무, 숲, 모래 등의 상방공간에 살기도 하고, 물속, 연못 그리고 지하의 하방공간에 사는 존재이기도 하다. 뱀은 꾸불꾸불한 운동으로 이동해 가며, 몸을 둥글게 감으며 공격을 하는 응집의 힘도 가지고 있다. 그래서 뱀은 나무의 이미지를 갖기도 하고 물의 흐름 이미지를 나타내기도 한다. 이승훈 편저, 『문학상징사전』, 고려원, 1995, pp.208~212. 참조.

51) 김화영, 앞의 책, p.235.

늘과 대립되는 "사향 방초"의 공간은 자연스럽게 긍정적인 공간이 된다. 달리 말하면 이성적, 정신적 가치를 표방하는 하늘과 대립을 이루는 공간이 되는 셈이다.

그러므로 뱀은 하늘과 땅을 매개하는 양의적인 존재가 된다. "花蛇"라는 기호 자체가 양의적인 의미를 지니고 있는 것처럼 말이다.[52] 예의 지상은 육체적인 삶(감성)을 상징하고 천상은 정신적인 삶(이성)을 상징한다. 그런데 주지하다시피 천상적 공간이 부정되고 있으므로 지상적 삶이 매우 강화되고 있는 상태이다. 즉 육체적인 삶, 성적인 삶만을 크게 욕망하고 있는 상태이다. 따라서 '上/下'의 공간적 대립은 더욱 심화될 수밖에 없다. 그러한 '上/下'의 공간적 대립은 색채 이미지에서도 동일하게 나타나고 있다. 가령, '뒤안'이 그늘지고 어두운 색의 이미지를 산출한다면 이와 대립되는 하늘은 밝고 청명한 푸른색의 이미지를 산출하고 있다. 전자가 하강적인 의미작용을 한다면 후자는 상승적인 의미작용을 한다. 뿐만 아니라 뱀 아가리의 '붉은색'과 하늘의 '푸른색'도 대립한다. 붉은색은 피의 이미지로써 육체성, 유한성의 의미를 산출하고, 파란색은 하늘 이미지로써 정신성, 영원성의 의미를 산출한다.

그럼에도 불구하고 화자는 하늘과 땅을 대립시키던 뱀을 무의식적으로 좋아하고 있다. 좀 더 구체적으로 언급하면 뱀과의 육체적, 성적인 결합을 욕망하고 있다. 이로 미루어 볼 때, 화자에게도 하늘은 물어뜯어야 하늘이 되는 셈이다. 뱀과의 결합을 욕망하는 언술은 여러 군데 나타난다. 신체공간 중에서 '발목'에 맬 수 있는 '꽃대님'으로 뱀을 비유한 것, 바늘에 꼬여 목에 두를 수 있는 '꽃다발'로 뱀을 비유한 것, 고운 입술로 뜨겁게 키스할 수 있는 '연인'으로 뱀을 비유한 것 등이 바로 그것이다. 그 비유 체계를 자세히 보면, 신체공간 중에서도 가장 성적인

---

52) 서정주의 경우, 뱀은 표제인 「花蛇」가 암시하듯이 힘의 균형, 곧 선과 악, 미와 추, 여성과 남성, 정신과 관능의 균형을 상징한다. 「꽃」이 밝은 정신의 세계와 승화를 암시한다면 「뱀」은 이와 대립되는 어두운 관능의 세계나 타락을 상징하기 때문이다. 이승훈 편저, 앞의 책, pp.214~5. 참조.

곳으로 치닫고 있음을 알게 된다. 즉 '발목(하방)→목(중앙)→입(상방)'으로 말이다. 신체공간 중에서 '입'은 다른 어느 부분보다 성적인 감각이 매우 뛰어난 부분이다.

물론 화자는 무의식적 욕망에 자기 자신을 완전하게 맡기지는 못한다. 즉 뱀과의 성적인 합일을 끝까지 추구하지 못한다. 푸른 하늘로 상징되는 의식의 세계, 곧 이성적인 세계가 그것을 방해하기 때문이다. 그래서 화자는 자기 정체성에 혼란을 느끼고 만다. 그러한 혼란은 곧 모순된 언술로 나타난다. 가령, '물어뜯다(공격)/달아나다(도주), 달아나다(뱀)/따르다(나), 두르다(나)/스며라(뱀)'의 대립적 언술이 이를 대변해주고 있다. 예의 갈등적 언술인 셈이다.

리처즈는 아리스토텔레스의 비극론에 나오는 연민과 공포를 구심적 방향과 원심적 방향으로 공간화한 적이 있다. 이에 따르면 '달아나다/따르다' 등의 대립은 원심적이면서 동시에 구심적인 반어의 공간구조로 해석된다. 화자가 뱀에 대해 공포를 느끼는 것은 원심적이고, 뱀에 대해 좋은 감정(연민)을 느끼는 것은 구심적이기 때문이다.[53] 그리고 이러한 연민과 공포는 "고흔 입설"과 "슴여라"에서 하나의 정점을 이룬다. 신체공간으로 보면 '입술'은 상방공간에 해당되면서 구심력으로 작용하고, '스며라'는 지상에서 지하로 내려가는 공간, 다시 말해서 하방공간에 해당되면서 원심력으로 작용한다. 이처럼 화자의 양면적 태도는 극에 이르고 있다.

이처럼 미당의 시 텍스트는 모순의 경계에서 발화되고 있다. 피와 이슬의 대립은 모순의 의미를 지니고 있는 '화사' 자체의 대립으로, 그리고 '화사'는 하늘과 땅, 붉은색과 푸른색, 정신과 육체 등의 대립적 의미를 연쇄적으로 산출하고 있다. 그러므로 미당은 피와 이슬이 혼합된 존재, 화사와 같은 그러한 존재이다. 未堂이 시를 쓰는 이유는 이러한 대

---

53) I. A. Richards, *Principles of Literary Criticism*, London, 1963, pp.249~251. ; 이승훈, 「서정주의 초기시에 나타난 미적 특성」, 『미당연구』, 민음사, 1994, p.464. 참조.

립적 갈등을 해결하기 위해서다. 그러나 그것은 쉽지 않은 시적 역정이다. 「화사」에서 보면, 뱀에 이끌리기도 하는 동시에 뱀을 멀리 하는 감정을 보이고 있기 때문이다. 뱀과의 접촉은 피의 융합으로 피의 운명을 순수하게 받아들이는 것을 뜻한다. 공간적으로는 하방공간을 지향하며 의미론적으로는 물질적 · 육체적 · 관능적인 것을 지향한다. 뱀과의 분리는 피의 분리로서 피의 운명을 거부한다는 것을 뜻한다. 공간적으로는 상방공간을 지향하며 의미론적으로는 정신적 · 이성적 · 도덕적인 것을 지향한다.

그런데 중요한 것은 이러한 대립적 모순을 해결하기 위해 미당은 '바다'와 '하늘' 공간을 마련해 가고 있다는 사실이다. 수평축의 바다와 수직축의 하늘로서 말이다. 예컨대 「自畵像」에서의 부성적인 '피'의 장력을 해소시키는 공간이 '바다'인 점이 그러하고(外공간 지향), 「花蛇」에서의 성적인 관능의 피를 정화시키는 공간이 '하늘'인 점이 그러하다(상방공간 지향). 이처럼 未堂은 기본적으로 땅과 대립되는 바다와 하늘의 공간을 텍스트의 양대 축으로 삼고, 이 공간을 지향해 나가는 다양한 텍스트를 산출하게 된다. 부연하면 '上/下'로 분절되는 수직공간의 텍스트와 '內/外'로 분절되는 수평공간의 텍스트를 산출하게 된다.

Ⅲ. 수직공간의 텍스트와 그 의미작용

인간은 수평공간에 살면서 수시로 수직공간을 지향하려는 의식을 갖는다. 그런 점에서 인간은 수평과 수직의 교차 지점에서 공간을 향해 자신을 放射하는 존재라고 할 수 있다.[54] 예의 수평적 공간은 인간에게

54) 김열규, 『한국문학사』, 탐구당, 1983, pp.27~28. 신체적 방위는 인간 자신의 방사다. 그것에 의해 공간은 인간이 자신을 초점으로 하여 무수한 화살을 쏘아놓은 모양으로 형상화될 수 있다. 이것은 인간이 자신을 공간의 초점으로 확보하는 길이고 공간을 자신을 향한 구심적 움직임으로써 의식하는 일

삶의 풍요로움을 제공해주는 곳으로 작용한다. 그럼에도 불구하고 수평적 공간은 가변적인 세계이므로 수시로 변하는 특성을 지닌다. 그래서 갈등과 번민이 동반되는 세계로, 삶과 죽음이 반복되는 세계로 나타나기도 한다. 이에 비해 수직공간은 인간이 도달할 수 없는 초월의 공간, 종교적 공간, 불변의 공간, 영원의 공간 등으로 나타난다. 인간은 이러한 수직공간을 통하여 수평적 삶의 가치를 수직적 삶의 가치, 곧 영원한 삶의 가치로 전환시키려고 욕망한다. 그러므로 수평적 공간의 삶이 부정적이면 부정적일수록 상대적으로 수직적 공간에 대한 삶의 열망이 강하게 나타나게 되는 것이다.

수직공간의 대표적인 것이 바로 천상의 하늘이다. 하늘은 대체로 인간이 표상하는 것이나 인간의 생활공간과는 전혀 다른 것이다. 그 초월성에 대한 상징은 하늘이 갖는 무한한 높이에 대한 인식에서 비롯된다. 하늘은 수직적 차원만으로도 초월성을 환기시키기에 충분한 것이다. 이러한 수직공간에 대한 애착은 문학작품에서도 끊임없이 되풀이 되는데, 이것은 절대적 가치를 추구하고 싶은 인간의 보편적인 욕망의 한 표현이라고 볼 수 있겠다.

문학 텍스트에서 수평공간이 前/後, 左/右, 內/外로 분절된다면, 수직공간은 上/下로 분절이 된다. 예의 상/하의 이항대립 공간에 그 중간항인 媒介項[55]이 위치하면 수직공간은 '상/중/하'의 三元構造 체계를 구축하게 된다. 하지만 삼원구조 체계가 되더라도 상/하의 수직적 공간구조는 그대로 유지되어 나타난다. 수평공간이 복잡하게 분절되는데 비해, 이처럼 수직공간의 분절은 비교적 용이하게 나타나는 셈이다. 예를 들면 지상과 천상이 대립할 때는 지상이 하방공간으로 나타나게 되지만, 지상 밑에 지하의 공간이 있으면 지상은 지하와 천상을 매개하는 매개

이 된다. 이렇게 해서 인간은 세계의 중심좌표에다 자신의 존재를 구축하는 것이다.

55) 매개항이란 兩項의 사이에서 양극적 요소를 분리하거나 융합시키는 것을 말한다. 즉 이항대립의 두 요소를 분절하여 조정하는 것으로 추상적 체계 속의 의미를 지닌다.

항(매개공간)으로 기능하게 된다. 마찬가지로 이때에도 상/하의 수직적 공간구조는 변경되지는 않는다. 수직공간은 아무리 방향을 바꾸어도 위는 위요 아래는 아래일 뿐이다. 그러므로 단지 상/하의 계층만을 문제 삼을 수 있다. 그래서 로트만도 『文化類型學』에서 수직공간의 삼원구조를 '上(天)/中(地)/下(地下界)'로 나누어 기본적인 도식을 삼고 있으며,[56] 엘리아데 역시 우주공간을 '지하, 지상, 천상'이라는 세 개의 차원으로 나누면서, 이들이 서로 교섭하며 의미작용을 하는 것으로 보고 있다.[57]

未堂의 텍스트에서 수직적 공간은 수평적 공간을 흡수하는 것으로 드러난다. 그만큼 수직적 공간이 강력한 힘으로 작용하고 있는 셈이다. 달리 표현하면 미당의 수평적 공간은 수직적 공간 산출을 위해 존재하는 하나의 수단적 공간에 지나지 않는다. 그래서 미당은 세속의 수평적인 삶에 관심을 두고 그것을 응시하기보다는 몸을 꼿꼿이 세우고 머리를 들어 수직적인 산과 하늘을 응시하게 된다. 가령, 수평적 공간에서 미당의 삶의 행위는 거의 대지와 밀착하거나 대지를 탈주하는 체계로 나타났었다. 하지만 수직적 공간을 응시하게 되자 그 밀착과 탈주는 사라지고 대신에 공중으로 비상하는 행동이 나타나게 된다. 요컨대 집에서 지붕으로, 지붕에서 산으로, 산에서 하늘로 상승하는 자세를 갖는다. 말하자면 수직상방의 구조체계를 보여주고 있는 것이다. 미당의 시 텍스트에서 수직공간을 매개하는 것으로는 山・房・줄・꽃・鶴・눈썹 등이 있다. 수직공간의 의미는 이러한 매개항의 기능에 의해 다양하게 산출된다.

56) Yu. Lotman, "On the Metalanguage of a Typological Description of Culture," *Semiotica*, 1975, p.110. 上:Sky, 中:Earth, 下:Undergruoud World.
57) Mircea Eliade, *The Sacred and The Profane,* 이동하 역, 『聖과 俗』, 학민사, 1994, p.33.

1. 산 · 방의 기호체계와 천상지향의 매개공간

(1) 山의 기호체계

주지하다시피 미당의 시 텍스트를 구축하는 가장 기본적인 두 공간은 다름 아닌 천상공간과 지상공간이다. 그리고 이러한 대립공간을 매개하는 매개항 가운데 가장 빈번하게 등장하는 것이 바로 '산'의 기호이다. 이 지점에서 매개항인 '산'의 기능을 구체적으로 살펴보기로 한다. 분석의 편의를 위해 먼저 작품을 인용하도록 한다.

어느날 아침

나는 문득 눈을 들어 우리 늙은 山둘레들을 다시 한번 바라보았다. 역시 꺼칫꺼칫하고 멍청한것이 잊은듯이 앉어있을 따름으로, 다만 하늘의 구름이 거기에도 몰려와서 몸을 대고 지내가긴 했지만, 무엇때문에 그 밉상인 것을 그렇게까지 가까히하는지 여전히 알길이 없었다.

허나 이튿날도 그 다음날도 또 그 다음날도 이것들이 되풀이해서 사귀는 모양을 보고있는동안 그것이 무엇이라는걸 알기는 알았다.

그것은 우리 한쌍의 젊은 男女가 서로 뺨을 마조 부비고 머리털을 매만지고 하는 바로 그것과 같은것으로서, 이짓거리는 아마 몇 十萬年도 더 계속되어 왔으리라는것이다. 이미 모든 땅우의 더러운 싸움의 찌꺽이들을 맑힐대로 맑히여 날라 올라서, 인제는 오직 한빛 玉色의 터전을 영원히 흐를뿐인-저 한정없는 그리움의 몸짓과같은것들은, 저 山이 젊었을때부터도 한결같이 저렇게만 어루만지고 있었으리라는 것이다.

그러자 나는 바로 그날밤, 그山이 랑랑한 唱으로 노래하는 소리를 들었다. 千길 바닷물속에나 가라앉은듯한 멍멍한 어둠속에서 그 山이 노래하는것을 분명히 들었다.

三更이나 되였을까. 그것은 마치 시집와서 스무날쯤되는 新婦가 처음으로 목청이 열려서 혼자 나즉히 불러보는 노래와도 흡사하였다. 그러헌 노래에서는 먼 處女시절에 본 꽃밭들이 뵈이기도하고,

그런 내음새가 나기도 하는것이다. ── 그런 꽃들, 아니 그 뿌리까지를 불러 일으키려는듯한 나즉하고도 깊은 음성으로 山은 노래를 불렀다.

안잊는다는것이 이렇게 오래도 있을수 있는일일까. 綠衣紅裳으로 시집온채 한 三十年쯤을 혼자 고스란이 守節한 新婦의 이얘기는 이 나라에도 더러 있긴 있다. 허나 山이 쳐음 와서 그 자리에 뇌인것은 그게 그 언젯적일인가.

數百王朝의 沒落을 겪고도 오히려 늙지않는 저 물같이 맑은 소리 ── 저런소리는 정말로 山마다 아직도 오히려 살아 있는것일까.

－「山下日誌抄」에서

이 텍스트의 제목에서 보여 주듯이 '山下'에 話者인 '내'가 서 있다. 화자는 산과 어느 정도 일정한 거리를 유지한 채 문득 "눈을 들어" 산을 보고 있다. "눈을 들어" 늙은 "산둘레"를 본다는 것은 산의 부피를 보는 동시에 산의 높이를 본다는 것을 의미한다. 만약 山이 낮다면 눈을 "들고" 볼 필요가 없을 것이다. 그러므로 화자의 행위를 나타내는 눈을 "들어"에는 이미 상방적 의미가 內包되어 있다고 하겠다. 화자가 하방공간을 응시하고 있다가 "문득" 상방공간을 순간적으로 올려다보고 있기에 그러하다. 그러니까 "문득"은 화자의 행동을 분절하는 시간적 언술이 된다. 곧 산을 바라보기 전의 행동과 바라본 후의 행동을 분절하는 언술인 것이다.

하지만 화자에게 처음에는 그 산이 늙은 산으로 보이게 된다. 늙은 산은 젊은 산과 달리 상승보다는 하강하는 이미지를 연출한다. 그래서 높이를 가진 수직의 산보다는 "산둘레", 곧 부피를 가진 수평의 산으로 인식된다. "문득"과 대응을 이루는 "역시"라는 언술도 이를 밑받침해주고 있다. "역시"가 지시하는 내용은 늙은 산의 구체적인 모습이다. 그 모습은 다름 아니라 꺼칠꺼칠하고 멍청한 듯한 좀 모자라는 산이다. 이에 화자는 그 산을 밉상이라고도 한다. 아마도 그 이유는 산이 수직성을 상실하고 수평적 공간성을 보여주고 있기 때문에 그러할 것이다.

그러나 그 늙은 산 위에 구름이 몰려오면서부터 산은 그 모습을 달리하게 된다. 구름은 천상적인 기호이다. 이에 따라 산은 비로소 높이를 지닌 수직성의 모습을 보여준다. 말하자면 수평적 넓이와 부피만을 가진 산이 천상을 향하여 수직적 높이로 서는 그런 모습으로 전환한 것이다. 이처럼 산이 수직적 높이를 갖게 되자, 산의 하방공간과 상방공간의 의미작용이 변별되는 것으로 나타난다. 산의 하방공간은 인간 세계에 속한다. 그러므로 세속적인 영역에 속한다고 할 수 있다. 예의 '꺼칠꺼칠하고 멍청한' 산의 모습이 바로 산의 하방공간에서 산출된 의미다. 부연하면 생기와 지혜가 없는 듯한 모습을 보여주고 있다.

이에 비해서 산의 상방공간은 매우 긍정적인 모습을 보여준다. 그 의미가 대립되는 것이다. 가령, 산의 上部는 "서로 뺨을 마조 부비"는 모습으로써 생기 넘치는 애정을 보여주고 있다. 뿐만 아니라 "땅우의 더러운 싸움의 찌꺽이들을 맑힐대로 맑"힌다는 언술에서 알 수 있듯이, 세속적 욕망을 정화하는 신성한 공간으로 작용하기도 한다. 더불어 검은색과 대립되는 옥색을 보여주기도 한다. 무거운 이미지를 산출하는 검은색은 하강지향적인 의미작용을 하지만 이와 대립되는 옥색은 상승지향적인 의미작용을 한다. 따라서 산의 상방공간은 천상을 향하여 비상하는 듯한 투명한 모습을 보여주게 된다. 참고로 하자면 서정주 시인이 애호하는 옥색은 지상의 붉은색(「自畵像」과 「花蛇」)과 대립되기도 한다. 옥색이 비상하면 하늘의 푸른색이 되기 때문이다. 또 하나 더 부언한다면 산의 상방공간은 "랑랑한 唱으로 노래하는" 뮤즈의 모습을 보여주고 있다는 점이다. 물론 이 뮤즈의 노래는 세속의 때가 묻지 않은 풋풋한 삶의 정서를 표방해준다.

이처럼 구름의 출현으로 산의 의미작용은 크게 달라지고 있다. 뿐만 아니라 구름의 출현은 공간을 분절하는 데에도 큰 영향을 미치게 된다. 자연현상의 實在體인 구름과 산이 기호영역으로 전환되면 그것은 공간기호론적 의미작용을 하게 된다. 부연하면 공간을 분절하는 작용을 한다는 점이다. 구름이 출현하기 이전에는 산은 사람처럼 앉아 있는 듯한 모습을 보여주었다. 그래서 서 있는 산과 대조되는 모습이었다. 이런 점에서 보면, 산은 신체공간처럼 '앉다(하강)/서다(상승)'로 분절되고 있었다. 그러나 구름이 출현하자 산은 하늘과 땅의 이항대립적 공간을 매개하는 매개공간으로 전환되고 만다.[58] 이에 따라 '하늘(상방)–산(중간)–지상(하방)'이라는 삼원구조의 공간기호체계를 구축하게 된다. 그렇다면 매개항인 산은 어떻게 기능할까. 일단 매개항인 산은 지상의 부정적 가치와 천상의 긍정적 가치를 동시에 매개하는 기능을 한다. 이런 가운데 구름과 만난 산은 앉아 있는 상태를 벗어나 서 있는 모습으로 전환하게 된다. 산은 여기서 더 나아가 하늘로 비상하는 모습을 보여준다. 곧 수직상승의 모습을 보여준다. "앉아 있을 따름"인 산이 이제 "맑힐대로 맑히어 날라 올라서"라는 언술이 이를 뒷받침해 주고 있다.

물론 산이 구름과 만난다고 해서 모든 산이 비상하지는 않는다. 즉 이 지상적 세계를 떠나 천상을 향하여 초월하는 것은 아니다. 때에 따라서는 추락하는 산, 주저앉는 산, 하강하는 산이 될 수도 있다. 그렇다면 이 텍스트에서 산은 어떻게 해서 비상하는 것으로 나타나고 있을까. 그것은 다름 아닌 천상과 지상의 변별적인 가치 때문이다. 산이 구름을 만나자 지상에는 부정적인 가치를 부여하게 되고, 천상에는 긍정적인 가치를 부여하게 된다. 그래서 산은 하방공간인 지상의 부정적인 가치체계를 떠나 천상공간을 향하여 비상하게 된 것이다. 하방공간의 부정적 가치를 나타내는 언술로는 '땅 위의 더러운 싸움, 守節한 新婦의 한스러움, 數百王朝의 沒落' 등을 들 수 있다. 곧 이러한 세속의 부정적인 가치가 산을 천상의 세계로 비상시키고 있는 셈이다. 산은 밝은 날에는 '玉色'으로 비상하는 모습을 보여주고 어둠 속에서는 '소리'로 비상하는 모습을 보여준다. 예의 어둠 속의 '소리' 또한 일상의 평범한 소리가 아니다. 저 지하세계인 바다 속에서 서서히 뽑아져 나오는 신비한 우주의

58) 이항대립적 원리는 어떤 구조이든지 간에 그 메커니즘인 기본조직의 하나로 작용한다. 그래서 이항대립적 원리는 텍스트 내의 여러 요소들을 논리에 의해 분절하고 절단하여 구조 체계 내에서 의미작용을 산출하게 만든다.

소리이다. 그러므로 이러한 산은 우주공간의 중심으로서 하나의 우주산을 표상하기도 한다.[59)]

하방공간과 상방공간의 변별적 차이는 공간적 층위에서뿐만 아니라 음성적 층위에서도 그대로 나타난다. 미당은 하방공간에 속하는 모습을 "꺼칫꺼칫"한 것으로 언술한다. 여기서 "꺼칫꺼칫"한의 어휘는 거칠고 강한 음소 계열인 /ㄲ/, /ㅊ/의 반복으로 구성되어 있다. 이에 반해 상방공간은 서로 "뺨을 마조 부비고" 있다는 정겨운 모습으로 언술하고 있다. 여기서 "뺨을 마조 부비고"는 부드럽고 가벼운 순음 계열의 /ㅃ/, /ㅁ/, /ㅂ/ 음소로 구성되어 있다. 또한 상방공간의 모습을 "랑랑한 창"을 하는 모습으로 언술하기도 한다. 마찬가지로 "랑랑한 창" 또한 부드럽고 가벼운 소리인 유음계열의 음소 /ㄹ/의 반복으로 구성되어 있다. 이렇게 음성적 층위에서도 지상의 세계와 천상의 세계는 대립되는 것으로 나타난다. 이 지점에서 중요한 것은 이러한 대립에서 지상의 세속적 가치를 천상적 가치로 전환시켜 정화하고 있다는 점이다. 그것도 산을 인간의 형상으로 인격화해서 말이다. 그러니까 산은 하나의 인격체로서 세속적이고 유한한 인간들의 삶을 천상적인 삶의 세계로 전환시켜주는 영원한 기능을 한다. 예의 매개항인 산이 상방지향적인 기능을 하고 있는 셈이다.

물론 미당의 시 텍스트에서 산이 언제나 상방지향적인 기능만을 하는 것은 아니다. 이와 반대되는 기능을 하기도 한다. 부연하면 상방공간의 가치체계를 하방공간에 있는 인간에게 전달하기 위해 하방지향적인 기능도 한다는 점이다.

---

59) 메소포타미아인들의 신앙에 의하면, 중심이 되는 산은 하늘과 땅을 연결해 준다고 한다. 그것이 그들이 일컫는 이른바 대지의 산인데, 이곳은 두 영역의 접합점이 된다. 지구라트(ziggourat)도 달리 말한다면 하나의 우주산을 의미한다. 곧 우주를 나타내는 신성한 상징적인 이미지인 것이다. Mircea Eliade, *Cosmos and History*, 정진홍 역, 『우주와 역사』, 현대사상사, 1976, p.28.

가난이야 한낱 襤褸에 지내지않는다
저 눈부신 햇빛속에 갈매빛의 등성이를 드러내고 서있는
여름 山같은
우리들의 타고난 살결 타고난 마음씨까지야 다 가릴수 있으랴

靑山이 그 무릎아래 芝蘭을 기르듯
우리는 우리 새끼들을 기를수밖엔 없다
목숨이 가다 가다 농울쳐 휘여드는
午後의때가 오거든
內外들이여 그대들도
더러는 앉고
더러는 차라리 그 곁에 누어라
지어미는 지애비를 물끄럼히 우러러보고
지애비는 지어미의 이마라도 짚어라

어느 가시덤풀 쑥굴헝에 뇌일지라도
우리는 늘 玉돌같이 호젓이 무쳤다고 생각할일이요
靑苔라도 자욱이 끼일일인것이다.

―「無等을 보며」 전문

"갈매빛의 등성이"에서 알 수 있듯이, "등성이"를 드러내는 산은 수직 상승하는 산이 아니라 수직 하강 또는 수평 운동을 하는 산이다. 인간이 땅에 엎드릴 때 드러나는 등허리처럼, "등성이"는 일어선 산이 아니라, 수평적으로 누워 있는 산을 표현한 언술이다. 더 나아가 그러한 山은 제2연에서 알 수 있듯이, "등성이" 곧 등허리에서 "무릎아래"까지로 하강해가는 모습을 보여준다. 사람으로 비유한다면 서 있다가 천천히 앉게 되는 모습이라고 할 수 있다. 이에 따라 산은 '꼭대기(상방)–등성이(중간항)–무릎(하방)'으로 분절되는 삼원구조의 공간기호체계를 보여준다. 물론 이 텍스트에서 산의 꼭대기, 곧 정상은 無標化되어 있다. 무표화된 이유는 산이 '머리(꼭대기)'를 향하여 상승하는 것이 아니라 '다

리(지면)'를 향하여 계속 하강하고 있기 때문이다. 산이 하강하므로 인해서 산은 수직성을 상실하고 수평적인 넓이를 강화하게 된다. 말하자면 지상적인 삶의 공간에 근접하게 되는 셈이다. 그래서 산은 비로소 지상의 가난한 사람들을 그 무릎 아래에 들이게 된다. 달리 표현하면 산이 가난한 사람들을 포용하고 있는 것이다. 이러한 산의 기능으로 인해 이제 사람들은 그 무릎 아래에 눕기도 하고 앉기도 한다. 이에 따라 산은 사람들이 편안하게 쉴 수 있는 '방'의 기능을 하게 된다. 산이 매우 긍정적인 작용을 하고 있는 것이다. 그 긍정성을 좀 더 부연하면, 산이 상방가치 체계를 하방공간으로 전환시켜 하방공간의 삶을 정화해주고 있다는 것이다.

주지하다시피 시적 기능은 등가의 원리를 선택의 축에서 결합의 축으로 투영할 때 작동한다.[60] 그리고 선택은 등가성의 원리에 의해 진행되는데, 이때 선택된 여러 요소들은 구조 내에서 다양한 상호 관계를 맺는다. 왜냐하면 등가성에 의해 선택된 요소들이 상호 대립이나 병렬구조를 구축하기 때문이다. 여기서 중요한 것은 바로 병렬구조이다. 예의 병렬구조는 대립과 차이를 통해서 의미를 산출하도록 해주는 기능을 한다. 모든 의미는 사물 하나만 있을 때는 생기지 않는다. 마주치는 다른 사물이 존재할 때 서로에게 의미가 생겨난다. 대립과 차이를 통해서 말이다. 그래서 시에서 병렬구조가 중요한 것이다.

> 보통 것과는 다른 존재인 線이란 게 있다. … 단지 한 줄의 선만으로는 의미가 생기지 않는다. 거기에 표현을 주는 것은 두 번째의 선을 그었을 때이다. 그것은 중대한 법칙이다.[61]

예의 병렬구조는 텍스트의 의미를 규명하는데 요긴하게 쓰인다. 미

---

60) 로만 야콥슨, 신문수 편역, 『문학 속의 언어학』, 문학과지성사, 1989, p.61.
61) J. Derrida, *Writting and Difference,* tr. Alan Bass, Chicago: The Univ. of Chicago, 1973, p.15. 이어령, 『문학공간의 기호론적 연구』, 단국대 대학원 박사학위 논문, 1986, p.76. 재인용.

당의 텍스트도 예외는 아니다. '青山'과 '우리'는 이항대립으로써 병렬구조를 갖는다.

청산 → 무릎 → 芝蘭 → 기르다
↕ ↕ ↕ ↕
우리 → (무릎) → 새끼 → 기르다

이와 같이 '청산'과 '우리'는 대립을 이루지만 '기르다'라는 서술 동사에 와서는 같은 의미로 통합된다. 그 통합에 의해 이제 청산과 인간은 별개로 존재하지 않고 같은 의미를 공유하는 융합된 이미지로 존재한다. 그래서 인간이 산이 될 수 있고 산이 인간이 될 수 있는 공간기호 체계를 구축하게 된다.

공간 코드로 볼 때, 여자는 남자에 비해 훨씬 더 지상적인 존재이다. 흔히 神話나 종교적 관점에서도 남성을 하늘, 여성을 대지로 본다. 그 一例로 부리야트 족은 기도 중에 하늘을 "아버지"로 대지를 "어머니"로 부른다.[62] 유교 사상의 전통을 지닌 동양에서도 남성을 하늘, 여성을 땅에 비유하곤 한다. 이 텍스트의 공간코드에서도 지어미는 지애비를 "우러러보고" 있다. '우러러보다'는 지애비를 상방공간에, 지어미를 하방공간에 위치시키는 것이 된다. 청산도 마찬가지이다. 기르는 것은 여성들의 기호체계이기 때문에 청산이 무릎 아래서 "芝蘭"을 기르는 것은 모성적 공간의 의미를 갖는다. 이에 따라 청산의 하방공간은 여성적 이미지를 상징하고, 상대적으로 청산의 꼭대기는 남성적 이미지를 나타낸다고 할 수 있다. 그러므로 '산'은 여성적 이미지와 남성적 이미지를 함께 지닌 兩性具有의 공간기호 체계를 갖는 셈이다. 그렇다고 해서 남성이 여성을, 상방공간이 하방공간을 억압하거나 소유하지는 않는다. 청산과 인간이 의미론적 층위의 同位素[63]를 이루고 있는 것처럼, 청산과

62) Mircea Eliade, *Traité d'histoire des religions,* 이재실 역, 『종교사 개론』, 까치, 1994, p.77.

인간은 각각 평등하고 조화로운 모습을 보여준다. 예를 들면, 상방에 위치한 지애비이지만 하방에 있는 지어미의 이마를 짚어준다는 이미지가 바로 그것을 대변해준다고 할 수 있다. 제2연에서 '나와 너', '지애비와 지어미'를 구별하지 않고 복수 인칭 대명사 '우리'를 사용한 것도 이에 연유한다고 할 수 있다.

산과 인간, 인간과 인간이 융합하는 하방공간이라고 해서 산 자체가 하방공간으로 주저앉는 산은 아니다. 제4연에서 볼 수 있듯이, 山은 늘 상방공간을 지향하고 있다. 다시 말해서 하방공간의 가치를 상방공간의 가치로 전환시키고 있다. 그러한 작용을 다름 아닌 "옥돌"이 해주고 있다. 예의 광물성인 옥돌은 무게를 지니고 있다. 그 무게로 보면 옥돌은 하방공간을 지향할 수밖에 없다. 그럼에도 불구하고 옥돌은 가볍게 상승하는 의미작용을 보여준다. 옥돌이 지닌 그 투명한 빛깔 때문이다. 그래서 이 텍스트에서의 "옥돌"은 하방공간을 상승시키는 긍정적인 의미작용을 한다. 이런 점에서 보면, 옥빛은 미당의 시 텍스트에서 붉은색과 대립하는 것으로 나타난다. 옥빛이 하늘과 연관되고 피로 상징되는 붉은색은 지상과 연관되기에 그러하다. 그러므로 옥빛은 미당의 존재의식을 하늘로 이끌어 주는 매개항의 기호로 존재하는 셈이다.

> 땅 위의 인간이 그리워하고, 바라보기만 할 뿐 닿을 수도 없는 〈하늘〉의 푸르름과는 달리, 玉빛은 인간과 친밀한 관계를 유지하면서 서서히 인간을 하늘 쪽으로 밀어 올려주는 역할을 하고 있다.[64]

옥돌같이 누울 수 있는 인간은 비록 그것이 가시덤불의 쑥굴형의 공

---

63) 동위소(isotopie)는 그레마스의 개념으로, 그는 『의미론(Du Sens)』에서 "한 텍스트(혹은 한 담화)의 일관성 있는 독서를 가능하게 하는 의미론적 범주들의 잉여 집합"으로 정의한다. 신현숙, 「공간」, 『희곡의 구조』, 문학과지성사, 1992, p.138.

64) 김화영, 『미당 서정주의 시에 대하여』, 민음사, 1984, p.44.

간이라 할지라도, 그 의식세계는 상방성의 산과 하늘을 지향할 수 있다. 이렇게 '산'과 '옥돌'의 매개 작용으로 '가난/부자, 남/여, 內/外'의 대립적 의미들이 하나로 통합이 되며, 부정적 가치를 지닌 지상적 삶이 긍정적 가치를 지닌 천상적 삶으로 전환하게 된다.

이처럼 매개항 산은 땅과 하늘을 분리・대립시키지 않고 지상의 세속적 삶을 하늘로 향하게 해주는 긍정적 가치를 부여해 준다. 물론 수직적인 높이를 가진 산뿐만 아니라, 오랜 시간에 의해 그 높이를 상실한 산이라 할지라도 그것은 인간을 키우는 생명의 역할을 하기도 한다.

> 山아 푸른 山아 나보다는 덜 닳아진,
> 上代 三皇氏ㅅ적부터 닳은 나보다는 덜 닳아진,
> 나보다는 젊고 키가 큰 山아
>
> 내가 살다 마침내 네 속에 들어가면
> 바람은 우릴 안고 돌고 돌아서,
> 우리는 드디어 차돌이라도 되렷다.
> 눈에도 잘 안 뜨일 나를 무늬해
> 山아 넌 마침내 차돌이라도 돼야 하렷다.
>
> 그러면 차돌은 또 아양같이 자리해서
> 자잘한 細砂, 細砂, 細砂라도 돼야 하렸다.
> 그 細砂의 細砂는 또 뻘건 흙이라도 돼야 하렷다.
>
> 그렇거든 山아
> 그 때 우린 또 같이 누워
> 출렁이는 벌판의 풀을 기르는
> 제일 오래고도 늙은 것이 되리니
>
> ―「無題」에서

화자와 산은 대화적 관계에 있다. 대화 행위는 말을 건네는 화자와 더불어 분명히 그 말을 듣는 청자가 존재해야 한다. 말은 나와 다른 대상 사이에 설치해 놓은 일종의 다리이다. 다리의 한쪽 끝이 나한테 매달려 있다면, 다른 한쪽 끝은 나의 수신자한테 매달려 있다.[65] 이 텍스트에서 화자의 말을 듣는 쪽은 다름 아닌 '산'이다. 화자는 청자인 대상 '산'과 말의 다리를 놓는다. 화자의 어조로 볼 때 화자와 산은 대등한 존재로 나타난다. 호격조사 '-아'는 그러한 대등한 관계로 대화를 이끄는 기능을 한다. 대화적 관계가 진행되면서 '나 - 너'의 관계가 '우리'라는 관계로 변주되면서 가치체계까지 동일화된다.

이 텍스트에서 산은 내부적 공간을 지니고 있으면서도 수직적 공간을 지니고 있다. 이 내부적 공간을 가지고 있음으로 해서 內/外를 중재하는 수평적 공간의 매개항이 되고, 높이를 가지고 있어서 또한 上/下를 중재하는 수직적 공간의 매개항이 된다. 하지만 산은 텍스트가 차츰 전개될수록 그 수직성이 상실되는 것으로 드러난다. 달리 말하면 상대적으로 수평성이 차츰 강화되는 것으로 드러난다. 산의 내부적 공간을 들여다보면, 그 속에서 화자와 산 자체는 조약돌로 남는 존재이다. 그러고 난 다음, 또 조약돌은 細砂로, 細砂는 흙으로 통합되는 과정을 겪는다. 그 과정을 통해 산은 결국 수직성을 상실하고 수평성을 강화하는 공간으로 전환된다. 물론 이러한 과정을 주도한 것은 다름 아닌 "바람"이다. 그러므로 유동적 기호인 "바람"은 '나와 산'을 하나의 융합된 흙, 융합된 존재로 만드는 긍정적인 의미작용을 한다.

산이 내부적 공간과 수직적 높이를 지니고 있을 때에는 적어도 '하늘(상방)-산(매개항)-지상(하방)'이라는 삼원구조 기호체계를 구축하고 있었다. 하지만 바람에 의해 그 수직적 높이가 완전히 상실하게 되자 그 삼원구조도 해체되고 만다. 그래서 산은 이제 '산'의 공간적 의미를 상실하고 지면 곧 '흙'의 공간적 의미를 획득하고 있다. 곧 역전된 공간인 셈이다. 젊고 푸른 산이었을 때는 수직이었던 산이 오래고 늙은 산

65) 김욱동, 『대화적 상상력』, 문학과지성사, 1991, p.135.

이 되었을 때는 인간사의 일처럼 땅 아래로 눕고 만다. 인생에 있어서 젊음은 상승의 기호이고 늙음은 하강의 기호인 것처럼, 산도 그 역사적인 시간성에 의해 상승의 기호에서 하강의 기호로 전환되고 있다. 주저앉는 산, 소멸되는 산, 해체되는 산은 하강의 기호로 작용하지만 생명을 살리는 의미작용에는 변함이 없다. 높이를 모두 상실한 산은 화자와 함께 수평적인 벌판이 되어 풀들을 기르고 있기 때문이다. 곧 생명성의 공간을 유지하고 있는 것이다. 뿐만 아니라 모성적인 이미지를 보여주었던 「무등을 보며」에서의 청산처럼, 이 텍스트에서도 대지를 기르는 大地母神의 이미지를 보여주고 있다는 점이다. 그러므로 이 산 역시 지상에 긍정적 가치를 부여하고 있는 것으로 나타난다.

未堂의 시 텍스트에서 하늘과 땅을 중재하는 산은 대부분 하늘을 닮아가는 색으로 묘사된다. 「山下日誌抄」의 옥색, 「無等을 보며」의 청색, 「無題」의 푸른색은 지상의 세계를 떠나 수직상승하는 이미지를 나타낸다. 또한 산들은 하나의 유기체가 되어 動態性을 띠면서 인간을 기르거나 지상의 세속적 가치를 정화하여 상방공간으로 이끌어 주는 기능을 하고 있다. 이러한 산의 기호체계는 육체적·관능적 삶을 강화하는 피의 기호체계와 대립하는 것으로, 미당의 존재의식을 하늘로 이끌어 올리는 매개 기능을 한다.

이때의 미당은 「自畵像」의 수캐처럼 헐떡거리는 지상의 존재도 아니요, 「花蛇」에서 푸른 하늘을 물어뜯는 뱀의 빳빳한 모가지도 아닌 것이다. 색채 이미지에 있어서, 피의 붉은색은 하방공간에 밀착하는 의미작용을 하는데 비해, 옥색은 땅을 떠나 푸른 하늘로 비상하는 의미작용을 한다. 예의 '피'는 그것이 어디에 있든지 간에 육체성을 상기시킴으로 인해 늘 지상적 세계를 지향하는 이미지로 나타난다. 만약 '피'가 하늘 어딘가에 있다면 그 하늘의 세계도 지상과 같은 의미작용을 하게 된다는 사실이다.

朕의 무덤은 푸른 嶺 위의 欲界 第二天.
피 예 있으니, 피 예 있으니, 어쩔 수 없이
구름 엉기고, 비터잡는 데 —— 그런 하늘 속.

피 예 있으니, 피 예 있으니,
너무들 인색치 말고
있는 사람은 病弱者한테 柴糧도 더러 노느고
홀어미 홀아비들도 더러 찾아 위로코,
瞻星臺 위엔 瞻星臺 위엔 그중 실한 사내를 뇌라.

살(肉體)의 일로써 살의 일로써 미친 사내에게는
살 닿는 것 중 그중 빛나는 黃金 팔찌를 그 가슴 위에,
그래도 그 어지러운 불이 다 스러지지 않거든
다스리는 노래는 바다 넘어서 하늘 끝까지.

－「善德女王의 말씀」에서

「선덕여왕의 말씀」에서는 '산'이 "푸른 嶺"이나 "첨성대"로 코드가 변형되어 나타난다.[66] 여기서 문제가 되는 것은 "푸른 嶺"과 "첨성대"의 공간기호 체계를 생성해 낸 발화(텍스트)가 누구와 관계를 맺는가이다. 줄리아 크리스테바는 발화(텍스트)가 화자나 청자 혹은 다른 발화와 갖는 상호 관계를 '수평적' 관계와 '수직적' 관계로 구별한다. 수평적 관계는 발화가 화자와 청자와 맺는 관계를 가리키며, 수직적 관계는 발화가 그 이전 혹은 동시적인 다른 발화와 갖는 관계를 가리킨다. 특히 크리

66) 산은 세계의 중심과 축을 동시에 상징한다. 모든 나라마다 각기 중심지를 가지는 것이기에 신성한 산들은 같은 기능을 발휘하면서도 전통들에 따라 그 이름이 저마다 다르다. 예를 들면 그리이스 인들에게는 올림푸스요, 중국인들에게는 곤륜산이 된다. 그러나 산이 없을 때에는 인간은 돌더미, 석총, 묘석이나 피라미트를 쌓아 올려 그 흉내라도 내려고 하였다. 바빌론에서는 지구라트(ziggourat, 별을 관측한 삼각추 형의 신전), 중국에서는 9층의 불교 파고다를 쌓아 올렸던 것이다. 이런 상징으로 보면, 이 텍스트의 '첨성대'는 山의 상징으로서의 변형이라 할 수 있다. 뤽브느와, 윤정선 역, 『징표, 상징, 신화』, 탐구당, 1984, p.74.

스테바는 발화의 수직적 관계에 주목하여 '모든 텍스트(발화)는 모자이크와 같이 여러 인용문으로 구성되어 있다. 모든 텍스트는 다른 텍스트를 흡수하고 그것을 변형시킨 것에 지나지 않는다.'[67]라는 상호 텍스트성을 주장한다.

크리스테바의 말을 참조하면 이 텍스트는 수직적 관계를 갖는다. 즉 선덕여왕을 둘러싼 역사 및 설화들의 사실들, 예컨대 『삼국유사』, 『삼국사기』, 『수이전』 등에서 이미 씌여진 텍스트를 흡수하고 변형시킨 텍스트라는 점이다. 이 텍스트는 그들과의 어떤 의미로든지 대화적 관계에 있다고 봐야할 것이다. 그러므로 화자의 말을 듣는 청자도 다양한 층위를 구성할 수밖에 없다. 이때의 청자란 바흐친의 발대로 '超수신자'가 청자의 자리에 위치하게 된다. 이런 초수신자는 흔히 '神'이나 '절대적 진리' 혹은 '초연한 인간의 양심'의 형태로 나타난다. 이런 초수신자의 개념은 제럴드 프린스가 말하는 이른바 '이상적 독자'와 일맥 상통하는 것이다.[68]

텍스트에 대한 이런 정보는 공간기호 체계를 논의하는 데 큰 도움을 주게 된다. 시적 화자의 언술로 볼 때, 이 텍스트의 공간적인 계층은 두 가지로 대별된다. 하나는 "푸른 嶺"과 관계되는 欲界 第二天의 공간이며, 다른 하나는 인간이 사는 "첨성대"의 공간이다. 욕계 제2천은 관념적이고 추상적인 공간인데 비해, 첨성대는 구상적이고 감각적인 공간이다. 다시 말해서 욕계 제2천이 초현실적인 공간이라면, 첨성대는 현실의 구체적인 공간이 되는 것이다. 그럼에도 불구하고 욕계 제2천에도 첨성대의 공간처럼 구름과 비, 그리고 피의 기호가 생성되고 있다. 예의 이 '피'는 지상에서 생성된 것으로 욕계 제2천의 "푸른 嶺"까지 올라가고 있다. 이에 따라 욕계 제2천은 지상적 삶과 연관되는 공간으로 전환하게 된다.

미당의 시 텍스트에서 '피'는 지상적 삶의 원리를 강화하는 것으로 관

---

67) 김욱동, 앞의 책, p.139.
68) 위의 책, p.137.

능적 · 육욕적인 세계에 이끌리게 한다. 그러므로 욕계 제2천에 생성된 피 역시 그러한 세계를 자극하는 기호로 작용한다. 욕계 제2천에 무덤을 두고 있는 선덕여왕은 이러한 '피' 때문에 욕계 제2천의 하늘을 넘어 그 다음 하늘로 초월하지 못하고 있다. '무덤'과 '피'에서 알 수 있듯이, 죽음과 삶의 모순된 공간에 갇혀 있는 셈이다. 공간적으로 "푸른 嶺"을 보면, 이것은 '하늘(상방)-嶺(매개항)-터(하방)'로 수직축의 삼원구조를 구축한다. 그런데 매개항 嶺은 하방공간에도 부정적인 가치를 부여하게 되고, 상방공간에도 부정적인 가치를 부여하게 된다는 사실이다. 하방공간의 의미를 지닌 '피'가 선덕여왕을 초월하지 못하게 막고 있기 때문이며, 상방공간의 의미를 지닌 '구름'이 또한 초월하지 못하도록 방해하고 있기 때문이다.

주지하다시피 欲界 第二天과 인간이 사는 첨성대의 공간을 이어주는 것은 '피'이다. 그러므로 의미의 소재지로서의 텍스트는 이 '피'라는 기호체계의 '확장'에 의해 생성된다고 할 수 있다.[69] 지상의 '피'는 병약자, 홀어미와 홀아비, 살(肉體)과 실한 사내, 사랑, 국법의 불로 확장되면서 텍스트의 의미를 생성하며 等價를 확립한다. 이러한 '피'의 기호체계는 지상의 삶과 관계되면서 육체성의 의미를 강화시키고 있다. 이에 따라 선덕여왕이 지상을 떠나 완전하게 초월할 수 있는 것은 육체적이고 관능적인 지상의 '피'를 정화할 때만 가능하다.

이 지상의 관능적인 피를 정화하는 곳은 "첨성대"이다. 첨성대는 '하늘(상방)-첨성대(매개항)-지상(하방)'으로 삼원구조의 기호체계를 구축한다. 이때 매개항 첨성대는 상방공간에 긍정적 가치를 부여한다. 첨성대는 하늘과 교신하는 접점으로 신성한 공간이 되면서 지상의 부정적 가치를 정화시킨다. "실한 사내"를 내놓는 공간도 다름 아닌 첨성대 위

69) Michael Riffaterre, *Semiotics of Poetry*, Bloomington: Indiana University Press, 1978, p.48. 텍스트는 '확장'과 '전환'에 의해 의미가 생성되는데, '확장'은 하나의 기호를 몇 개로 변형시킴으로써 전환은 몇 개의 기호를 하나의 '집합적 기호'로 변형시킴으로써 等價를 이룬다.

이다. 이 실한 사내의 관능적이고 육욕적인 피는 첨성대에 의해 정화되고, 또한 황금팔찌에 의해 순화가 된다. 황금팔찌는 圓環공간으로 순수한 정신의 상징을 나타낸다.[70)]

이러한 순수한 정신은 황금의 속성처럼 변하지 않기도 하지만, 다른 한편으로는 황금빛에 의하여 상승적 의미를 지닌 것으로 작용하기도 한다. 이런 점에서 광물성의 기호체계인 첨성대와 황금팔찌는 육체적 원리를 정신적 원리로 전환시키는 매개항의 기능을 한다고 볼 수 있다. 이처럼 '피'가 있는 하방공간은 관능적이고 육욕적인 의미가 강화되지만, '피'의 정화나 순화는 수직상승의 정신적인 의미가 강화된다. 그러므로 매개항 첨성대의 작용으로 지상의 피가 정화되면, 욕계 제2천의 피도 정화되고 순화되어 선덕여왕은 진짜 하늘로 수직상승할 수 있게 된다.

지금까지 분석해본 것처럼 '산'과 '嶺'은 자연적 매개항 기호체계로서 지상의 세속적 가치를 정화하여 인간으로 하여금 수직상승의 지향의식을 갖게 해주고 있다. 이에 비해 '산'의 변이형이라고 할 수 있는 '방'은 문화적 매개항 기호체계로서 천상적 가치를 지상에 이끌어 들이는 긍정적인 의미작용을 한다. 다시 말해서 천상적 가치로서 지상적 삶을 긍정적으로 변화시키는 의미작용을 한다는 사실이다. 이 지점에서 '방'의 기호체계를 구체적으로 살펴보도록 한다.

(2) 방의 기호체계

미당의 시 텍스트에 등장하는 '방(房)'은 인간만이 일상적으로 생활하고 거주하는 공간이 아니다. 미당의 방에는 인간과 함께 우주적 세계도 들어와 거주하기에 그러하다. 요컨대 미당의 방은 구체적인 인간의 삶과 추상적인 천상의 삶이 융합된 신성한 공간으로 출현한다는 것이다. 그래서 미당에게 있어서 방은 하방적 공간인 지상에 고착된 것이 아니

70) Aniela Jaffé, 「圓의 象徵」, 이부영 外 역, 『인간과 무의식의 상징』, 집문당, 1983, p.256.

라 시적 상상력에 의하여 공중으로 비상하는 것으로 나타나기도 한다. 더불어 지상의 세속적 가치를 천상적 가치로 바꾸어 주는 기능을 하기도 한다.

참된 의미로 거주되는 일체의 공간이 집(방)이라는 관념의 본질을 지니고 있다면,[71] 모든 인간과 사물이 거처하는 공간은 곧 방이 될 것이다. 부연하면 형태적인 모습이 달라도 그 기능이 같다면 그것은 곧 방이 될 것이다. 이런 점에서 미당의 방은 여러 형태로 변형되어 나타난다고 할 수 있겠다. 다락도 방이 되고, 석굴암도 방이 되는 것처럼 말이다. 이런 방의 공간기호 체계를 구체적인 작품을 통해서 살펴보도록 한다.

> 北岳과 三角이 兄과 그 누이처럼 서 있는것을 보고 가다가
> 형의 어깨뒤에 얼골을 들고있는 누이처럼 서있는것을 보고 가다가
> 어느새인지 光化門앞에 다다렀다.
>
> 光化門은
> 차라리 한채의 소슬한 宗敎.
> 조선 사람은 흔이 그 머리로부터 왼몸에 사무쳐 오는 빛을
> 마침내 보선코에서까지도 떠바뜰어야할 마련이지만,
> 왼하늘에 넘쳐흐르는 푸른 光明을
> 光化門- 저같이 으젓이 그 날개쭉지우에 실ㅅ고 있는者도 드물라.
> 上下兩層의 지붕위에
> 그득히 그득히 고이는 하늘.
> 윗層엣것은 드디어 치-ㄹ 치-ㄹ 넘쳐라도 흐르지만,
> 지붕과 지붕사이에는 新房같은 다락이 있어
> 아래層엣것은 그리로 왼통 넘나들마련이다.
>
> 玉같이 고으신이
> 그 다락에 하늘 모아

---

71) Gaston Bachelard, *La Poétique de L'espace*, 곽광수 역, 『공간의 시학』, 민음사, 1993, p.115.

사시라 함이렸다.

고개 숙여 城옆을 더듬어가면
市井의 노랫소리도 오히려 太古같고

문득 치켜든 머리위에선
파르르 쭉지치는 내 마음의 매아리. ……

―「光化門」 전문

이 텍스트에서 "광화문"이라는 고유명사는 하나의 역사적 실재물에 불과하다. 보통 우리가 문이라고 부르는 것은 숱한 왕래를 할 수 있는 공간, 즉 이쪽과 저쪽, 안과 밖을 이어주거나 단절시키는 형태의 공간을 말한다. 그런데 이 광화문은 '門'을 가져서 왕래할 수 있는 기능이 있지만, 역사적 상징물로만 존재하기에 그러한 실제적인 기능은 거의 상실된 상태이다. 그냥 하나의 장식적인 건축물로 우뚝 서 있는 셈이다. 뿐만 아니라 지붕을 가지고 있는 집의 형태이지만 통로를 가진 모순으로 인하여 인간이 거처할 수 없는 공간이기도 하다. 이런 점에서 기호영역 밖에 존재하는 "광화문"은 역사적 상징성을 띤 하나의 기하학적인 건축물, 다시 말해서 실용성이 배제된 하나의 건축 작품에 지나지 않는다. 그러나 이러한 '광화문'이 기호영역으로 들어오면, 그것은 1차적인 지시기능(비거주=건축 작품)을 벗어나 2차적인 의미작용(거주=방)을 산출하게 된다. 기호의 세계에서는 필연적으로 기호화과정이 일어나기에 그런 것이다. 예의 기호화과정이라는 것은 1차적인 뜻(meaning) 수준에 있던 기호가 제2차적인 意味(significance)의 수준으로 옮겨가는 것을 의미한다.[72]

---

72) 리파테르는 미메시스 차원에 있는 1차적인 의미를 뜻(meaning)이라고 규정한다. 그러한 뜻이 텍스트 속에서 2차적으로 작용하여 의미론적 단위를 형성하는 것을 의미(significance)라 한다. 그러므로 미메시스 차원에 있는 뜻이 의미의 수준으로 기호가 통합되는 데서 기호화과정이 생기는 것이다. M. Riffaterre, 앞의 책, pp.2~4. 참조.

먼저 이 텍스트는 시적 화자의 이동과 시선에 의해 공간이 분절되고 있다. 수평축으로 보면 화자는 "北岳"과 "三角"을 지나 "광화문" 그리고 "市井의 노랫소리"가 있는 곳으로 이동한다. 그러므로 광화문은 "北岳"과 "三角"이라는 산과 '市井 사람들'이 있는 수평공간을 분절하게 된다. 광화문은 두 개의 산과 연결되면서 '市井 사람들'과도 관계를 맺는다. 산과 사람 사이를 매개하는 광화문은 그 가치체계에서도 兩項의 성격을 지닌다. 광화문의 형태는 높이를 갖는 것으로 산을 닮았다. 반면에 산처럼 자연현상에 의해 생긴 것이 아니라, 인간에 의해 만들어졌다는 점에서는 인간의 속성을 닮았다고 할 수 있다. 그래서 광화문은 자연적 생성물인 '산의 속성(높이)'과 인간적 산물인 '인간의 심성(가치)'을 동시에 지닌 매개항이 되는 것이다. 단순한 물질에 불과하던 광화문이 이렇게 의미의 영역인 기호화 과정에 참가하면서, 광화문은 산의 표상이면서 인간의 표상을 담은 기호체계로 전환된다.

수직공간에서도 "광화문"은 兩項을 분절하는 매개항으로 기능한다. 하늘과 땅을 잇는 중간항으로서 '하늘(상방)-광화문(매개항)-땅(하방)'의 三元構造의 기호체계를 구축한다. 화자의 視點空間으로 이것을 좀 더 세분화 하면 광화문보다 높은 산은 상방이 되고 광화문은 중간항, 市井은 하방공간이 되는 셈이다. 이러한 수평·수직의 공간구조를 그림으로 나타내면 다음과 같다.

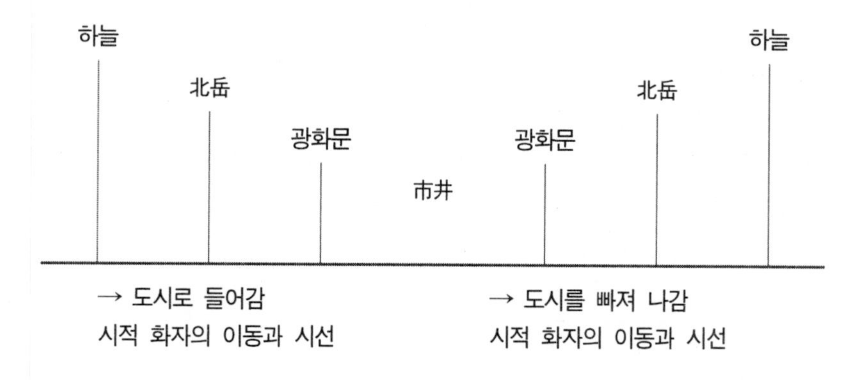

위의 그림에서 수직선으로 된 것은 화자가 보고 있는 잠재적인 시선을 극대화한 것이다. 예를 들면 광화문에서 산을 보던 시선을 끝까지 확대하면 하늘이 된다는 얘기이다. 이 텍스트에서는 먼저, 화자가 북악을 보며 광화문, 시정 방향으로 들어가고 있는데, 그 진행 방향을 따라 화자의 시선도 변화되고 있다는 점이다. 말하자면 화자의 시선이 하늘에서 북악으로, 북악에서 광화문으로 수직 하강하고 있다는 사실이다. 그러나 반대로 화자가 시정에서 광화문으로, 광화문에서 북악으로 되돌아 나갈 때는 화자의 시선이 수직 상승한다는 사실이다. 수직상승과 수직하강을 공간기호론으로 보면, 聖과 俗의 의미를 산출한다. 부연하면, 수직상승은 시정(세속)→광화문→북악(탈속)으로 가는 것이기에 聖의 의미를 산출하고, 수직하강은 반대로 북악(탈속)→광화문→시정(세속)으로 가는 것이기에 俗의 의미를 산출한다. 이에 따라 광화문은 세속과 탈속, 곧 聖과 俗의 의미를 동시에 지닌 중간항이 된다.

이제 시적 화자는 광화문 앞에 서서 광화문의 위를 쳐다보고 있다. 원거리에서 근거리로 접어든 화자에게 광화문은 수직의 높이로 현현하게 된다. 그런데 광화문은 단순한 수직적인 높이를 보여주고 있는 것이 아니라 수평적인 집의 형태까지 동시에 보여주고 있다는 점이다. 그것도 지붕과 방을 가진 완전한 형태의 가옥처럼 말이다. 이런 점에서 광화문은 공중에 떠 있는 집(방)과 같다고 할 수 있다. 앞서 논의했듯이 광화문은 인공적인 건축물로서 인간의 가치와 심성을 담고 있다. 그러므로 광화문의 집(방)은 인간이 실제로 거주할 수는 없어도 상상적으로 거주할 수 있는 인간적인 친밀감을 느끼게 해준다. 어쨌든 광화문은 "방"에 의해서 '지붕(상방)–방(매개항)–지상(하방)'으로 수직축의 삼원구조 기호체계를 구축하게 된다. 이렇게 기호영역으로 편입된 광화문은 단순한 '門'이 아니라 이제 하나의 내밀한 공간, 내밀한 집으로서 몽상의 장소를 제공해주고 있다.[73]

73) Gaston Bachelard, 앞의 책, p.130.

예의 지붕과 지붕 사이에 있는 매개항 '방'은 "新房" 같은 다락방이다. 늘 일상적으로 거주하던 공간과 달리 새롭게 꾸민 방이며, 새롭게 인생을 출발하는 성스런 방과 같은 곳이다. 聖스런 다락방은 神들이 거주하는 장소인 것처럼, 이 방에는 "玉같이 고으신이"가 사는 곳이다. 천상의 빛을 받아 사는 "고으신이"는 천상의 가치를 지상의 가치로 전환해주는 긍정적 기능인 의미작용을 한다.

이 텍스트에서 하늘의 푸른 光明은 물의 이미지처럼 철철 넘치며 흐른다. 푸른 하늘이 하강하여 인간의 세계를 하늘의 빛으로 채우고 있다. 하강 지향이던 "지붕"은 이런 빛에 의해서 비상하는 모습으로 변하고 만다. 곧 날개 죽지의 이미지가 되어 하늘로 비상하는 자세를 취한다. 그래서 지상에 그 뿌리를 두고 있지만, 그 가치체계는 수직상승하려는 초월의 의지를 나타낸다. 광화문이 없으면 그 초월의 의지를 드러낼 수가 없다. 다시 말해서 인간의 가치체계를 천상적인 가치체계로 전환할 수가 없는 것이다. 이렇게 지상적 삶의 세계에 천상적 가치를 부여해 주며, 이어서 지상적 삶의 세계를 천상적 가치로 끌어올려주는 미당의 광화문은 그래서 "한채의 소슬한 宗敎"와 같다.

"파르르 쭉지치는" 새의 날개를 달고 인간의 가치를 내포한 광화문의 방은 천상적 공간으로 비상한다. 그러한 비상의 행위는 간단하다. 고개를 숙이면 광화문의 방이 하향적이 되고, 이와 달리 고개를 들면 광화문의 방이 새처럼 비상하게 되는 것이다. 비상과 하강, 그것은 인간의 고개 숙임과 고개 듦의 차이일 뿐이다. 이 차이가 수직공간을 만들고 上/下를 분절한다. 왜냐하면 上/下의 공간분절은 인간의 자의에 의한 것이 아니고 이미 중력에 의해 주어져 있기 때문이다. 즉 인간이 아무리 방향을 바꾸어도 언제나 上은 上이고 下는 下의 방향을 유지할 수밖에 없기 때문이다.[74)]

광화문의 "방"이 하늘의 가치를 담아 세속적 삶을 수직상승하게 했다

---

74) O. F. Bollnow, *Mensch und Raum,* Stuttgart: Kohlhamner, 1980, pp.43~45. 참조.

면, 산꼭대기의 "別邸"의 방은 원혼을 달래어주는 것으로써 지상의 삶에 긍정적 가치를 부여해 준다.

實聖임금의 十二년 八월
구름이 山에 이는 걸 보니,
房에 香내음 밀리어 오는
사람이 사는 다락 같더라.

어느날 언덕길을 喪輿로 나가신 이가
그래도 안 잊히어 마을로 돌아다니며
낯모를 사람들의 마음속을 헤매다가,
날씨 좋은 날
날씨 좋은 날 휘영청하여
일찌기 마련했던 이 別邸에 들러 계셔

그보다는 적게 적게 땅을 기던 것들의 넋백도 몇 이끌고,
맑은 山 위 이내(嵐)ㅅ 길을
이 別邸에 들러 계셔

現生하던 나날의 맑은 呼吸, 呼吸으로 다짐하고
마지막 茶毘의 불 뿜어 아름다이 落成했던
이 別邸에
이 別邸에
이 別邸에
들러계셔

鷄林 사람들은 이것을 잔치하고
이 구름 밑 수풀을 성하게 하고
그 別邸 오르내리기에 힘이 덜 들게
돌로 빚어 다리를 그 아래에 놨더라.

—「구름다리」 전문

이 텍스트의 공간기호의 축은 산꼭대기의 공간과 마을의 공간이다. 이 두 개의 공간은 서로 대립된 의미체계를 지닌다. 이것을 계열축으로 보면 다음과 같은 대립항을 나타낸다.

마을(하방)	산꼭대기(상방)
다락방	別邸의 방
언덕길	이내(嵐)길
香내음	구름
타는 불	맑은 공기
살다(낮춤말)	계시다(높임말)
茶毘	現生

위 도표에서 하방공간인 '마을'은 인간의 삶과 죽음에 관련된 의미체계로 구성되어 있다. 그 계열체 중에서 "다비"라는 기호가 그 모든 의미를 포괄하는 것으로 볼 수 있다. 반면에 "산꼭대기"의 공간은 넋의 부활과 관련된 의미체계로 구성되어 있다. 그 계열체 중에서 '현생'이라는 기호가 그 모든 의미를 포괄하는 것으로 볼 수 있다. "다비"가 소멸·하강하는 의미라면, "현생"은 생성·상승하는 의미라고 하겠다. 전자가 불이라는 인간적인 행위에 의해 이루어진다면, 후자는 구름으로 상징되는 자연적인 행위에 의해 이루어진다. 그만큼 대립적인 셈이다. 하지만 이러한 대립적 공간은 분리되어 독자적으로 존재하지 않는다. 상호 융합되어 존재한다. 그것을 가능케 해주는 것이 바로 매개항 '돌다리'이다. 이 '돌다리'는 '다락방', 곧 '별저의 방'을 매개하는 기능을 한다. 다시 말해서 이승과 저승을 매개하는 긍정적인 기능을 한다.

산꼭대기에 있는 "別邸"는 지상과 하늘의 이항대립적 공간을 분절한다. 그래서 '하늘(상방)-別邸(매개항)-마을(하방)'의 수직 삼원구조의 기호체계를 구축하게 된다. 이때 산꼭대기에 있는 "別邸"의 방은 마을의 가치체계를 담는 동시에 천상적 가치체계도 담는다. 말하자면 "別邸"의 방은 하늘에 속하면서도 또한 마을에도 속하는 셈이다. "별저"가 하늘에 속하는 것은 상방적 기호체계인 '구름(넋백)'이 "別邸"의 방에 거주하기 때문이다. 그래서 "別邸"는 신성한 영역으로서 인간이 거주할 수 없는 초월의 공간으로 나타난다. 예의 인간이 오르기 힘든 산꼭대기에 방이 있다는 것은 그 자체로서 신성한 의미를 나타내기도 하며, 그것이 세계의 중심을 나타내기도 한다. 그래서 인간이 그러한 중심에 오르기 위해서는 '험난한 길'[75]의 여정을 겪어야 한다. 물론 그 여정이 상징하는 바는 俗에서 聖으로의 전환된 의미이다.

다른 한편으로 "별저"가 마을에 속할 수밖에 없는 것은 하방공간에 속하는 인간이 돌다리를 통해서 거기에 오를 수 있기 때문이다. 그러므로 이 신성한 "별저"의 방은 지상의 세계와 대립하지 않는다. 말하자면 지상의 가치체계를 얼마든지 "별저"로 끌어올 수 있는 것이다. 이에 따라 "별저"의 방은 하늘의 가치와 인간의 가치가 융합되는 공간으로 나타난다. 달리 표현하면 하늘의 가치와 인간의 가치가 교환되는 공간으로 나타난다. 그래서 산 者와 죽은 者가 소통할 수 있는 그런 공간이 되고 있다. 이런 점에서 보면, 산 者는 산 者로서의 즐거움을 누리게 되고 죽은 者는 죽은 자로서의 원혼을 푸는 자유를 누리게 된다. 이처럼 "별저"의 방은 상하 양방의 공간에 긍정적으로 작용하고 있다. 지상의 가치와 천상의 가치를 융합하는 긍정적인 공간으로서 말이다. 俗에서 聖으로 가는 우주 중심의 공간으로서 말이다.

이처럼 "별저"의 방이 산자 와 죽은 자의 융합이라면, '석굴암'의 방은 과거적 시간대의 삶과 현재적 시간대의 삶을 융합하는 기호체계를 보여준다.

---

75) 신성한 공간은 언제나 중심에 위치하고 있다. 그런데 그 중심에 이르는 길은 험난한 길이다. 사원에 있는 오르기 힘든 나선형의 계단, 성지 순례 등등 … 이 모든 길은 험난하고 고통이 따른다. 이것은 俗으로부터 聖으로, 죽음으로부터 삶으로, 인간으로부터 神聖으로 옮겨지는 통과제의이다. Mircea Eliade, Cosmos and History, 정진홍 역, 『우주와 역사』, 현대사상사, 1976, p.35.

그리움으로 여기 섰노라
湖水와 같은 그리움으로,

이 싸늘한 돌과 돌 새이
얼크러지는 칙넌출 밑에
푸른 숨결은 내것이로다.

세월이 아조 나를 못쓰는 띠끌로서
허공에, 허공에, 돌리기까지는
부푸러 오르는 가슴속에 波濤와
이 사랑은 내것이로다.

오고 가는 바람속에 지새는 나달이여.
땅속에 파무친 찬란헌 서라벌,
땅속에 파무친 꽃같은 男女들이여.

오- 생겨 났으면, 생겨 났으면,
나보단도 더 나를 사랑하는 이
千年을, 千年을 사랑하는 이
새로 해ㅅ볕에 생겨 났으면

—「石窟庵觀世音의 노래」에서

석굴암은 제목이 뜻하는 그대로 바위 공간 속에 있는 암자이다. 신성한 곳에서의 바위는 인간 조건의 불안정성을 초월하는 그 어떤 것, 즉 절대적인 존재 양태를 인간에게 제시해 준다.[76] 그러므로 인간이 거주하는 공간과 달리, 석불이 앉아 있는 석굴암은 거룩한 공간, 신성한 공

76) 종교적 측면에서 사람들은 돌이 그 자신과는 다른 것을 나타내 주는 경우에만 돌을 숭배했다. 돌은 死者를 보호하기도 하고, 사자의 영혼의 임시 숙소가 되기도 하고, 인간과 신, 인간과 인간 사이에 맺어진 계약을 보증하기도 한다. Mircea Eliade, *Traité d'histoire des religions,* 이재실 역,『종교사 개론』, 까치, 1994, pp.209~225. 참조.

간의 방이 되는 셈이다. 이런 공간에서 인간으로서의 話者인 나는 '서서' 있다. 앉아 있는 석불과는 대조적이다. 말하자면 '서다/앉다'로 행위적 대립항을 보여주고 있는 셈이다. 석불이 앉아 있다는 것은 석굴암의 내부가 방의 공간으로 작용하고 있다는 의미이다. 반면에 화자가 서 있다는 것은 석굴암이 인간인 화자에게는 방으로 작용하지 않는다는 것을 의미해준다. 방과 방 아닌 것의 대립적 차이는 화자에게 많은 영향을 미친다.

먼저 삶과 죽음이다. 석불에게는 석굴암의 내부가 영원한 생명의 공간이 된다. 이에 비해 화자인 '나'는 석굴암 공간에서 영원히 살지 못하고 티끌이 되어 허공으로 사라져야할 존재이다. 곧 죽는 존재이다. 전자를 보여주는 기호체계는 다름 아닌 "푸른 숨결"이고, 후자를 보여주는 기호체계는 다름 아닌 "못쓰는 띠끌"이다. 그래서 화자는 석굴암의 방을 통하여 "푸른 숨결"을 소유하고자 한다. 그런데 그 "푸른 숨결"을 생산하는 주체는 현재적 시공간에 존재하지 않는다. 구체적으로 말하면 현재와 대립되는 과거의 시공간에 존재하고 있다. 그러므로 화자의 그 소유가 쉽지만은 않은 현실인 것이다.

이에 따라 석굴암의 방은 '과거/현재'가 대립하는 '시공간'으로 분절되고 만다. 시간상으로는, 다시 말해서 역사상으로는 과거 서라벌 시대와 화자가 있는 현재적 시대의 대립이고, 공간상으로는 찬란했던 '서라벌의 男女들'이 파묻혀 있는 지하공간과 화자가 현재 서 있는 지상공간의 대립이다. 말할 것도 없이 석굴암의 방은 이러한 대립적인 兩項을 모두 융합시켜주는 기능을 한다. 그 융합은 다른 것이 아니다. "푸른 숨결"을 산출해내고 있는 과거의 '시공간'을 지금의 현실적인 시공간으로 불러내는 것이다. 다시 말해서 과거의 '시공간'을 살아 있는 것으로 부활시키는 것이다.

석굴암이 의미론적으로 상기시키는 지하공간은 매우 긍정적인 공간이다. 현실의 지상공간과 달리 역사 속에 파묻힌 지하공간은 매우 밝고 환한 생명의 공간으로 나타나기에 그러하다. 예의 "꽃같은 남녀들", "햇빛", "사랑" 등의 기호들이 그런 것을 잘 대변해주고 있다. 그것도 일시적인 짧은 현상이 아니라 "천년"이라는 오랜 시간의 영속성을 띠고 있으니 더욱 그 공간적 의미가 강화될 수밖에 없다. 이처럼 화자는 석굴암의 공간(방)을 통하여 지하공간에 있는 서라벌의 시대를 현실적인 지상공간으로 재생시키고 싶다는 욕망을 보여주고 있다. 달리 말하면 단절의 시공간을 영속의 시공간으로 전환시키고 싶은 것이다. 그래서 석굴암의 방은 상승지향적인 의미작용을 하게 된다. 그것을 구체적으로 보여주는 언술이 바로 "부푸러 오르는 가슴"과 '새로운 햇빛'이다.

아무도 이것을 주저앉힐 힘이 없는 때문이겠지.
王陵들은 노랑 송아지들을 얹은 채
애드발룬처럼 모조리 하늘에 두웅둥 떠 돌아다니고,
사람들은 아랫두리를 벗은 어린아이 모양이 되어
그 끈 밑에 매어달려 위험하게 浮遊하고 있었다.

吐含山에 올라서니
善德女王陵이지 아마
그게 十月 상달 石榴 벙그러지듯 열리며
웬일인지 소리내어 깔깔거리고 웃으며
山가슴에 만발하는 철쭉꽃 밭이 돼 딩굴기 시작했다.

누가 그러는가 했더니
石窟庵에 기어들어가 보니까
역시 그것은 우리의 제일 큰 어른 大佛이었다.

善德女王의 食指의 손톱께를 지긋이 그 응뎅이로 깔아
자즈라지게 웃기고,
또 저 뭇 王陵들이 즈이 하늘로 가버리는 것을
그 살의 重力으로 말리고 있는것은….

―「慶州所見」 전문

「慶州所見」은 세 층위로 구성되어 있다. 인간들의 층위, 대불이 있는 석굴암의 층위, 그리고 선덕여왕이 있는 陵의 층위이다. 이 세 층위들은 시적 화자의 상상력에 의해 시간과 공간을 함께 공유하게 된다. 실제로는 인간과 죽은 선덕여왕과 대불이 공존할 수는 없다. 그래서 未堂은 이 작품 제목에서 '경주를 방문한 자기의 견해를 피력(상상력)'한 것이라는 단서를 달고 있다. 그 단서에 의해서 이 세 개의 층위는 텍스트 공간 속에서 상호 공존하게 된다. 부연하면, 실재의 경주 공간을 언술한 것이 아니라, 상상력으로 기호화된 경주 공간을 텍스트로 구축하게 된 것이다.

먼저 일반적인 능들의 층위를 보면, 지상적 세계를 떠나 천상적 세계를 지향하는 모습을 보여주고 있다. 지상에서 천상으로 간다는 것은 육의 세계를 지향하는 것이 아니라 영의 세계를 지향한다는 뜻이다. 달리 표현하면 육체적인 지상적 세계를 부정하고 영적인 천상적 세계를 긍정한다는 뜻이기도 하다. 이런 능들의 층위에 대해 지상의 인간들도 동일한 욕망을 보여준다. "왕릉"들이 애드벌룬처럼 하늘로 올라갈 때에 인간들이 그 끈을 잡고 위험하게 부유하고 있기 때문이다. 예의 그 끈을 잡은 것은 함께 하늘로 가기 위해서다. 이런 점에서 왕릉과 인간은 동위소적 형태를 보여주는 동시에 상호 친밀한 결합을 이루는 존재임을 보여주기도 한다.

그런데 이러한 천상지향적인 세계를 막는 것은 다름 아닌 대불이다. 그러므로 표면적으로 보면 '인간 · 왕릉'과 '대불'은 대립적인 관계가 된다. 대불은 그 존재 방식이 인간 · 왕릉과 다르다. 인간은 지상적 삶에 국한된 존재이다. 그럼에도 불구하고 지상을 초월한 천상지향적인 삶을 욕망한다. 그러나 대불은 인간 · 왕릉과 달리 지상적인 삶과 천상적인 삶을 자유롭게 공유한 기호체계로 기능한다. 지상적 존재인 왕릉과 선덕여왕을 다스리는 동시에 하늘로 가버리는 모든 존재들을 또한 다스리는 대불이기에 그러하다.

가령, 선덕여왕의 경우를 보면 그것이 확연해진다. 선덕여왕은 죽은 다음에도 그 왕릉에서 살아나 그 영이 움직이는 듯한 신비의 능력을 보여주고 있다. 선덕여왕은 왕릉에서 깔깔거리거나 자지러지게 웃거나 하는 즐거운 모습을 보여줄 뿐만 아니라 만발한 철쭉꽃 밭이 되어 뒹굴기도 하는 모습을 보여준다. 말하자면 죽어서도 다시 환생하여 지상의 육신적 삶을 즐기는 듯한 상상적 모습을 보여주고 있다. 그런데 이러한 선덕여왕의 능력은 자신에게서 나온 것이 아니라 기실은 대불에게 받아서 나온 것이다. 대불이 그의 엉덩이로 선덕여왕의 식지를 깔아 문대어 선덕여왕을 웃기게 하고 있기 때문이다. 그러므로 그 환생의 근원은 대불이 되는 셈이다.

뿐만 아니라 선덕여왕과 뭇 왕릉들은 지상을 떠나 자꾸 저희들의 하늘로 가려고 한다. 천상을 지향한다는 것은 육신의 삶을 완전히 버리고 영적인 삶으로 전환하겠다는 행위이다. 이로 미루어 보면 지상은 육신적인 삶의 공간이 되고 천상은 영적인 삶의 공간이 되는 셈이다. 하지만 그 천상지향적인 욕망도 그들 자신의 능력에 의해 이루어지지는 않는다.

예의 대불의 능력에 의해서만 가능하다. 대불이 살을 부여하여 그 살의 중력으로 그 천상지향성을 막고 있기 때문이다. 대불은 피와 살이 있는 지상의 육신적 삶을 애호하고 있다. 다시 말해서 영적인 삶보다는 육신적인 삶을 애호하고 있는 것이다. 이런 점에서 보면 석굴암의 대불은 하방공간인 지상에 긍정적인 의미로 작용한다. 영원한 생명을 부여하고 있으니 말이다. 따라서 심층적으로 보면 대불은 인간·왕릉과 대립하지 않고 융합하고 있는 셈이다. 이렇게 해서 대불은 '하늘(상)-석굴암의 방(대불=매개항)-지상(하=인간·왕릉)'이라는 수직적인 삼원구조 기호체계를 구축하게 된다. 이때 석굴암의 방은 하방공간에 긍정적인 가치로 작용하게 되는 것이다.

未堂은 지상(光化門의 방)과 산꼭대기(別邸의 방), 그리고 이 兩項 사이에 석굴암의 방을 두고 지상의 세속적 삶을 긍정적으로 정화해 나가거나 육신적인 삶을 강화해 나가기도 한다. 이처럼 미당에게 방은 천상과 지상을 매개하는 중요한 매개항이 되고 있다. 그 뿐만이 아니다. 미당은 바다 속에도 방을 구축하여 새로운 양식의 삶을 탐색하기도 한다. 가령, 미당의 몸속에 관능적・육욕적인 '피'가 흐르면, 「自畵像」에서처럼 外공간인 바다로 탈주하는 경향을 보인다. 그런데 놀랍게도 미당은 그 바다 속에서 피를 정화하는 방을 구축한다는 점이다.

> 무엇하러 내려왔던고?
> 무엇하러 물舞童 서서
> 무엇하러 瀑布질 쳐서
> 푸줏간의 쇠고깃더미처럼 내던져지는
> 저 낭떠러질 굴러 내려왔던고? 내려왔던고?
> 차라리 新房들을 꾸미었는가.
> 피가 아니라
> 피의 全集團의 究竟의 淨化인 물로서.
> 조용하디 조용한 물로서.
> 이제는 자리잡은 新房들을 꾸미었는가.
>
> 가마솥에 軟鷄닭이
> 사랑김으로 날아오르는
> 구름더미 구름더미가 되도록까지는
> 오 바다여!
>
> ―「바다」에서

바다는 넓이를 가지고 있어서 수평공간도 되지만, 깊이를 가지고 있기 때문에 수직공간도 된다. 그러므로 바다 자체는 수평・수직축의 공간을 동시에 갖는 공간기호체계이다. 바다는 하늘과 맞닿아 있어 때로는 하늘과 等價로 놓이기도 하고, 대지와 경계하여 지상적 세계와 교류하기도 한다. 뿐만 아니라 인간은 이러한 바닷물을 통해서 자신의 운명을 보기도 한다.[77]

---

77) 깊은 물속이나 먼 수평선 너머로 모습이 사라지는 것, 깊이 또는 무한과 맺어지는 것, 이러한 것들이 물의 운명에서 자신의 이미지를 보게 하는 인간의

미당에게 바닷물은 관능적이고 육체적인 운명의 피를 淨化하는 공간으로 나타난다. 미당이 바닷물 속으로 깊이 추락하고 침몰하는 것은 바닷물의 정화를 통해 새롭게 태어나기 위해서다. 육체적 고통을 주는 끓어오르는 피, 이것을 바닷물로 정화하여 물로 된 조용한 "新房"을 꾸미게 한다. 그러므로 바닷물 속의 "新房"은 피의 세계와 물의 세계를 분절하는 것으로 기능하는 셈이다. 바닷물에 낙하하는 지상의 물은 모두 피로 엉겨진 부정적인 물이다. "물無童 서서", "瀑布질 쳐서"에서 볼 수 있듯이, 핏물은 어지러울 정도로 난폭한 물이다. 이 난폭한 물은 "푸줏간의 쇠고깃더미"처럼 살점으로 천하게 떨어져 내리고 있다. 한마디로 말하면 "피의 전집단(全集團)"이 바다에 모이고 있는 것이다.

예의 "피의 전집단(全集團)"은 맹목적인 피의 분출과 관성만을 지니고 있다. 그 소모적인 분출과 관성을 줄이고 그 귀한 생명성으로서의 피를 담보하기 위해서는 "피의 전집단(全集團)"을 물로 정화해야 한다. 미당의 시 텍스트에서 그것을 온전하게 정화해 주는 것은 다름 아닌 바닷물이다. 먼저 미당은 그 바닷물을 통하여 "피의 전집단(全集團)"을 조용한 물의 "신방"으로 정화시켜 나간다. 맹목성의 피를 고귀한 생명성의 피로 정화시킨 셈이다. 하지만 미당은 여기에 멈추지 않는다. 그는 바닷물의 코드를 가마솥의 코드로 전환하여 "신방"을 감싸고 있는 "피의 전집단(全集團)"을 불로 끓이게 된다. 비로소 피와 물이 분리·해체되어 간다. 구체적으로 말하자면 분리된 물이 "사랑김"이 되어 하늘로 상승하게 된다. 구름더미처럼 말이다. 미당은 이러한 바다를 보고 "바다, 바다, 바다, 바다, 바다 萬歲!"라고 흥분된 감정으로 외치기도 한다. 이처럼 미당에게 바다는 불의 이미지로서 '피'를 끓여 정화하는 공간으로 작용한다. 이렇게 해서 미당의 "신방"은 순수한 사랑의 신방으로 전환해 간다. 일종의 피의 새로운 비약, 새로운 기호체계인 셈이다. 그러므로 바닷물은 "피의 전집단(全集團)"에 대해 긍정적인 의미로 작용하게

운명을 나타낸다. Gaston Bachelard, *L'eau et Les Reves*, 이가림 역, 『물과 꿈』, 문예출판사, 1993, p.23.

된다.

이처럼 未堂의 바닷물은 "피의 전집단(全集團)"을 정화하고 있을 뿐만 아니라 그 피가 새롭게 작동하는 기호체계를 생성해내고 있다. 가령, 그의 시 텍스트에서 증류된 피의 찌꺼기는 바다 깊숙이 가라앉게 되고, 피에서 분리된 물은 수증기(사랑의 김)가 되어 하늘로 상승하게 된다는 것이 이를 잘 보여준다. 예의 사랑의 김인 수증기는 사라지지 않는다. 바닷물 속에서 꾸민 신방처럼 수직상방의 하늘에 오른 수증기도 신방을 꾸미게 된다. 물론 그 신방은 '눈썹'으로 이미지화되어 나타나는 것이다. 하늘은 미당의 이러한 '눈썹의 신방'에 대하여 긍정적인 가치를 부여한다. 왜냐하면 '눈썹'이 자랄 수 있도록 해주고 있기 때문이다. 그러므로 '바다'와 '하늘'은 상동적인 기호체계를 갖게 된다. 이처럼 바다의 신방이 하늘의 신방으로 수직 상승했다는 것은 피의 언어가 물의 언어로 전환되었다는 것을 의미한다. 달리 표현하면 「自畵像」에서 미당의 이마에 얹혀 있던 '피와 섞인 이슬'이 그 정화작용을 통해 하늘로 오른 것이 된다. 이런 점에서 미당의 언어는 물의 언어, 구름의 언어, 하늘의 언어로써 천상세계를 지향하는 시적공간을 보여준다고 하겠다.[78)]

이렇게 '방'을 두루 체험한 未堂은 이제 '방 공부'를 졸업하고자 한다. '방 공부'를 다 했을 때 남는 것은 무엇일까. 그것은 아마도 자연스럽게 육체적 언어를 비우는 일이 될 것이다.

> 세마리 獅子가
> 이마로 이고 있는 房 공부는
> 나는 졸업했다.
>
> 세마리 獅子가 이마로 이고 있는 房에서
> 나는

78) 이어령, 「피의 해체와 변형 과정-서정주의 〈자화상〉」, 『詩 다시 읽기』, 문학사상사, 1995, p.344.

이 세상 마지막으로 나만 혼자 알고 있는
네 얼굴의 눈섭을 지워서
먼발치 버꾸기한테 주고,

그 房 위에 새로 핀
한송이 蓮꽃 위의 房으로
핑그르르
蓮꽃잎 모양으로 돌면서
시방 금시 올라 왔다.

—「연꽃 위의 방」 전문

이 텍스트에서 방은 두 개로 등장한다. 사자가 그의 '이마로 이고 있는 방', 그리고 그러한 방 위에 새롭게 만들어진 '한송이 연꽃의 방'이 그것이다. 말하자면 이층으로 이루어진 房인 셈이다. 이런 가운데 화자의 시선과 행위를 보면 수직 상방적인 지향성을 나타내고 있다는 점이다. 부연하면 공중 위에 만들어진 1층의 방(사자의 방)을 거쳐 줄곧 2층의 방(연꽃의 방)으로 이동하고 있다는 점이다. 그러한 시선과 행위는 시적 의미작용에 큰 영향을 미친다. 예의 사자가 '이마로 이고 있는 공중의 방(1층)'은 지상과 떨어져 있긴 해도 지상의 가치체계와 완전히 절연된 것은 아니다. 아직까지는 여전히 지상의 가치체계와 연관되고 있다. 그 지상의 가치체계를 보여주는 이미지가 바로 "얼굴의 눈섭"이다. 말하자면 세속적인 원리가 작동하는 육체적인 욕망이 묻어 있는 것이다. 그러자 화자는 그 "얼굴의 눈섭"을 지워서 지상적 존재인 "먼발치 버꾸기한테 주"려고 한다. 육체적인 욕망을 모두 버리겠다는 뜻이다. 그것도 인간이 아니라 자연속의 동물인 뻐꾸기한테 버리고 있는 것으로 보아 그 육체적인 욕망이 얼마나 하잘 것 없는지를 짐작케 한다. 이에 따라 '사자의 방'은 하방공간인 지상에는 부정적인 가치를 부여하게 된다.

주지하다시피 화자는 '사자의 방'에서 그러한 "얼굴의 눈썹"을 다 지울 수 있는 공부를 모두 끝내고 있다. 그것을 가능케 한 것은 '사자의 방'이 지상으로부터 공중으로 떠올라 있기 때문이다. 그러므로 사자는 방에 대하여 전적으로 긍정적인 기능을 하고 있는 것이다. 신성한 존재로서 말이다. 예의 방 공부를 다 끝낸 화자는 이제 새롭게 만들어진 2층 방, 곧 '연꽃의 방'으로 오르고 있다. '사자의 방'과 달리 '연꽃의 방'은 이제 육체적인 가치가 완전히 절연된 무구한 천상적인 방이 되고 있다. 피의 자장이 없는 생명체의 공간인 셈이다. 1층의 방을 동물인 사자로 받치게 한 것도, 2층의 방을 식물인 연꽃으로 만들게 한 것도 모두 이에 연유한다. '동물성(피)/식물성(물)'으로 변별되기 때문이다. 이렇게 해서 화자는 육체적인 피의 세계로부터 떠나 온전하게 정신적인 초월의 세계, 곧 종교성의 세계를 지향하게 된다.

예의 눈썹은 피와 함께 육체성을 이루는 신체공간의 언어이다. 이러한 눈썹을 버리는 것은 지상의 삶으로부터 분리되는 것을 의미한다. 지상과의 분리는 연꽃과 관계되는 소슬한 종교적 언어로 나타난다. 땅과 하늘을 중재하는 「광화문」의 방에서도 소슬한 종교적 언어가 사용되었듯이, 未堂이 땅에서 하늘로 지향해 가는 매개공간에서는 종교적 언어가 텍스트를 구축한다. 이런 점에서 '사자의 방'은 '연꽃의 방(종교적 언어)'과 '지상의 방(세속적 언어)'을 매개하는 兩義的 공간이 된다.

이처럼 문학작품은 표현된 의미공간이 아니라 표현하는 의미공간이다. 그러므로 기호론적 영역에서의 인간은 딱딱한 사실들의 세계에 사는 것이 아니라 상징적인 공간에 사는 존재라 할 수 있다.[79] 부연하자면 프리에토(Priteto) 말처럼, 인간은 의미작용의 세계에 살고 있는 동시에 기호작용의 세계에 살고 있는 것이다.[80]

---

79) 카시러에 의하면 인간은 상징적인 공간에 사는 존재이다. 인간이 어떤 사물의 개념을 파악하려면 다른 대상들과의 관계 속에서 여러 각도로 보지 않으면 안 되는데, 이 관계적 사고가 상징적 사고에 의존하고 있기 때문이다. E. Cassirer, 최명관 역, 『인간이란 무엇인가』, 서광사, 1988, pp.68~80. 참조.

80) 소두영, 「기호의 본질」, 『기호학』, 인간사랑, 1993, p.141.

2. 줄 · 배설물의 기호체계와 상하운동의 매개공간

(1) 上/下 왕래의 공간: 줄

하늘은 온갖 종교적인 가치 부여에 앞서 자신의 존재만으로도 그 초월적인 힘과 불변성을 상징한다. 하늘은 높고 무한하고, 변하지 않으며 강하므로 존재하는 것이다.[81] 인간은 어떤 형태로든지 이런 하늘과 교섭하고 싶어 한다. 예를 들어 사다리나 산을 오르는 행동도 알고 보면, 그 행동의 의식으로 하여금 하늘의 상층부에 자신을 위치시키려는 노력에 해당한다. 앞서 논의한 바처럼 미당은 山과 房의 매개항을 통하여 수직상승적인 욕망을 구조화해 왔다. 하지만 미당은 여기에 멈추지 않고 더 적극적으로 천상에 도달하려는 시적 욕망을 보여주게 된다. 미당은 이를 위해 (밧)줄, 전화 등의 매개항을 동원하여 세속적인 지상을 떠나 탈속적인 푸른 하늘로 비상하고자 한다. 이런 점에서 (밧)줄, 전화 등은 공간을 '상/하'로 분절하는 매개항의 기능을 수행하게 된다. 그의 시 텍스트 「鞦韆詞」는 지상을 떠나 하늘로 가려는 그 시적 동력을 가장 구체적으로 보여주고 있다.

> 香丹아 그넷줄을 밀어라
> 머언 바다로
> 배를 내어 밀 듯이,
> 香丹아
>
> 이 다수굿이 흔들리는 수양버들 나무와
> 벼갯모에 뇌이듯한 풀꽃뎀이로부터,
> 자잘한 나비새끼 꾀꼬리들로부터
> 아조 내어밀듯이, 香丹아
>
> 珊瑚도 섬도 없는 저 하늘로

---

81) Mircea Eliade, 앞의 책, p.56.

나를 밀어 올려다오.
彩色한 구름같이 나를 밀어 올려다오
이 울렁이는 가슴을 밀어 올려다오!

西으로 가는 달 같이는
나는 아무래도 갈수가 없다.
바람이 波濤를 밀어 올리듯이
그렇게 나를 밀어 올려다오
香丹아.

—「鞦韆詞」 전문

그네는 실제 생활에 있어서 남녀노소가 즐기는 놀이 문화의 일종이다. 이러한 놀이 문화의 하나에 불과한 '그네'가 기호체계로 환원이 되면 '놀이의 의미'를 벗어나 '기호적 의미'를 보여주는 의미현상으로 나타난다. 그래서 단순한 놀이를 위한 그네가 아니라는 점은 김종길도 파악한 적이 있다. 예의 그는 "자기의 지상적인 괴로움과 운명을 벗어나려는 상징의 그네"[82]로 파악하여 「추천사」의 기호적 의미를 규정하였던 것이다.

주지하다시피 '그네'는 밧줄을 가지고 있다. 그렇기 때문에 그네를 기호가 아니라 실질로 보더라도 수직축의 공간적 의미를 이미 내포하고 있다. 그래서 그넷줄을 따라 수직 방향으로 응시하면 자연스럽게 하늘까지 볼 수 있게 된다. 그넷줄 자체가 이미 수직성을 지닌 기호체계로 되어 있기 때문이다. 그러므로 미당이 '그네'를 선택했다는 자체가 이미 공간적 언어와 공간성을 지향하는 무의식을 드러내 보여준 것이 된다. 그네는 정적인 기호가 아니다. 동적인 기호이다. 그래서 그 동적인 기호가 어떻게 상하공간에 작용하느냐에 따라 그 공간적 의미도 결정된다. 이를 달리 표현하면 그네를 탄 한 인간의 운명을 결정짓는 의미로 작용한다.

---

82) 김종길, 「意味와 音樂」, ≪思想界≫, 1966년 3호, p.221.

시 텍스트의 공간기호 체계를 動態的으로 만드는 것은 서술동사 층위이다. 이 텍스트를 동태적 공간으로 만들고 있는 서술 동사는 '밀다'와 '올리다'이다. 이들 동사들은 텍스트 구조 내에서 여러 번 반복되면서 의미를 수렴하고 확대하는 지배소에 놓인다.[83] 동사 '밀다'와 '올리다'는 대립하고 있다. 미는 것은 수평축으로의 전진 동작이 되고, 올리는 것은 수직축의 상방공간으로의 이동을 나타낸다. '밀다'와 '올리다'의 동사를 합치면 밀면서 올리는 것이 된다. 즉 이것은 수평적 전진과 동시에 수직 상승하는 공간기호 체계임을 드러낸다. 미당은 이러한 그네의 운동성을 서술 동사 '밀다'와 '올리다'로 텍스트를 생산해 간다. 이렇게 동력적인 힘에 의해 그네는 지상을 떠나 바다로 나가는 동시에 하늘로 올라가는 작용을 한다. 물론 그 작용으로 '그네'는 지상과 하늘을 매개하는 매개항을 기능을 수행한다. 부연하면 '하늘(상방)–그네(매개항)–지상(하방)'의 삼원구조 기호체계를 구축하면서, 그네는 上/下 공간에 변별적인 의미를 부여하게 된다.

이처럼 '밀다'와 '올리다'는 변별적인 의미로 분명하게 작용하고 있다. 하지만 텍스트의 부분적 관계를 정치하게 살펴보면, '밀다'라는 동사의 쓰임 자체도 기실은 변별적으로 나타나고 있다. 말하자면 그 示差性을 보여준다. 바로 제1연에서의 '밀다' 사용에서 그러한 사실을 확인할 수 있다. 예의 제1연은 병렬구조로 되어 있다.

그네	→	밀다	→	(　　)
↕		↕		↕
배	→	밀다	→	바다

---

83) 동일한 어휘적, 혹은 의미론적 단위가 반복될 때, 그 단위는 새로운 구조적 위치를 차지하는 동시에 새로운 의미를 획득하기도 한다. 그러므로 텍스트 속의 구조적 의미든 일반적인 의미든 간에 그것은 반복 속에서 가장 명백하게 나타난다고 할 수 있다.
Yu. Lotman, *The Structure of the Artistic Text*, 유재천 역, 『예술 텍스트의 구조』, 고려원, 1991, pp.188~192. 참조.

위의 도식에서 ( )는 無標項으로 독자가 공간적 독서를 하면서 채워 넣어야 할 공백이다.[84] 공간적 독서를 감안할 때, ( )속에 들어가야 할 기호는 '하늘'이다. 제3연에 "하늘로 나를 밀어 올려다오"라는 시적 언술이 있기 때문이다. 이렇게 보면 '밀다'라는 서술 동사는 그네와 배에 함께 작용하지만 그 의미작용은 다르다. 그네를 미는 것은 수직공간으로의 이동이 되고, 배를 미는 것은 수평공간으로의 이동, 곧 전진이 된다. 배를 계속 밀고 나가면 아마 망망한 大海가 될 것이다.

물론 밀어내는 동작이 거듭되면 '아주' 밀어 내듯이 완전한 지상 탈출로 나타난다. 그렇다면 그네가 지상의 어느 장소로부터 출발하여 지상을 탈출하고 있을까. 이 텍스트에서는 그 출발 장소가 중요한 의미로 작용한다. 그네가 시초 운동할 때에 드러난 그 장소가 부정적인 가치를 주는 곳인지 아니면 긍정적인 가치를 주는 곳인지를 알 수 있기 때문이다. 이 텍스트에서 그네가 움직일 때의 그 시초 기점을 지시해주는 것은 다름 아닌 조사 '-부터'이다. 조사 '-부터'에 의하면 그네는 '수양버들, 풀꽃뎀이, 나비새끼, 꾀꼬리들'이 있는 지점에서 출발하고 있다. 그런데 이들의 이미지는 가볍고 부드러우면서 애정이 가는 정감적 사물들이다. 말하자면 긍정적인 가치를 지닌 존재이다. 이런 점에서 보면 지상이 부정적인 공간이라서 그네가 비상(탈출)하려고 한다는 것은 아니라는 점이다. 이 지점에서 보면, 그네가 비상할수록 '수양버들, 풀꽃뎀이, 나비새끼, 꾀꼬리들' 등은 더욱 작아지면서 보이지 않게 된다. 텍스트의 구조로 보면 '흔들리다 → 뇌이다 → 자잘하다'로 거의 높이를 상실해가는 존재가 된다. 하지만 하늘로의 비상이 한계에 부딪힐 때에, 이 보이지 않는 존재들은 비로소 그네를 다시 지상공간으로 오게 만드는 의미작용을 한다.

---

84) 독자들은 이러한 여백을 채워 넣으며 독서를 해야 하는데, 잉가르덴은 이것을 未定性이라는 빈자리 메우기 개념으로 설명한다. 즉 독자가 텍스트 속의 미정성을 채우는 행위를 구체화라고 부르는데, 이 구체화 과정을 통해서 독자는 창조성을 발휘하게 된다는 것이다. 로버트 C. 홀럽, 최상규 역, 『수용이론』, 삼지원, 1985, pp.46~51.

지상과 대립되는 천상공간도 마찬가지로 긍정적인 의미를 보여준다. 아름다운 지상처럼 산호도 섬도 없는 하늘이 채색한 구름을 펼쳐놓고 있기 때문이다. 그래서 춘향이는 채색한 구름과 한 몸이 되기 위해 비상하려고 한다. 물론 그 비상을 가능하게 해준 처음의 에너지, 곧 그네를 처음으로 밀어준 주체는 人間인 향단이었지만, 그네가 동력을 얻은 뒤에 그 그네를 밀어주는 주체는 自然인 바람이다. 그러므로 이중적인 동력에 의해 그네는 하늘을 향하여 수직상승하고 있는 셈이다. 뿐만 아니라 바람은 사실 바다도 함께 상승시키는 작용을 한다. 바람이 그네를 공중으로 밀어 올리듯이 "바람이 파도를 밀어 올리'고 있기 때문이다. 따라서 바람은 그네와 바다에 긍정적인 의미로 작용하고 있는 것이다. 이렇게 해서 춘향은 지상을 떠나 하늘의 채색 구름에 이를 수가 있다. '수양버들, 풀꽃뎀이, 나비새끼, 꾀꼬리들'이 보이지 않는 천상공간으로 말이다.

그런데 제4연에 오면 "西으로 가는 달 같이/ 나는 아무래도 갈수가 없다"고 모순된 언술을 한다. 긍정적이던 천상공간이 부정적인 의미로 전환되는 코드적 언술이다. 공간기호 중심으로 逆及的 讀書를 하면 그 이유가 드러날 것이다.[85] 실질로 볼 때, '배'를 밀면 그 '배'는 바다의 공간을 수평적으로 이동만 하게 된다. 그러나 공간기호로 보면 '그네'처럼 수직상승하는 배가 된다. 바다가 상승하여 하늘로 가고 있기에 그러하다. 이처럼 방위에 해당하는 '西'를 공간기호 중심으로 보면, '西'는 하강의 의미, 어둠의 의미, 죽음의 의미를 생성시키는 공간이다. 이에 대립되는 '東'은 상승의 의미, 밝음의 의미, 삶의 의미를 생성시키는 공간이다. 공간기호로 보면 이들 방위의 공간체계는 의미의 示差性을 갖는다. 그러므로 이 텍스트에서 '달'이 서쪽으로 간다는 것은 곧 하강의 의미,

85) 독자는 텍스트를 읽어 나감에 따라서 그때까지 읽은 것을 기억하고, 현재 자신이 해독하고 있는 것에 비추어서 읽은 부분의 이해를 수정한다. 독자는 처음부터 끝까지 읽어나가는 동안에, 재검토를 하고 수정을 하고 지난 것과 비교를 하게 된다. 곧 독자는 構造的 讀解를 하게 된다. M. Riffaterre, 앞의 책, pp.5~6.

어둠의 의미, 죽음의 의미를 나타내는 공간으로 귀의한다는 뜻이다. 그래서 화자에게는 부정적인 의미로 작용하게 된다. 이런 점에서 '西의 달'과 '채색한 구름'은 대립하게 된다. '달과 구름'을 지상적 대상과 대립하면 동일하게 천상적 기호로 작용하지만, 이와 달리 '달'과 '구름'을 대립하면 '달'은 하강의 의미(죽음)로 '구름'은 상승의 의미(삶)로 작용한다. 그래서 화자는 지상을 떠나 완전하게 천상공간으로 귀의하는 것을 욕망하지 않는다. '西의 달'이 그것을 깨우쳐주고 있는 셈이다. 이처럼 방위에 대한 공간적 의미도 텍스트 내의 구조 속에서 그 의미가 결정되는 것임을 알 수 있다.

이미 앞에서 언급했지만, 그네의 출발 起點이 부정적인 인간사의 세상으로부터 출발한 것이 아니고, 애정과 정겨움을 주는 '수양버들, 풀꽃뎀이, 나비새끼, 꾀꼬리들'로부터 출발했었다. 죽음을 상기시키는 '西의 달'은 춘향이로 하여금 지상적 존재인 '수양버들, 풀꽃뎀이, 나비새끼, 꾀꼬리들'을 그리워하게 만든다. 곧 애착을 갖게 만든다. 이에 따라 그네는 다시 지상으로 하강하게 되고, 그렇게 하강한 그네는 채색한 구름이 그리워 다시 상승하게 된다. 그 상승한 그네는 달에 의해 다시 지상으로 하강하고 만다. 그러므로 지상에서는 향단이가 그네를 밀고 천상에는 달이 그네를 미는 셈이다. 이에 따라 그네는 변증법적인 운동을 하게 된다.

이렇게 上/下 공간의 변증법적인 코드의 전환이 바로 「추천사」의 공간기호 체계이고, 그 의미작용은 천상공간으로의 초월과 지상에 대한 애착의 순환적인 운동으로 나타난다. 「추천사」의 변증법적 코드를 수직공간의 완전한 초월적 코드로 전환시킨 것은 바로 「음력 설의 影像」이다.

> 형이 접은
> 닥종이의
> 접시꽃은
> 육칠월의 꼭두서니

미리 당겨 묻히어
고깔 위에 벙글고,

누님이 쑨
식혜 국의
엿기름 냄새 속엔
벌써 숨어 우지지는
사월,

청보리밭
치솟우는 종달새.

아저씨는
어깨 위에
아무 애나 하나
올려 세워
마후래기 춤 추이고,

내려놓곤
패랭이 끝 열두 발 상무
하늘 끝 대어
열 두어 번
내두르고,

나는 동산 너머
내 새 연을 날리고
황동이는 황동이의 새 연을 날린다.
우리 연이 엇갈리어
어느 편이 나가거나
나가면 「나간다!」 소리치며
먼 하늘 따라가고…….

－「음력 설의 影像」 전문

'설'이라는 시간은 비일상적인 시간이요 공간이다. 365일이라는 총체적 시간 속에서 분절된 '설'은 俗의 시간과 공간이 아니라, 聖의 시간과 공간이다. 그러므로 '설'은 일상적인 시간들과 示差性을 갖는 聖스러운 시간의 공간기호 체계를 나타낸다. 일상적으로 일하는 시간과는 달리 '설'은 고깔을 쓰고 춤을 추며, 연을 날리는 시간이다. 일하고 노동하는 것이 수평공간과 관계된다면, 이렇게 비일상적인 설날의 공간은 수직상승하는 상방적 공간기호 체계와 관계를 맺는다.

제1연에서의 고깔은 신체공간의 가장 상방공간인 머리에 위치해 있다. 더욱이 꽃이 벙그는 開花 이미지를 가지고 있으니 수직상승의 공간기호체계는 이중적으로 강화되고 있다.

제2연에서는 "식혜 국의/엿기름 냄새"의 확산적인 후각 이미지와 "숨어 우지지는" 새들의 청각적 이미지가 혼합되어 상방성의 기호체계를 나타내고 있다.

제3연에서는 "청보리밭"의 푸른색 이미지가 상방성을 나타내는 의미작용을 하고 있는 가운데 종달새까지 치솟고 있어서 그 상방지향성은 더욱 더 강화되고 있다. 부연하면 "치솟우는"에서 접두사 '치'의 기능은 공간의 동태적 기능을 가장 역동적으로 그것도 찰나적으로 보여주는 音節기호이다. '솟다'라는 말은 땅에서 공중으로 수직상승 하는 공간기호 체계이다. 따라서 '솟다'에 접두사 '치'를 붙이면 하방의 지면을 순간적으로 박차고 나가는 새의 힘찬 비상의 모습을 나타내주게 된다. 완만한 비상이 아니라, 비상할 것을 미리 준비하고 있다가 어느 순간 갑자기 솟아오르는 비상의 동작과 같은 것이다. 그것은 찰나적인 순간, 경이로운 순간을 언술한 공간기호 체계이다. 뿐만 아니라 돌연한 종달새의 출현으로 잠재적 공간(무표항)이던 하늘이 독자들의 의식에 갑자기 나타나게 된다. 이와 같이 텍스트는 '솟다'와 '치솟다', '치솟다'와 '하늘' 그리고 '치솟다'와 '숨다', '숨다'와 '땅' 등으로 무수하게 얽혀 있는 現前관계와 非現前 관계 속에서 그 의미를 구축해 간다.[86)]

제4연에서는 어깨 위에 아이를 세움으로써 실제로 수직적인 높이가 강화되고 있을 뿐만 아니라 "마후래기 춤"에 의해 더욱 더 상승지향적인 운동성이 강화되고 있다. 춤이라는 것은 '기다'와 '날다'의 兩義性을 지닌 기호로써 날기 직전의 비상하는 동작을 나타낸다. 그러므로 "마후래기 춤"은 곧 하늘로 비상하려는 행동적 의미를 나타내준다.

제5연에서는 "열두발 상무"의 춤으로써 제4연보다 훨씬 더 수직상승의 동력이 커진 상태를 보여주고 있다. 말하자면 더욱 적극적으로 하늘을 지향하는 상태를 보여주고 있다. "열두발 상무"의 圓의 상징은 하늘과 동위소적 의미를 갖는다. 그래서 시적 화자는 "하늘 끝 대어"라고 언술함으로써 하늘과 일체감이 된 듯한 상상을 한다.

제6연에서는 "연을 날린다"와 "나간다"의 시적 언술이 수직상방지향성을 구체적으로 보여주고 있다. 연을 날릴 때에 '연이 나간다'라는 것은 수평적 이동인 동시에 수직적인 이동을 나타낸다. 부연하면 수평적으로 멀어지는 동시에 수직적으로 상승한다는 의미이다. 이런 점에서 보면 연은 수평과 수직 공간을 분절하는 매개항으로 기능하기도 한다. 가령 '마을(內)-연(매개항)-동산 너머 바깥(外)'의 수평적 삼원구조로, '지상(하방)-연(매개항)-하늘(상방)'의 수직적 삼원구조로 말이다. 그런데 주지하다시피 연은 지상을 떠나 완전하게 "먼 하늘"로 떠나가고 있다. 요컨대 천상적 존재가 되어 가고 있는 셈이다. 그러므로 연을 날리는 주체인 '나'와 '황동이' 또한 지상을 떠나 천상을 향하는 상상적인 존재가 된다. 말하자면 연 자체와 같은 존재가 되는 셈이다.

「추천사」의 '그네 줄'은 하늘로의 초월을 이루지 못했지만, 이 텍스트의 '연(실)'은 지상의 가치체계를 천상적 공간으로 완전하게 끌어올려주고 있다. 수직상승적인 가치체계는 두 단계에 의해 더욱 강화된 것이

86) 토도르프는 현전관계란 텍스트 안에 현존하는 요소들 사이의 관계라고 말한다. 이것은 소쉬르와 야콥슨이 중요한 개념으로 내세운 통합축에 해당한다. 비현전관계란 텍스트 내에 현존하는 요소들과 부재하는 요소들 사이의 관계라고 하는데, 이것은 계열축에 해당되는 개념이다. 프랑스와 발르 外, 민희식 역, 「시학에 있어서의 구조주의」, 『구조주의란 무엇인가』, 고려원, 1985, pp.116~117.

었다. 예의 그 첫 단계는 제1연의 고깔에서 시작한 상방지향성이 제3연에 와서는 하늘의 종달새로 상승한 단계이다. 두 번째 단계는 제4연의 마후래기 춤에서 시작한 상승지향성이 제6연에서 와서는 먼 하늘의 연으로 상승한 단계이다. 그러므로 연과 종달새는 의미론적 등가를 이루면서 이 텍스트의 공간을 하늘로 이끌어 올리는 기능을 한다. 이에 따라 연(실)과 종달새는 지상과 천상의 양항(兩項)에 긍정적 의미작용을 하게 된다.

이런 점에서 보면, 「음력 설의 영상」은 음력설에 관계된 세시풍속의 놀이를 통해서 마을을 벗어나 저 먼 하늘까지 가닿고자 하는 인간의 순수한 공간적 욕망, 곧 천상지향적인 욕망을 보여주고 있는 것이다. 물론 이러한 욕망만 전적으로 나타나는 것은 아니다. 다른 한편으로는 겨울에서 봄으로 넘어가는 계절적 욕망을 보여주기도 한다. 다시 말해서 죽음에서 생명으로 전환되는 봄의 시간성을 보여주기도 한다. 현재는 음력설이지만 고깔 위에 "벙글고" 있는 이미지 속에서 사월의 봄을 읽고 있기에 그러하다.

> 新羅聖代 昭聖代
> 阿達羅의 임금 때
> 해는 延烏의 아내 細烏의 베틀에 가 매달려서도 살았다.
> 하늘에다 잉아를 이 女人이 먼저 걸어 놓았기 때문이다.
> 그래 이 女人과 그 緋緞이 어딜 가며는, 해도 그리로 따라 다녔다.
> 新羅人들은 이것을 모두 알고 있었기 때문에
> 어느날은 돌이 업고 日本으로 간 것을 쫓아가서 緋緞배만 찾아다가 놓았다.
>
> ―「해」 전문

이 텍스트는 一然이 쓴 『삼국유사』와 상호텍스트성 관계에 있다. '해'에 대한 발화자 일연과 지금의 발화자 未堂이 서로 상호 대화하고 있는 것이다. 크리스테바에 의하면 이와 같은 발화자는 수직적 관계에 놓이게 된다.[87] 그 관계 속에서 미당은 일연의 텍스트에서 '해'를 引喩하고 있다. 흔히 미당의 신라정신이라고 부르는 대부분의 작품들은 이러한 이전의 텍스트에서 인유한 결과적 소산물이다.[88] 그렇다고 해서 미당의 시 텍스트와 이전의 역사적 텍스트들이 동일하다는 것은 아니다. 인유되고 있을 뿐, 미당의 시 텍스트는 개성적이고 독창적인 것이다. 공간기호학으로 보면 완전히 자율적인 텍스트라고 할 수 있다.

그래서 본고에서는 일단 인유한 '해'를 미당의 자율적인 텍스트로 보고 그 공간기호 체계를 분석하고자 한다. 본고에서 탐구하고자 한 것이 공간기호 체계인 만큼 여타 미당의 다른 작품을 분석할 때도 인유된 과거 역사적 발화자의 내용을 상호관계 시키지 않고 미당의 작품 그 자체만을 대상으로 삼기로 한다. 왜냐하면 보편적으로 문학은 모방으로 시작되고, 그 모방을 뛰어 넘고자 하는 것이 예술가의 임무요 권리이기 때문이다.

천상적 기호체계인 영원성을 상징하는 '해'와 하방적 공간기호 체계인 유한성을 상징하는 '세오(細烏)'를 연결해 주는 것은 '잉아'이다. '잉아'는 兩項을 중재하고 연결하는 매개항으로 기능한다. 그런데 이 '잉아'는 하늘이 내려보낸 두레박이나 밧줄과는 달리 인간인 세오가 하늘로 먼저 올린 것이다. 그러므로 천상의 세계, 곧 하늘이 지상에 가까워지려고 한 것이 아니라, 지상의 세계에 있는 인간이 자신의 의지로써 천상의 세계에 가까워지려고 하는 욕망을 보여주는 것이 된다.

결국 매개항 '잉아'에 의해 天·地 간의 가치체계가 상호 교섭·교환하게 된다. 부연하면 인간과 우주공간이 합일·융합할 수 있게 된 것은 '잉아'가 그 양항을 이어주고 있기 때문에 가능한 것이다. 종교적·신화

---

87) 김욱동, 앞의 책, p.139.

88) 본고에서는 미당의 시 텍스트만을 대상으로 그 공간기호 체계를 분석하고 있으므로 인유된 텍스트와의 비교 대조에 대한 분석을 하지는 않는다. 다만 필자가 보기에는 미당의 텍스트와 이전 발화자의 텍스트들, 예를 들면 『삼국사기』, 『수이전』 등과 비교 대조하여 그 상호 텍스트성을 분석하면 미당 텍스트의 또 다른 면모를 볼 수 있을 것으로 사료된다.

적 층위에서 '해'는 생명의 아버지인 남성을 상징한다. 가령, 오세니아 인들은 태양을 大地의 남편인 '위대한 주님'이 사는 곳이라 여겼으며 우주의 창조자라고 생각했다.[89] 그러므로 그 합일・융합은 남성과 여성의 합일・융합, 곧 남성의 상징인 '해'와 여성의 상징인 세오(대지)의 합일・융합을 의미한다.

'細烏'의 '細'는 가는 실이라는 뜻이다. 아마 가는 실로 베틀을 짰기 때문에 붙여진 고유명사일 것이다. 실은 밧줄에 가까운 형태지만 훨씬 더 복잡한 상징성을 지닌다. 그것은 고대 세계에서 우주의 짜임새를 나타내던 베짜기에 사용되었기 때문이다.[90] 우주의 짜임새를 짜는 틀이 다름 아닌 베틀이다. 이 베틀 또한 圓으로서 해와 상동성을 갖는다. 해가 세오의 베틀에 가 매달려 산 것도 이와 같은 맥락에서 보면 당연하다고 하겠다. 그리고 이 베틀은 순환운동을 한다. 이 순환운동은 우주의 리듬을 나타낸다.

이렇게 볼 때 인간의 세계와 천상의 세계는 공간적 계층만 다를 뿐, 의미에 대한 가치의 차이는 사라지고 만다. 이것을 가능케 한 것이 바로 매개항 '잉아'이다. 매개항 '잉아'는 上/下 공간에 긍정적 의미를 부여해 주고 있다. 이처럼 미당의 공간의식은 수직공간의 정점인 하늘에 가닿는 것이며, 동시에 하늘과 지상의 가치체계를 순환시키는 데 있다. 이를 위해서 미당은 땅과 하늘의 대립을 인간의 의지에 의해 상호 융합시키려고 욕망하고 있다.

「해」에서는 인간이 잉아를 걸어 上/下 왕래를 하게 했다면, 「漢拏山山神女 印像」에서는 산신녀가 '두레박'을 내려 그러한 기능을 하게 한다.

> 잉잉거리는 불고추로
> 망가진 쑥이파리로
> 또 소금덩이로

89) 조르쥬 나타프, 김정란 역, 『상징・기호・標識』, 悅話堂, 1987, p.26.
90) 뤽브느와, 앞의 책, p.78.

西歸浦 바닷가에 표착해 있노라니
漢拏山頂의 山神女
두레박으로 나를 떠서 길어 올려
시르미 난초밭에 뉘어 놓고 간지럼을 먹이고
오줌 누어 목욕시키고
耽羅 溪谷 쪽으로 다시 던져 팽개쳐 버리다.
…(중략)…
나를 되루 집어내 놓았는지
나는 겨우 꺼내어진 듯 안 꺼내어진 듯
이 해 한 달 열흘을 꼬박 누워 시름시름 앓다.

—「漢拏山 山神女 印像」에서

'바닷가'에서 '-가'는 수평공간의 분절 단위를 나타내는 공간기호이다. 땅과 바다의 경계지점을 언술하는 단위로 內공간인 땅에서 外공간인 바다로 나가기도, 外공간인 바다에서 內공간인 땅으로 들어오기도 하는 왕래지점이다.[91] 지금 화자는 이 지점에서 바다의 외공간으로 나가지도 못하고 땅의 내공간으로 회귀하지도 못한 채 표류하고 있다. 그러므로 경계영역을 나타내는 '-가'의 공간기호 체계와 시적 화자는 의미상 일치를 보인다. 경계영역에 선 경계인이라 할 수 있다.

수평적인 경계영역의 공간기호 체계를 다른 코드로 전환시키는 것은 '두레박'이다. 두레박은 上/下 왕래를 하는 공간기호로 山神女가 있는 상방공간에서 내려온 것이다. 이 두레박은 上/下 양항을 매개한다. '山頂(상)-두레박-지상(하)'으로 수직공간의 기호체계를 구축한다. 표류하던 지상의 화자는 두레박에 의해 상방의 산신녀가 있는 공간으로 가게 된다. 산신녀가 있는 '산정'은 俗의 공간이 아니라 聖의 공간으로서 가장 높은 곳에 위치한다.[92] 이렇게 산정이 화자에게 긍정항으로 작용하자,

91) 흔히 우리가 말하는 '-가', '가장자리'는 통로로 여겨지지 않는 線的인 의미를 나타낸다. 그러나 이것을 공간기호 체계로 나타내면 두 종류의 區域이 이루는 경계공간이 된다. C. Norberg-Schulz, 김광현 역, 『실존・공간・건축』, 태림문화사, 1985, p.48.

이와 반대로 서귀포는 부정항으로 작용한다. 그래서 탈주해야 하는 공간으로 나타난다.

'서귀포'는 포구로 일상적인 많은 인파들이 나가고 들어오는 세속의 공간이지만, 계곡과 관음사는 여전히 높이를 지닌 신성한 공간이다. 이와 같이 매개항 두레박은 지상의 부정적 가치를 끌어올려 긍정적 가치로 전환해 주는 기능을 한다. 그런데 미당은 시 제목에서 한라산 산신녀에 대한 '印像'이었다는 점을 밝히고 있다는 점이다. 인상이란 대상에 대한 느낌을 말한다. 그렇다면 산신녀에 대한 느낌은 어떤 것일까. 그것은 다름 아니라 현실과 상상의 세계를 구분하지 못하게 할 정도로 신비한 힘을 발휘하고 있는 인물이라는 것이다. 뿐만 아니라 화자의 의지와 상관없이 산신녀의 의지가 화자를 움직여나가게 한다는 것이다. "나를 되루 집어내 놓았는지", "꺼내어진 듯", "안꺼내어진 듯" 등의 언술에서 그러한 정황을 읽을 수가 있다. 이처럼 화자가 자신의 의지와 상관없이 현실과 상상의 경계에 누워 있는데, 그것을 공간적으로 나타내보면 아마도 탐라 계곡의 관음사 공간(상상)과 서귀포 공간(현실) 사이에 누워 있는 경계인이라고 할 수 있다.

> 하늘에서 내려오는 성한 동아줄이나 있다면
> 샘 속이라도 몇 萬里라도 갈 길이나 있다면
> 샛바람이건 무슨 바람이건 될 수라도 있다면
> 매달려서라도 자맥질해서라도 가기야 가마.
> 門틈으로건 壁틈으로건 가기야 가마.
> 하지만 너, 내 눈앞에 매운재나 되어 있다면
> 내 어찌 올꼬.
> 흥건한 물이나 되어 있다먼
> 내 어찌 울꼬.
>
> ―「古調 壹」 전문

92) 가장 높은 것은 저절로 神性의 속성이 된다. 그러므로 산신녀가 이곳에 위치하는 것은 자연스러운 현상이다. Mircea Eliade, *The Sacred and The Profane*, 이동하 역, 『聖과 俗』, 학민사, 1994, p.105.

이 꿈에서 아조 깨어난 이가
비로소
만길 물 깊이의
벼락의
향기의
꽃새벽의
옹달샘 속 금동아줄을
타고 올라 오면서
임 마중 가는 만세 만세를
침묵으로 부르네.

―「고요」에서

「古調 壹」에서의 매개항 "동아줄"은 兩義性을 지닌 공간기호 체계이다. 하늘에서 "동아줄"이 내려올 때는 하방공간에 긍정적인 가치를 부여한다. 동아줄은 시적 화자의 대상인 '너'에게 갈 수 있게끔 해준다. 그러나 '너'가 매운재가 되면, "내 어찌 올꼬"에서 알 수 있듯이 시적 화자에게 동아줄은 부정적 가치로 기능한다.

「고요」에서의 매개항 "금동아줄"은 긍정항으로 기능한다. '금'이라는 것은 빛나는 물질로서 귀하고 소중한 것인 동시에 견고한 광물질로서 잘 끊어지지도 않는다. 이처럼 매개항이 긍정항으로 작용할 때는 금속 중에서도 가장 가치가 있는 "금동아줄"을 사용하게 된다. "금동아줄"은 부정적인 하방공간에서 긍정적인 상방공간으로 임을 마중하게 하는 긍정적 기능을 한다.

이와 같이 텍스트에 나타난 이항대립의 兩項을 중재하는 매개항은 인간으로 하여금 천상의 공간으로 초월할 수 있게 해주기도 하고, 지하의 깊은 우물에서 지상의 세계로 올라올 수 있게 해주기도 한다. 물론 실제 생활에서는 불가능한 것이지만, 텍스트의 공간기호 속에서는 매개항에 의해 그렇게 할 수 있는 것이다. 그렇게 해서 인간은 俗과 대립되는 聖의 세계를 정신적으로 체험할 수 있게 된다. 엘리아데에 의하면 매개체에 해당하는 산이나 계단으로의 상승, 대기 속의 비행 등은 항상 인간 조건의 초월과 상층의 우주로의 침투를 의미한다는 것이다.[93] 그래서 수직적으로 인간이 도달하고 싶어 하는 그러한 상태를 충족시켜 주기 위해 매개항(중앙축)은 수많은 상징들로 표현되고 있다.[94]

이에 따라 미당은 수직공간을 매개해 주는 공간기호 체계로 "금동아줄"의 변형인 "광맥"을 사용하기도 한다.

> 피가 잉잉거리던 病은 이제는 다 낳았읍니다.
>
> 올 봄에
> 매(鷹)는,
> 진갈매의 香水의 강물과 같은
> 한섬지기 남직한 이내(嵐)의 밭을 찾아내서
>
> 대여섯 달 가꾸어 지낸 오늘엔,
> 홍싸리의 수풀마냥. 피는 서걱이다가
> 翡翠의 별빛 불들을 켜고,
> 요즈막엔 다시 生金의 鑛脈을 하늘에 폅니다.
>
> 아버지.
> 아버지에게로도,
> 내 어린 것 弗居內에게로도, 숨은 弗居內의 애비에게로도,
> 또 먼 먼 즈믄해 뒤에 올 젊은 女人들에게로도,
> 生金 鑛脈을 하늘에 폅니다.
>
> -「娑蘇 두번째의 편지 斷片」 전문

---

93) Mircea Eliade, *Traité d'histoire des religions*, 이재실 역, 『종교사 개론』, 까치, 1994, pp.120~121.

94) 그 상징들은 나무, 산, 창, 기둥, 방망이, 우주기둥, 사다리, 계단, 오벨리스크, 종탑, 화살, 陰莖, 피라미드, 神石, 옴팔로스, 밧줄, 사슬, 실 등 다양한 기호로 나타내고 있다. 뤽브느와, 앞의 책, p.73.

'病' 속으로의 침몰은 죽음이 되고, '病'으로부터의 탈출은 삶이 된다. 병은 죽음과 삶을 공유한 양의적인 공간기호 체계를 갖는다. 병이 다 나은 것은 삶으로의 회귀, 밝음으로 상승하는 공간이다. 이 병이 침몰로 기울 때 미당의 텍스트에서는 유난히 소리가 난다. 불같이 분노하는 소란스러운 소리를 내고 있다. "잉잉거리는 불고추", "윙윙그리는 불벌의 떼", "전기 울듯하는 피" 등의 언술에서 알 수 있듯이 신경을 자극하는 소리를 내고 있는 것이다. 그러나 이러한 병이 다 낫게 되면 시적 화자의 어조는 사뭇 밝고 가벼운 어조로 바뀌고 만다. 이처럼 미당은 병이 듦과 나음의 경계영역 속에서 텍스트를 생성해 나간다.

'이내의 밭'과 이항대립하는 것은 하늘이다. 이 양항을 매개하는 것은 "生金의 鑛脈"이다. 매개항 '생금의 광맥'은 지상의 서걱거리는 피를 상방적인 하늘로 전환시키는 긍정적 기능을 한다. 화자는 피를 정화하기 위해 특수한 기운이 있는 '이내 밭'을 찾아내어 그곳에서 식물을 가꾸듯이 "잉잉거리는 피"를 가꾼다. 잉잉거리던 피가 이내 밭에서 가꾸어질 때, 그것은 서걱거리는 '고체의 피'로 차츰 변화되어진다. 미당에게 있어서 피는 가꾸고 다스려야 하는 공간기호 체계이다. 이 피를 심고 가꾸고 다스릴 때, 피는 투명한 생금의 광물적 이미지로 변형될 수 있다. 피 자체가 생금의 광맥이 되어 지상에서 천상으로 펼쳐지게 된다.

매개항 "광맥"에 의해서 미당의 피는 '액체 → 고체 → 빛'으로 되어 현재의 시간뿐만 아니라, 미래의 시간에도 긍정적인 가치를 부여해 주고 있다. 또한 광맥은 핏빛을 여과해 출렁이지도 분출하지도 않는 푸른색으로 바꾼다. 피는 붉은색에서 진갈매의 짙은 초록색으로, 짙은 초록색이 푸른색으로 변화하면서 '사색의 공간'을 만들어 준다.[95] 이처럼 광맥은 지상과 천상, 현재와 미래의 시간에 긍정적 가치를 부여하며, 영원

95) 초록색은 존재하는 모든 색 중에서 가장 평온한 색이면서 정지라는 의미를 부여해 준다. 이러한 초록색이 푸른색으로 기울어 깊게 침잠하면 전혀 다른 색조가 나타난다. 그것은 엄숙하고 소위 사색적인 것이 된다. 칸딘스키, 권영필 역, 『예술에 있어서 정신적인 것에 대하여』, 열화당, 1979, pp.80~81.

한 생명의 상승적인 빛을 펼친다. 미당은 매개항 광맥에 의해 병이 있는 하방공간을 벗어나 영원한 가치를 지닌 푸른 하늘의 공간으로 초월하게 된다.

> 그러고 마지막 남을 마음이여
> 붉은 핏빛은 장독대옆 맨드래미 새끼에게나
> 아니면 바윗속 굳은 어느 루비 새끼한테.
> 물氣는 할수없이 그렇지
> 하늘에 날아올라 둥둥 뜨는 구름에
>
> 그러고 마지막 남을 마음이여
> 너는 하여간 무슨 電話 같은걸 하기는 하리라.
> 인제는 아주 永遠뿐인 하늘에서
> 지정된 受信者도
> 소리도 이미 없이
> 하여간 무슨 電話 같은걸 하기는 하리라.
>
> –「無題」에서

> 거기 두루 電話를 架設하고
> 우리 宇宙에 비로소
> 작고 큰 온갖 通路를 마련하신
> 釋迦牟尼 生日날에 앉아 계시나니.
>
> –「부처님 오신 날」에서

피가 순화되고 정화된 물로서 하늘에 올라갔을 때, 그 물은 비나 이슬로 다시 지상으로 내려오게 된다. 그러므로 피는 없어지는 것이 아니고 변증법적으로 순환하고 있다. 미당의 시에서 피는 없어지지 않는다. 피와 물의 순환, 이것이 미당의 시 텍스트를 끊임없이 생성하게 하는 근본적인 이유에 해당한다. 예의 지상의 핏빛도 마찬가지이다. 즉 지상의 핏빛은 식물인 맨드라미꽃으로 피어나게 되거나 혹은 광물성인 바위 속의 빛나는 루비가 되기도 한다. 그리고 피에서 분리된 물기는 수직상승하면서 구름이 되는 것이다. 미당은 이렇게 피를 해체하여 바다(지하), 땅, 하늘로 순환시켜 시의 총체적 공간을 만들어 내고 있다.[96)]

하늘에 올라간 물은 땅으로 내려 왔다가 다시 구름이 되어 하늘로 오른다. 말하자면 순환하는 것이다. 물론 피와 물로 분리된 마음도 지상을 완전히 초월해 버리는 것은 아니고 늘 지상에 대해 연연한 마음을 지닌다. 이 마음 또한 '피'의 육체성을 지향하기보다는 '피'의 정신성을 지향하는 마음, 달리 말하면 근원적인 평정을 지향하는 마음이다. 그래서 이 마음은 천상과 지상 사이에 "전화"를 가설한다. 결국 전화에 의해 '하늘-전화-지상'의 삼원구조 기호체계가 구축된다. 곧 전화 가설로 지상과 천상은 하나의 긴 통로를 갖게 된 것이다. 이러한 통로를 통해서 지상의 가치체계는 천상의 가치체계와 상호 교환을 이루는 시스템을 구축하기에 이른다.

이처럼 미당은 문화적 산물인 매개항의 기호를 사용해 땅과 하늘의 이항대립적 공간을 융합해 나가고 있다. 하지만 더욱 놀라운 것은 인간의 몸이 배설한 배설물의 기호를 통해서 우주공간과 교섭하기도 한다는 사실이다. 바로 다음 항에서 이를 살펴보도록 한다.

(2) 카니발의 공간: 배설물

카니발은 자유와 평등이 지배하는 민속적 축제의 놀이공간으로서 참여자 모두가 한 덩어리가 될 수 있는 집단적 성격을 나타낸다. 그래서 카니발의 세계관은 집단적이며 민중적이다. 종교적인 공식 의식과는 달리 카니발은 어느 특수한 계층의 사람에 의해 그리고 어느 한 특수한 규칙에 따라 조직되지 않는다. 한마디로 말하면 카니발의 세계는 종교적이건 정치-사회적이건 혹은 심미적이건 모든 공식적인 제도나 인습 그리고 권위로부터 완전히 자유롭게 해방된 세계를 말한다.

카니발을 비롯한 민속 문화가 하나의 사회적 현상이라고 한다면, 카

96) 이어령, 앞의 책, p.342.

니발을 구현하는 '그로테스크 리얼리즘'[97]은 그것을 문학에 표현한 심미적 양식이라고 할 수 있다. 바흐친은 르네상스 시대의 여러 작가들 중에서 라블레를 가리켜 민속 문화를 문학의 형식으로 형상화시킨 가장 대표적인 작가로 평가한다. 라블레의 소설이 세계문학 중에서 가장 축제적인 작품, 다시 말해서 민중의 유쾌한 정신의 정수를 가장 잘 표현한 카니발의 문학 작품이기 때문이다.

문학에서의 리얼리즘이 카니발적인 웃음, 해학, 욕설 등의 비공식적인 세계, 곧 그로테스크와 융합이 되면 그로테스크 리얼리즘이 된다. 그로테스크 리얼리즘이 받아들이고 있는 가장 기본적인 원칙으로는 이른바 '물질적인 육체적 원칙'을 들고 있다. 여기서 물질적인 육체적 원칙이란 다름 아닌 인간의 구체적인 신체 그리고 그 기능에 관한 원칙을 가리킨다. 예컨대 라블레를 이루는 일곱 가지 시리즈는 ①인간 신체 ②의복 ③음식 ④음주 ⑤섹스 ⑥죽음 ⑦배설이다. 바흐친은 이 중에서 인간 신체에 초점을 두고 탐색하다가 인간의 신체 속에 우주가 축소되어 있다는 것을 알게 된다.[98] 인간은 자신의 신체를 통하여 세계와 교통한다. 그 때문에 구체적인 신체 이미지를 분석하면 이와 접하는 우주의 세계를 파악할 수도 있다. 그러므로 그로테스크한 육체적 이미지는 우주와의 교응 관계를 어느 이미지보다도 더 구체적으로 나타내준다. 바흐친은 먹고, 마시고, 배설하고, 性행위하는 인간의 육체적 물질적 현상을 중요시하면서 이를 바로 그로테스크한 육체적 이미지로 규정한다.

미당의 시 텍스트에서도 바흐친이 말한 '그로테스크한 이미지'들이 나온다. 미당의 그로테스크한 이미지들은 카니발 특유의 지배문화에

---

97) 축제적 웃음의 집단적이고 물질적인 성격에 가장 중심되는 개념은 바흐친이 이름붙인 'grotesque realism'이다. 이 그로테스크 리얼리즘은 육체를 세상의 우스꽝스러운 면들로 나타내기 위해 사용한다.

98) M. M. Bakhtin, "Forms of Time and Chronotype in Novel", *The Dialogic Imagination,* Texas: University of Texas Press, 1981, p.170. 우남득, 「박상륭 소설의 카니발적 공간 연구」, 『문학상상력과 공간』, 도서출판 창, 1992, p.205. 참조.

대응하는 민중문화의 세계를 드러내는 동시에 현실 세계에 대응하는 신화적 세계를 드러낸다. 카니발은 현실 세계로부터 일시적인 도피를 꾀하기도 하는데, 미당은 질마재 사람들의 신비한 민중적 체험을 낯설게 하기 방식으로 보여줌으로써 신화적 세계로 도피하기도 한다. 사실 바흐친이 강조한 신체에 대한 그로테스크 리얼리즘은 어떤 의미에서는 러시아 형식주의자들이 말하는 이른바 '낯설게 하기'의 개념과 매우 비슷하다.[99]

본 연구의 목적이 공간기호 체계의 분석에 있는 만큼, 사회현상인 카니발적 주제 분석보다는 문학에 표현된 심미적 양식으로서의 '性과 배설물' 시리즈를 중심으로 살펴보기로 한다. 시집 『질마재 신화』 속에는 '오줌, 똥'에 관한 배설 시리즈가 텍스트 내의 구조 속에서 중심적인 의미작용을 하고 있다. 다시 말하면 배설에 관계된 기호체계가 매개항이 되어 텍스트의 공간을 역동적으로 만들고 있다는 점이다.

> 질마재 上歌手의 노랫소리는 답답하면 열두 발 상무를 젓고, 따분하면 어깨에 고깔 쓴 중을 세우고, 또 喪輿면 喪輿머리에 뙤약볕 같은 놋쇠 요령 흔들며, 이승과 저승에 뻗쳤읍니다.
>
> 그렇지만, 그 소리를 안 하는 어느 아침에 보니까 上歌手는 뒤깐 똥 오줌 항아리에서 똥오줌 거름을 옮겨 내고 있었는데요. 왜, 거, 있지 않아, 하늘의 별과 달도 언제나 잘 비치는 우리네 똥오줌 항아리, 비가 오나 눈이 오나 지붕도 앗세 작파해 버린 우리네 그 참 재미있는 똥오줌 항아리, 거길 明鏡으로 해 망건 밑에 염발질을 열심히 하고 서 있었읍니다. 망건 밑으로 흘러내린 머리털들을 망건 속으로 보기좋게 밀어 넣어 올리는 쇠뿔 염발질을 점잔하게 하고 있어요.
>
> 明鏡도 이만큼은 특별나고 기름져서 이승 저승에 두루 무성하던 그 노랫소리는 나온 것 아닐까요?
>
> —「上歌手의 소리」 전문

---

99) 김욱동, 앞의 책, p.250.

上歌手 노랫소리는 열 두발 상무에서 고깔, 그리고 놋쇠 요령소리로 수직상승한다. 이 노랫소리는 결국 이승과 저승에 두루 뻗치게 된다. 그러므로 상가수의 노랫소리에 의해 일단 공간의 분절이 발생하고 있다. 즉 '저승(상방)－노랫소리(매개항)－이승(하방)'으로 삼원구조의 기호체계를 형성한다. 하지만 이것은 표층적인 단계에 지나지 않는다. 사실 표층적으로 보면, 상가수의 노랫소리가 지상인 이승과 천상인 저승 사이를 매개하는 것으로 드러난다. 그러나 심층적으로 보면 노랫소리 자체가 이러한 신비한 마력을 지닌 것은 아니다. 부연하면 상가수의 선천적인 노래 솜씨가 주술적인 마력을 지녔다기보다는 단지 시적 화자 스스로 노래를 통해 비유적으로 저승을 떠올리고 있는 것에 지나지 않는다는 점이다.[100)]

"明鏡도 이만큼은 특별나고 기름져서 이승 저승에 두루 무성하던 그 노랫소리는 나온 것 아닐까요"라는 언술에서 알 수 있듯이, 상가수의 노랫소리가 진짜로 주술적 마력을 발휘하게 되는 것은 '明鏡'과 관계될 때이다. 명경은 다른 것이 아니다. 명경은 똥오줌 항아리가 만든 거울 자체를 말한다. 그런데 문제는 그렇게 저급한 육체적 배설물이 명경이 됨으로 인해서 시적 공간이 역전된다는 데에 있다. 곧 명경의 작용으로 인해 하방 공간 자체가 순식간에 하늘이 있는 상방공간으로 전환된다는 데에 있다. 명경에 하늘이 비치어 들기 때문에 그러한 것이다. 이에 따라 명경은 자연스럽게 지상과 천상의 이항대립적 공간을 해체하는 매개 작용을 한다. 천상적 기호체계인 하늘의 별과 달이 하방공간인 똥오줌 항아리에 담기면서 이 텍스트의 공간은 上/下 대립이 없는 천상공간 자체가 되고 있다.

명경은 배설물을 통한 우주적 표현이다. 그래서 배설의 우주적 표현은 신체로 축소될 때 오줌은 바다와 똥은 대지와 연결되며, 이것은 또한 격하의 원리로 나타나 썩은 후의 재생을 내포한다.[101)] 예의 "똥오줌

100) 송효섭, 「질마재 神話」의 서사구조유형」, 최현무 엮음, 『한국문학과 기호학』, 문학과 비평사, 1988, p.363.

거름"을 옮겨내는 것은 저급한 이미지로서 격하의 원리가 되지만, 이것이 썩어서 식물들에게 자양분이 될 때에는 신성한 이미지로 나타난다. 이와 같이 물질화된 "똥오줌 항아리"는 저급한 이미지이지만, 그것이 명경이 되어 천상적 기호체계에 편입되면 신성한 공간이 된다. 더불어 똥오줌 항아리를 명경으로 해서 "쇠뿔 염발질"을 하고 있는 상가수는 바흐친이 말한 그로테스크 이미지 자체로서 저급한 똥오줌의 공간을 웃음으로 전환시키는 희화적 기능을 하기도 한다. 이러한 상황의 역전은 카니발에 의해 가능해진다.

상가수의 육체와 우주적 항아리인 똥오줌의 물질은 등가를 이룬다. 바흐친은 이러한 물질과 육체에 대한 칭송을 상술함으로써, 정신과 물질이라는 이원론을 정지시키려고 했다.[102] 즉 몸을 거부하는 신비주의의 가르침과 금욕주의의 관행은 이상향적일 수가 없기 때문이다. 바흐친은 라블레에서 똥과 오줌은 몸의 성격을 물질에, 세계에, 우주의 요소에 부여한다고 했다. 그러면서 오줌과 똥은 우주적 공포를 즐거운 축제적 괴물로 변화시킨다는 것이다.[103]

똥과 오줌은 육체와 같이 물질적이다. 이 배설물은 축제적 물질로써 지상과 천상을 연결하는 매개체로 작용한다. 상가수는 물질화된 똥오줌의 항아리를 통해서만 윤기나는 노랫소리를 할 수 있다. 그래서 똥오줌은 매개항으로써 지상의 상가수와 천상의 별, 달을 매개한다. 심층적으로 보면, '천상-똥오줌 항아리-상가수(하방)'로 삼원구조 기호체계를 구축하게 되며, 지상과 천상은 똥오줌을 통해서 상호교환 가치를 전달하게 된다.

---

101) 우남득, 앞의 책, p.221. 참조.
102) 레나테 라흐만, 「축제와 민중문화」, 여홍상 역, 『바흐친과 문화이론』, 문학과 지성사, 1995, p.71.
103) M. M. Bakhtin, *Rabelais and His World,* trans. Helene Iswolsky, Bloomington: Indiana University Press, 1984, p.335.

아무리 집안이 가난하고 또 천덕구러기드래도, 조용하게 호젓이 앉아, 우리 가진 마지막껏—똥하고 오줌을 누어 두는 소망 항아리만은 그래도 서너 개씩은 가져야지. 上監녀석은 宮의 각장 장판房에서 白磁의 梅花틀을 타고 누지만, 에잇, 이것까지 그게 그 까진 程度여서야 쓰겠나. 집 안에서도 가장 하늘의 해와 달이 별이 잘 비치는 외따른 곳에 큼직하고 단단한 옹기 항아리 서너 개 포근하게 땅에 잘 묻어 놓고, 이 마지막 이거라도 실천 오붓하게 自由로이 누고 지내야지.

이것에다가는 지붕도 休紙도 두지 않는 것이 좋네. 여름 폭주하는 햇빛에 日射病이 몇 千 개 들어 있거나 말거나, 내리는 쏘내기에 벼락 이 몇 萬 개 들어 있거나 말거나, 비 오면 머리에 삿갓 하나로 응뎅이 드러내고 앉아 하는, 休紙 대신으로 손에 닿는 곳의 興夫 박잎사귀로나 밑 닦아 간추리는—이 韓國〈소망〉의 이 마지막 用便 달갑지 않나?

「하늘에 별과 달은
소망에도 비친답네」

–「소망(똥간)」에서

'소망(똥간)'은 생리적 근원으로서 인간의 생활과 결코 분리될 수 없다. 이 텍스트에서 소망은 장판방에 있는 백자와 대립항을 이룬다. 소망이 방 밖의 外공간에 위치하고 있다면, 백자는 "宮의 장판房"에 있다. 전자는 민중들의 것이고 후자는 군주(上監)의 것이다. 이것을 도표화하면 다음과 같다.

소망(똥간)	백　자
개방공간 집 단 적 피지배층 옹기항아리 (자연과 융합)	폐쇄공간 개 인 적 지 배 층 백　자 (자연과 대립)

'소망'과 '백자'의 동일한 기능은 똥오줌을 받는 것이다. 하지만 그것의 형태로 보면 계층적 신분을 가르는 기호체계로 작용한다. 백자로 지칭되는 고급문화와 소망으로 지칭되는 저급문화로서 말이다. 그래서 그 의미작용도 변별적이다. 위 도표에서 제시하고 있듯이 소망(똥간)은 민중적 요소로서 자연과 융합된 상태를 보여주고, 백자는 지배적 요소로서 자연과 대립된 상태를 보여준다. 말할 것도 없이 소망(똥간)과 백자의 대립적 갈등에서 '카니발적 공간'이 생겨나고 있다.

소망은 '하늘에 별과 달은/ 소망에도 비치는' 것으로서 계급체계를 해체하고 인간상을 물질화하는 모형을 창조해 낸다. 이를 가능케 한 배설행위는 일상적 삶에서 자연스럽게 이루어지는 육체적 활동이다. 그 활동에 의해 소망에는 물질화된 공간이 형성된다. 그리고 물질화된 공간은 하늘의 해와 달과 별을 비추게 하는 거울로 기능한다. 그러한 기능에 의해 민중들은 세속적인 계급적 질서를 떠나 천상적 세계와 융합되는 신성한 삶을 체험하게 된다. 민중은 이처럼 육체적 물질적 활동을 통해 소우주인 몸으로써 대우주를 받아들이고 있는 것이다. 예의 소망이 없다면 전혀 가능하지 않는 일이다. 그래서 "비오면 머리에 삿갓 하나로 응덩이 드러내고 앉아" 있는 그로테스크한 물질적 이미지는 변화와 재생의 '축제・잔치'라고 할 수 있는 것이다.[104]

배설물은 지상과 하늘 사이를 매개하는 기호이다. '하늘-소망-지상'으로 수직축의 삼원구조 공간기호 체계를 형성한다. 민중들의 똥간은 "집안이 가난하고 천덕구러기"라 할지라도 일상적인 차원을 넘어 천상의 세계와 물질을 통해서 대화할 수 있다. 소망 항아리는 실상을 비춰주는 인간 존재의 확인을 넘어 인간 자체를 물질화 사물화 시킨다. 그러면서 「上歌手의 소리」에서처럼 배설물은 땅을 비옥하게 하는 생명력

104) 공식적인 잔치에 반대하면서 기존 질서에 대한 진리로부터 일시적인 해방을 구가하는 것이 바로 축제의 뜻이다. 축제 안에서 모든 사회적 순위, 규범, 금기 사항은 무너진다. 축제야말로 진정한 시간의 잔치이며, 변화와 재생의 잔치이다. 피터 스탤리 브래스・앨런 화이트, 「바흐친과 문화사회사」, 원용진 역, 『바흐친과 문화이론』, 문학과지성사, 1995, p.121.

의 에너지로 기능한다. 곧 대지의 생명력과 창조력으로 나타난다.

> 姦通事件이 질마재 마을에 생기는 일은 물론 꿈에 떡 얻어먹기같이 드물었지만 이것이 어쩌다가 走馬痰 터지듯이 터지는 날은 먼저 하늘은 아파야만 하였읍니다. 한정없는 땡삐떼에 쏘이는 것처럼 하늘은 웨-하니 쏘여 몸써리가 나야만 했던 건 사실입니다.
> 「누구네 마누라허고 누구네 男丁네허고 붙었다네!」 소문만 나는 날은 맨먼저 동네 나팔이란 나팔은 있는 대로 다 나와서 〈뚜왈랄랄 뚜왈랄랄〉 막 불어자치고, 꽹과리도, 징도, 小鼓도, 북도 모조리 그대로 가만 있진 못하고, 퉁기쳐 나와 법석을 떨고, 男女老少, 심지어는 강아지 닭들까지 풍겨져 나와 외치고 달리고, 하늘도 아플 밖에는 별 수가 없었읍니다.
> 마을 사람들은 아픈 하늘을 데불고 家畜 오양깐으로 가서 家畜用의 여물을 날라 마을의 우물들에 모조리 뿌려 메꾸었읍니다. 그러고는 이 한 해 동안 우물물을 어느 정도 길어 마시지 못하고, 山골에 들판에 따로 따로 生水 구먹을 찾아서 渴症을 달래어 마실 물을 대어 갔읍니다.
>
> -「姦通事件과 우물」 전문

카니발적 이미지는 코, 입, 젖가슴, 성기, 항문, 배 등과 같이 신체에 돌출되어 있거나 구멍이 나 있는 부위를 매우 중요시한다.

> 볼록하게 튀어나온 부분과 구멍이 난 부분은 한 가지 공통적인 특징을 가지고 있다. 바로 이런 영역 안에서 자기 신체와 다른 사람의 신체 그리고 신체와 세계 사이의 벽이 무너진다. 즉 여기에서 상호 교환작용이 존재한다. 그렇기 때문에 그로테스크한 신체의 삶 중에서 중요한 사건, 즉 신체적 드라마의 장면들이 이 영역에서 일어난다.[105]

---

105) 김욱동, 앞의 책, p.250.

「姦通事件과 우물」에서는 男女 간의 性的 결합이 '姦通事件'이라는 비정상적인 행위로 나타난다. 일상생활에서 금기로 되어 있는 영역을 침범한 것이다. 이런 비정상적인 행위는 마을의 정상적인 삶의 질서를 파괴시킨다. 간통사건을 감정 가치체계로 변별해 보면, 하늘은 몸서리를 치지만 오히려 사람들은 축제처럼 즐긴다. 비정상적인 모습이라고 하지 않을 수 없다.

하늘과 대립되는 동네 사람들과 온갖 사물들은 모두 나와 법석을 떨고 외치고 달린다. 부정적인 간통사건을 두고 질마재 동네 전체는 축제처럼 즐기고 있는 것이다. 부연하면 마을 사람들은 꽹과리, 징, 소고, 북 등을 가지고 나와 춤을 추며 놀고, 강아지, 닭들도 뛰어나와 외치고 달리며 춤을 추며 논다. 하늘과 땅의 가치체계가 전도된 이러한 상황 속에서 카니발의 웃음이 나오지 아니할 수 없다. 이 카니발의 웃음은 공동 사회의 모든 구성원들에 의해 공유되는 산물이며 따라서 그것은 집단적인 성격을 띤다.

카니발의 논리는 다른 한편으로 창조적 생명력을 지니기도 한다. 다시 말해서 부정 뒤에는 생성, 파괴 뒤에는 건설, 그리고 대립 뒤에는 언제나 조화가 뒤따르기 마련이다. 간통사건의 부정성은 가축용의 여물을 우물에 모조리 메움으로써 치유된다. 가축용 여물과 우물은 먹는 '입'과 관련을 맺고 있다. 이때 '입'은 단순히 먹고 마시는 것이 아니라, 인간과 세계 사이를 경계하는 접점 기능을 한다.[106] 입을 통해 들어가는 음식은 세계의 의미가 들어가는 것이며, 세계와의 합일이 되는 것을 말한다. 이것이 또한 배설물로 나오면 세계와의 분리가 된다. 여기서 가

---

106) 원시인들은 사냥이 끝나거나 일 년의 추수가 끝났을 때 잔치를 베풀며 음식을 먹는다. 따라서 음식과 그것과 관계되는 향연이나 잔치는 인간이 자연에 대해 거둔 승리를 축하하는 행사에 해당된다. 바흐친의 말대로 인간이 음식을 먹는 행위를 통해 세계와 만나게 되는 행위는 유쾌하고 의기양양한 것이다. 그는 세계에 대해 승리를 거두며 자신이 삼킴을 당하지 않고 오히려 그것을 삼켜버린다. 인간과 세계 사이를 갈라놓는 경계선이 무너져 버리는 것이다. 김욱동, 앞의 책, pp.251~252.

축융 여물로 우물을 메워버리기 때문에 우물물을 먹을 수가 없다. 입은 우물물을 삼키지 못하기 때문에 세계와의 대립, 세계에 대한 패배를 나타낸다. 입과 세계와의 단절이 바로 치유로 나타나는 것이다. 그래서 마을 사람들은 입과 세계와의 갈등 속에서 새로운 삶의 원리, 곧 '인간-자연'의 융합적 원리, '인간-우주'의 융합적 원리를 깨닫게 된다.

> 小者 李 생원네 무우밭은요. 질마재 마을에서도 제일로 무성하고 밑둥거리가 굵다고 소문이 났었는데요. 그건 이 小者 李 생원네 집 식구들 가운데서도 이 집 마누라님의 오줌 기운이 아주 센 때문이라고 모두들 말했읍니다.
>
> 옛날에 新羅 적에 智度路大王은 연장이 너무 커서 짝이 없다가 겨울 늙은 나무 밑에 長鼓만한 똥을 눈 색시를 만나서 같이 살았는데, 여기 이 마누라님의 오줌 속에도 長鼓만큼 무우밭까지 鼓舞시키는 무슨 그런 신바람도 있었는지 모르지. 마을의 아이들이 길을 빨리 가려고 이 댁 무우밭을 밟아 질러가다가 이 댁 마누라님한테 들키는 때는 그 오줌의 힘이 얼마나 센가를 아이들도 할수없이 알게 되었읍니다. -「네 이놈 게 있거라. 저놈을 사타구니에 집어 넣고 더운 오줌을 대가리에다 몽땅 깔기어 놀라!」 그러면 아이들은 꿩 새끼들같이 풍기어 달아나면서 그 오줌의 힘이 얼마나 더울까를 똑똑히 잘 알 밖에 없었습니다.
>
> -「小者 李 생원네 마누라님의 오줌기운」 전문

이 텍스트에서 그로테스크한 육체적 이미지는 '마누라님의 오줌기운', '智度路大王의 연장', '長鼓만한 똥', '사타구니'로 신체의 하부공간에 해당하는 공간기호 체계로 구축되어 있다. 바흐친이 말하는 이른바 '물질적인 육체의 하위 층위'로 구성되어 있는 셈이다. '네 이놈', '저 놈', '대가리', '깔기어' 등과 같은 카니발화된 言語[107]도 그로테스크의 이미지를

107) 장터나 길에서 주로 사용되는 것이 카니발화된 언어이다. 장터는 비공식적인 모든 것의 중심으로 일종의 치외법권적인 영역을 향유하는데, 욕설이나 상소리 혹은 저주와 같은 언어가 그 중요한 기능을 한다. 김욱동, 앞의 책,

강화해 주고 있다.

신체의 배설물인 오줌은 축제적 물질로써 땅과 몸 사이를 연결하는 매개적 기능을 한다. 몸과 세계(무우밭) 사이의 교환관계를 이어주는 것은 오줌이다. 오줌은 마누라 몸의 내부와 외부인 세계 사이의 경계의 교통이 된다. 또한 마누라의 오줌 기운이 세기 때문에 여성이 남성보다 우세한 위치에 있다. 카니발적 가치체계의 전도 현상이 일어난 것이다. "오줌을 대가리에 깔기"는 시적 언술은 아이를 오줌으로 씻어서 대지화의 과정으로 돌리는 大地母神의 이미지를 나타낸다. 이때 아이의 머리가 하방공간이 되고 마누라의 하위 층위인 사타구니가 상방공간이 되는 逆轉의 공간, 카니발의 공간이 생겨난다. 이렇게 관습적인 위반이 카니발의 공간이다.

금욕의 제전에서 더럽다고 생각된 사물과 행위가 신명의 제전에서는 힘의 원천으로 간주된다는 원리에 따르면,[108] 오줌은 몸과 세계 사이를 이어주는 신성한 매개체가 된다. 즉 육체적 분비물인 오줌은 대지와 교통하여 우주의 혈액인 營養의 신비로 창조적 기능을 수행한다. 소우주인 신체는 이러한 오줌에 의해 대우주로 투영 확산된다.

미당은 하방공간에 속하는 민중들의 생활, 민중들의 언어인 배설물을 통하여 땅과 하늘의 상호교섭을 가능하게 하고 있다. 미당은 이러한 민중들의 집단적인 생활상이 자연적 우주원리를 가장 잘 따르고 있음을 공간적 기호체계로 보여주고 있는 것이다.

3. 꽃의 기호체계와 개화 · 개방의 매개공간

> 虛空이 虛空이 아님을 사람들의 앞에 그 아름다운 거듭거듭의 활현으로써 말하고 있는 걸로 꽃 이상의 힘을 가진 것은 없으리라.

---

pp.255~256.

108) 김옥순, 「서정주 시에 나타난 우주적 신비체험」, ≪이화어문논집≫ 제12집, 1992, p.253.

돌멩이나 바위돌은 답답히 막히어서, 또 피 있는 것들은 그 피의 울멍이는 까닭으로 우리 앞에 이 설명을 하기에 유창하지 못하다. 綠陰은 또 풀빛의 어슴푸레한 단일색으로 우리의 각성을 끝까지 자극하는 힘이 없다. 그러나, 꽃들은 눈에 따가울 정도의 불붙는 색채와 그 희한한 流通力으로써 우리의 遠視力의 부족을 샅샅이 일깨워서 허공이 허공이 아님을, 無가 無가 아님을, 없어진 것이 없어진 것이 아님을, 가신 이가 가시지 않았음을, 어느 말보다 더 능력있는 말로 설명하는 힘을 가졌다.109)

꽃에 대한 미당의 반응은 '피'와 '녹음'의 세계를 넘어선 곳에서 시작한다. 하방공간에 갇혀서 잉잉거리던 '피'가 '녹음' 속에서 다시 심어지고 정화되어서야 비로소 미당은 꽃을 만나게 된다. 미당에게 꽃은 이 세상이 허공만이 아닌, 단지 無가 아닌 공간임을 일깨워주는 의미작용을 한다. 이렇게 '피'가 정화되어 가볍게 되면서 미당의 언어에는 생명력 넘치는 밝은 꽃이 피게 된다. 물론 미당의 언어적인 꽃들은 자연 그대로 피어나는 敍景의 꽃은 아니다. 시인의 상상력에 의해 변주되면서 지상적인 가치를 천상적인 가치로 끌어올리려 하는 기호론적인 꽃이다.

(1) 회복의 공간: 꽃

분석의 편의를 위해 작품을 인용하도록 한다.

순이야. 영이야. 또 도라간 남아.

굳이 잠긴 재ㅅ빛의 문을 열고 나와서
하눌ㅅ가에 머무른 꽃봉오리ㄹ 보아라

한없는 누예실의 올과 날로 짜 느린
채일을물은듯, 아늑한 하눌ㅅ가에

---

109) 『서정주 문학전집』, 제4권, 일지사, 1972, p.94.

빰 부비며 열려있는 꽃봉오리ㄹ 보아라

순이야. 영이야. 또 돌아간 남아.

저,
가슴같이 따뜻한 삼월의 하눌ㅅ가에
인제 바로 숨 쉬는 꽃봉오리ㄹ 보아라

—「密語」 전문

시적 화자의 어조는 다소 명령적이면서도 간곡한 청유형을 취하고 있다. 이것은 순이, 영이가 굳게 잠긴 문을 열고 나와서 하늘가의 꽃봉오리를 보길 바라는 화자의 열망에 기인한다. 화자는 현재 굳게 닫힌 문의 바깥공간에 있고, 순이, 영이는 집 안에 있다. 매개항 '門'에 의해서 수평공간이 분절되기 때문에, '집안(內)—문(매개항)—바깥(外)'으로 삼원구조 기호체계를 구축한다. 그런데 문은 '잿빛의 문'으로 부정적이고 절망적인 이미지를 나타낸다.[110] "굳게 잠긴"이라는 시적 언술은 '잿빛의 문'의 부정성과 절망감을 더욱 강화한다.

화자가 있는 外공간은 "삼월의 하늘가"이다. '삼월'이라는 시간은 '이월'의 겨울공간과 '사월'의 봄공간에 위치한 것으로 兩義的 요소를 지닌 공간기호 체계이다. 다시 말하면 이항대립에 의해 삼월의 시간이 공간적으로 전환된 것이다. 즉 삼월은 겨울의 하강적 의미와 봄의 상승적 의미를 모두 지닌 공간기호 체계인 것이다. "하늘가"에서 '가'도 공간을 분절하는 경계영역이다. '가'의 시적 언술은 하늘과 땅이 맞닿아 있는 공간을 지시한다. 하늘이면서 땅이요, 땅이면서 하늘인 양의적 요소를 지닌 곳이다. 이곳에서 시선을 들어 올리면 하늘의 공간이 되고, 시선을 아래로 향하면 땅의 공간이 된다. 그러므로 '하늘가'라는 언술에는

110) 이 회색이 짙을수록 절망감은 더해 가고 질식시키는 힘 또한 더해 간다. 반대로 밝아질 때에는 일종의 공기가 유통되면서 숨 쉴 수 있는 가능성은 또한 커진다. 칸딘스키, 앞의 책, p.84.

하방공간의 가치체계와 상방공간의 가치체계가 만나는 접점공간의 의미를 내포하는 있는 셈이다.

"삼월의 하늘가"에 꽃봉오리가 있다는 것은 겨울에서 봄으로 전환된 시간적 변화를 나타내는 동시에, 지상에서 상방인 하늘로 수직상승하는 공간적 변화를 나타내기도 한다. 예의 꽃봉오리는 땅에 뿌리를 두고 허공에서 꽃을 피운다. 이것을 공간기호론으로 보면, 꽃봉오리는 땅과 하늘을 매개하여 땅의 공간을 하늘로 끌어 올리는 의미작용을 한다. 물론 시간성인 겨울과 봄도 공간기호론으로 보면 공간성으로 작용한다. 겨울은 하강적인 의미작용을 하고 봄은 상승적인 의미작용을 하기 때문이다. 그러므로 꽃봉오리는 '하늘(상)－꽃봉오리(중)－땅(하)'으로 삼원구조 기호체계를 구축하며, 양항에 대해서는 긍정적 가치를 생성시켜 준다.

마찬가지로 시간성 부사 "인제"도 공간의 가치체계를 역전시킨다. 시간성 부사 "인제"는 지금까지 구축해 왔던 공간의 체계를 무너뜨리거나 해체시키는 공간기호이다. 이것은 화자가 공간코드를 새롭게 구축하는 것이 된다. 지금까지는 화자의 시선이 겨울과 땅의 공간에 있었지만, 이제는 이와 다른 봄의 공간, 하늘의 공간으로 상승하고 있음을 나타낸다. 부연하면 外공간은 겨울의 '어둠'에서 봄의 '아침'[111)]을 맞고 있으며, 어두운 땅에서 밝은 하늘로 수직상승하는 기호체계를 구축하고 있다는 사실이다. 집 바깥은 "채일을물은 듯"한 밝고 투명한 공간을 보여주고 있기 때문에 매개항 꽃봉오리는 자연스럽게 上/下 공간에 긍정적 가치를 부여해주게 된다. 그럼에도 불구하고 집 안의 공간은 여전히 겨울과

---

111) N. 프라이는 순환적인 상징을 보통 네 개의 주된 양식으로 나누어 설명한다. 이것을 도식화 하면 다음과 같다.

일년의 주기 :	봄	여름	가을	겨울
하루의 주기 :	아침	오후	저녁	밤
물의 주기 :	비	샘	강	바다(눈)
삶의 주기 :	청년	장년	노년	죽음

N. 프라이, 임철규 역, 『비평의 해부』, 한길사, 1986, pp.223~224.

어두운 대지에서 깨어 나오지 못하고 있다. '꽃봉오리'는 이러한 집의 內공간에 대해서는 부정적 가치를 부여한다. 이 부정적 가치를 전환하여 긍정적 가치로 바꾸려는 화자의 의지가 바로 "꽃봉우리ㄹ 보아라"는 언술이다.

쉬여 가자 벗이여 쉬여서 가자
여기 새로 핀 크낙한 꽃 그늘에
벗이여 우리도 쉬여서 가자

맞나는 샘물마닥 목을추기며
이끼 낀 바위ㅅ돌에 택을 고이고
자칫하면 다시못볼 하늘을 보자.

—「꽃」에서

「꽃」에서는 '순이, 영이'의 어린 아이 이미지가 '벗'의 공간코드로 전환된다. 화자의 어조는 「密語」보다 그 강도가 약해졌지만, 여전히 청유형인 "가자", "보자"를 유지하고 있다. 이 텍스트에서 꽃은 '하늘(상방)-꽃(매개항)-그늘(하방)'로 삼원구조 기호체계를 구축하며, 양항에 대해서 긍정적 기능을 한다. 그늘은 눈부신 광선이 차단된 곳으로 일상적인 행위를 멈추고 휴식을 취할 수 있는 공간이다. 휴식을 취할 수 있는 공간은 신성한 공간이며, 生에 대한 에너지를 충전할 수 있는 그런 곳이다. 휴식할 수 있는 그늘의 공간은 엘리아데의 말대로 俗의 공간이 아니라, 신성한 공간이라 할 수 있다.

샘물은 생명을 강화시켜주는 생명수로써[112] 하늘과 등가성을 갖는

112) 물은 치유하고 회춘시키며 영원한 생명을 보장한다. 물의 원형은 "살아있는 물"로서, 후대의 사변은 이것을 때로 하늘의 영역에 존재하는 것으로 투영하기도 했다. 살아 있는 물, 청춘의 샘, 생명수 등은 물속에 생명, 활력, 영원이 담겨 있다는 형이상학적, 종교적 현실을 신화적으로 표현한 것이다. Mircea Eliade, 앞의 책, p.188. 샘물은 생명의 시원적 존재 가능의 원형상징이다. 이것이 다시 둥그런 선을 가질 때 圓環상징성을 띤다. 여기

다. 하방공간에 있는 그늘, 샘물은 긍정적 가치를 지니면서 하늘로 인간의식을 투영하도록 해준다. '꽃'은 이러한 양항을 매개하여 지상적 가치를 푸른 하늘의 상방공간으로 끌어올려주고 있다. 이에 비해 지상은 지칠 줄 모르게 뭔가에 쫓기는 듯한 수평적 이동만 하고 있다. 그래서 수평적으로 '가는' 인간의 행위는 모두 부정적 가치를 드러낸다. 이러한 이동성을 정지로, 그리고 수평적 시선을 수직적 시선으로 전환시켜 주는 것이 바로 매개항 꽃이다. 이렇게 화자는 꽃에 의해서 쫓기는 듯한 수평적 삶의 세계를 벗어나 평온한 수직적 삶의 세계를 마련하게 된다.

미당은 「密語」에서 꽃을 遠거리에서 보았다. '여기'와 대립되는 '저기'라는 전이사를 사용하여 멀리서 꽃을 본 것이다. 그러나 이 텍스트에서는 '여기'라는 전이사를 사용하여 꽃을 가까운 거리에서 보기 시작한다. 꽃을 가까운 거리에서 보면, 언술 내용의 대상도 '영이, 순이'라는 객관적 대상인 어린아이 이미지에서 벗어나 주관적 대상인 '벗'으로 전이되어 나타난다. 그래서 친근감이 더해진다. 또 「木花」에서는 '벗'이 다시 '누님'이라는 가족 관계로 모아지면서 꽃과의 거리는 더욱 좁혀지고 있다. 이 거리가 완전히 없어지면 「국화옆에서」처럼 꽃과 함께 서고 만다.

누님.
눈물 겨웁습니다

이, 우물 물같이 고이는 푸름 속에
다수굿이 젖어있는 붉고 흰 木花 꽃은,
누님.
누님이 피우섰지요?

에 다시 목(생명의 圓環)을 축임으로써 생명의 합일을 이루고 이미지는 비상하여 하늘이라는 원환 속에 존재하는 존재로 전체의 응축을 보인다. 강우식, 「서정주시의 상징연구; 초기 시집을 중심으로」, ≪한국문학≫, 1984. 7, pp.342~343.

퉁기면 울릴듯한 가을의 푸르름엔
바윗돌도 모다 바스라저 네리는데……

저, 魔藥과 같은 봄을 지내여서
저, 無知한 여름을 지내여서
질갱이 풀 지슴ㅅ길을 오르 네리며
허리 굽흐리고 피우셨지요?

―「木花」 전문

「密語」에서의 '저' 하늘이 「木花」에서는 '이' 우물로 공간코드가 전환을 이룬다. 추상적인 대상 인물들이 '누님'으로 구체화되어 나타난다. 이와 같은 코드 전환은 화자의 어조에도 영향을 미친다. 지금까지 명령적, 청유형을 띠던 어조는 사라지고, 오히려 언술 내용의 주체에게 존댓말로 묻는 형식을 취한다. 물론 이러한 물음은 사실을 확인하고자 하는 물음이 아니라, 누님과 자기 존재에 대한 깊은 성찰을 환기해 주는 데에 있다.

"다수굿이 젖어 있는 붉고 흰 목화 꽃"은 물속에서 피어있는 꽃이다. '젖어 있다'는 것을 공간기호 체계로 보면 물로 가득찬 이미지의 공간을 의미한다. 목화꽃은 땅에서 피는 것이 아니라, 공간기호 체계로 보면 물의 공간 속에서 피어난 꽃과도 같다. 시적 언술도 이에 걸맞게 물과 관련되는 '눈물', '우물물'이 나오고 있다. 지상의 공간을 가득 채운 물은 푸른 하늘과 등가를 이룬다. 하늘도 물처럼 푸름으로 고이기 때문이다. 그래서 목화꽃은 물속에서 피는 동시에 하늘에서도 피는 이미지로 작용한다. 이렇게 목화꽃은 '하늘(상방)-목화(매개항)-지상(하방)'의 삼원구조 기호체계를 구축하며, 상방공간에는 긍정적인 의미작용을 한다.

목화꽃이 핀 공간은 이미 지상 중에서도 높은 곳에 위치해 있다. '오르 내리는' 서술동사에서 볼 수 있듯이, 이 동사에 의해서 上/下공간이 분절된다. 이 상/하 공간 중에서도 목화꽃은 下와 대립되는, 즉 오르는 공간 속에 피어 있다. 내려가는 하방공간에는 목화꽃과 대립되는 "질갱이 풀과 지슴"이 있는 공간이다.

하방공간에는 푸른 물의 이미지와 대립되는 '마약과 무지'의 몽환어린 과거와 무거운 바위돌이 있다. 이들은 목화꽃이 피는데 모두 부정적으로 작용한 기호들이다. 그러나 목화꽃이 피어나서 푸른 하늘로 상승하자, 목화꽃은 오히려 이들에게 긍정적 가치를 부여해 준다. 바위돌은 하늘의 푸름에 의해 그 무거움이 해체되고 있다. 예의 바위 속에는 '광석화된 피의 루비'(「무제」)가 들어 있다. 바위가 해체되면서 광석화된 피도 분말이 되어 푸른 물로 씻기어져 사라져버리고 만다. 땅의 언어, 피의 언어가 사라진다는 것은 곧 하방공간을 떠나 하늘로 상승한다는 시적 의미를 담고 있다. "붉고 흰 목화꽃"에서의 붉은색은 이러한 하방공간의 바위 속에 있는 피에 해당하는 색깔이다. 목화꽃이 푸른 물의 이미지 공간으로 피어나면서 이 붉은 색깔은 상방공간의 언어인 흰색으로 변환하고 만다. 이처럼 땅과 하늘을 매개하는 목화꽃에 의해 上/下 공간은 모두 긍정적 의미를 생성하게 되며, 동시에 푸른 물의 이미지로 채색한 하늘 공간으로 전이하게 된다.

한송이의 국화꽃을 피우기위해
봄부터 솥작새는
그렇게 울었나보다

한송이의 국화꽃을 피우기위해
천둥은 먹구름속에서
또 그렇게 울었나보다

그립고 아쉬움에 가슴 조이든
머언 먼 젊음의 뒤안길에서
인제는 돌아와 거울앞에 선
내 누님같이 생긴 꽃이여

노오란 네 꽃닢이 필라고

간밤엔 무서리가 저리 네리고
내게는 잠도 오지 않었나보다

—「국화 옆에서」 전문

이 텍스트를 표층적인 구조로 보면 제1,2,4연은 모두 3행씩인데 비해, 제3연은 4행으로 일탈되어 있다. 그리고 제1,2,4연이 과거를 추측하는 시제인데 제3연은 "꽃이여"라고 현재적 감탄형을 취하고 있다. 텍스트의 구조로 볼 때, 제3연은 다른 연에 비해서 앞으로 '내세우기'[113]로 되어 있다. 제1,2,4연은 국화꽃을 피게 하는 소쩍새, 천둥, 무서리가 관계되고, 제3연은 국화꽃의 이미지인 누님이 관계되어진다.

국화꽃은 소쩍새, 천둥, 무서리와 대립항을 갖는다. 하방성/상방성, 식물/동물 · 무생물, 개화/파괴 등 여러 의미의 대립쌍을 이룬다. 더욱이 국화꽃이 피는데 끼어드는 무서리의 냉혹함은 국화꽃의 존재를 절정으로 만들어 주고 있다. 이러한 공간 속에서 국화꽃이 핀다는 것은 존재의 모순이다. 일종의 카오스적 공간 속에서 피어나는 국화꽃, 조락해야 할 가을에 피어나는 국화꽃은 계절적 순환에 역행하는 꽃이다.

화자는 이런 모순된 국화꽃의 대립항을 통합하고자 한다, "내게는 잠도 오지" 않는 것으로 국화꽃 개화에 참여하게 된다. 그래서 '노란 꽃잎'은 인간과 자연 그리고 국화꽃의 조화에 의해서 피어난다. 결국 실제의 계절적 순환원리는 사라져버리게 되고, 기호론적으로 창조된 계절이 탄생하게 되는 셈이다. 그리고 기호론적 공간 속에서의 초점은 수직상승하려는 생명의 의지에 모아진다. 원형적 이미지에서 봄은 상승하는 기점으로 작용하고 가을은 하강하는 기점으로 작용한다. 하지만 이 시에

113) 내세우기란 자동화와 대립되는 개념으로서 한 행위의 비자동화를 뜻한다. 제프리 리치는 좀 더 광범위하게 '내세우기 개념'을 설정하면서 일탈과 병행으로 크게 양분한다. 일탈을 보면, 어휘적 일탈, 문법적 일탈, 음성적 일탈, 의미론적 일탈 등으로 자세히 구분해 놓았다. 그러면서 언어유희 같은 것도 내세우기 기법으로 폭넓게 수용한다.
Geoffrey Leech, *A Linguistic Guide to English Poetry,* London: Longman Paperback, 1980, pp.56~58. 참조.

서는 오히려 가을이 상승하는 기점이 되고 있다.[114] 그러므로 이 텍스트에서 꽃은 조락을 향한 기점이 아니라 상승을 위한 기점을 나타낸다.

예의 상승하는 국화꽃은 누님의 이미지로 나타난다. 누님은 外공간에서 內공간으로 돌아오는 공간기호 체계를 구축한다. 집 바깥의 공간은 밝음보다는 어둠의 부정적인 세계였으며, 사향・박하와 마약이 있는(「花蛇」) 혼돈과 감각의 세계였다. 이렇게 외부공간에서 내부공간으로 돌아온다는 것은 삶의 요람으로의 회귀를 의미한다.[115] 그런 누님은 집의 요람에 돌아와 거울을 보며 새로운 삶을 꿈꾼다. 꿈꾼다는 것, 몽상한다는 것은 추락이 아니라 비상이다. 비유하면 수평적 삶이 아니라 수직적 삶을 지향하는 것이다. 이런 점에서 누님과 국화꽃은 등가성에 놓인다.

이 텍스트의 국화꽃은 '하늘(상방)-국화(매개항)-지상(하방)'의 삼원구조의 기호체계를 형성하며, 부정적인 하방공간에서 상방공간으로의 生의 출발의지를 나타내고 있다. 달리 언급하면, 모든 사물이 추락하고 조락하는 하방공간의 부정적 가치체계가 오히려 국화꽃을 피게 하는 긍정적 기능으로 작용하고 있는 셈이다.

이와 같이 미당에게 있어서 '꽃'의 기호체계는 과거의 부정적인 삶의 의미를 현재의 긍정적인 삶의 의미로 회복시키는 의미작용을 하며, 그 기호형식은 하방공간에서 상방공간으로의 상승을 나타낸다.

(2) 理想과 고요의 공간

눈이 부시게 푸르른 날은
그리운 사람을 그리워 하자

114) 김열규, 「俗信과 神話의 서정주론」, 『미당연구』, 민음사, 1994, p.154.
115) 인간은 '세계에 내던져'지기에 앞서, 집이라는 요람에 먼저 던져지게 된다. 집의 존재 밖으로 내쫓아지는 경험, 인간의 적의와 세계의 적의가 쌓여가는 경험을 할 때, 인간은 언제나 다시 집의 요람으로 회귀를 몽상하게 된다. Gaston Bachelard, *La Poétique de L'espace*, 곽광수 역, 『공간의 시학』, 민음사, 1993, pp.118~120. 참조.

저기 저기 저, 가을 꽃 자리
초록이 지쳐 단풍 드는데
눈이 나리면 어이 하리야
봄이 또오면 어이 하리야

내가 죽고서 네가 산다면!
네가 죽고서 내가 산다면?

눈이 부시게 푸르른 날은
그리운 사람을 그리워 하자

—「푸르른 날」 전문

이 텍스트에서 "눈이 부시게 푸르른 날"은 '푸르지 않은 날'의 대립항을 전제로 한 것이다. "내가 죽고서 네가 산다면"은 '죽다/살다'의 이항대립적 공간기호 체계를 그대로 나타낸 구조이다. 여기에서 "푸르른 날"은 상방적 공간기호 체계로서 '부시다, 그리워하다, 살다'의 계열적 관계를 맺고 있다. '푸르지 않은 날'은 하방공간의 기호체계로 '그리움이 없다. 초록이 지치다, 죽다'의 계열축을 형성한다.

이러한 이항대립의 공간을 분절하는 것은 "가을 꽃자리"이다. 물론 그 "가을 꽃자리"는 공간적으로 여기와 대립되는 "저기 저기 저"에 있다. 이 텍스트에서 전이사 '저'가 가리키는 것은 단순히 공간적인 거리인 遠거리만을 지시하지 않는다. 예의 '저기'가 가리키는 것은 '여기'와 대립되는 땅과 하늘이 교섭하는 지평선의 공간이다. 이 지평선의 공간은 언제나 인간의 머릿속에 상방적인 공간을 차지한다. 그러나 인간이 그러한 지평선을 오르려고 다가가면 갈수록 지평선은 그 만큼 물러난다.[116] 이런 점에서 화자는 지상으로부터 '저기'에 해당되는 그 거리만큼 하강해 있는 위치가 된다.

그러므로 저 지평선 공간에 있는 "가을 꽃자리"는 하방공간이 아니라

---

116) O. F. Bollnow, 앞의 책, pp.74~75.

상방공간에 위치한 이미지로서 땅과 하늘을 매개하는 기능을 한다. 말하자면 매개항 "가을 꽃자리"는 양항의 의미를 지닌 공간기호 체계로 기능한다. 예의 그 양의적 공간은 삶과 죽음, 빛과 어둠, 봄과 겨울의 의미가 융합되고 있다. 그래서 "가을 꽃자리"는 시적 화자에게 인간 존재 그 자체의 이미지로 보인다. 꽃자리가 상승하면 영원한 생이 되고, 하강하면 유한한 생이 되기에 그러하다. 시적 화자의 양태[117]로 보면, 화자 역시 "가을 꽃자리"와 같은 양의적 태도를 취하고 있다. "내가 죽고서 네가 산다면!"과 "네가 죽고서 내가 산다면?"에서의 '나-너'의 대립적 언술이 그러한 화자의 양의적 태도를 은밀하게 보여주고 있는 것이다.

삶의 理想이란 그 어떤 말로도 설명할 수가 없다. "그리운 사람을 그리워"하는 자리가 이상의 공간이다. 이것을 공간기호 체계로 구축하면 바로 위에서 언급한 "꽃자리"가 되는 것이다.

> 1) 꽃밭은 그향기만으로 볼진대 漢江水나 洛東江上流와도같은 隆隆한 흐름이다. 그러나 그 낱낱의 얼골들로 볼진대 우리 조카딸년들이나 그 조카딸년들의 친구들의 웃음판과도같은 굉장히 질거운 웃음판이다.
>
> 2) 세상에 이렇게도 타고난 기쁨을 찬란히 터트리는 몸둥아리들이 또 어디 있는가. 더구나 서양에서 건네온 배나무의 어떤것들은 머리나 가슴 팩이뿐만이아니라 배와 허리와 다리 발ㅅ굼치에까지도 이쁜 꽃숭어리들을 달었다. 맵새, 참새, 때까치, 꾀꼬리, 꾀꼬리새끼들이 朝夕으로 이 많은 기쁨을 대신 읇조리고, 數十萬마리의 꿀벌들이 왼종일 북치고 소구치고 마짓굿 올리는 소리를허고, 그래도 모자라는놈은 더러 그속에 묻혀 자기도하는것은 참으로 當然한일이다.
>
> 3) 우리가 이것들을 사랑할려면 어떻게했으면 좋겠는가. 무쳐서 누어있는 못물과같이 저 아래 저것들을 비취고 누어서, 때로 가냘

117) 양태란 화자가 자신의 언술들에 대해 취하는 태도를 말한다. 양태를 부여하는 요소에는 견해를 나타내는 일련의 부사들, 어쩌면, 틀림없이, 분명히 등도 있지만 그 주축을 이루는 것은 동사로서, 동사의 성질에 따라서 화자의 태도가 달라진다. 신현숙, 『희곡의 구조』, 문학과지성사, 1992, p.115.

푸게도 떨어져네리는 저 어린것들의 꽃닢사귀들을 우리 몸우에 받어라도 볼것인가. 아니면 머언 山들과 나란히 마조 서서, 이것들의 아침의 油頭粉面과, 한낮의 춤과, 黃昏의 어둠속에 이것들이 자자들어 돌아오는— 아스라한 沈潛이나 지킬것인가.

4) 하여간 이 한나도 서러울것이 없는것들옆에서, 또 이것들을 서러워하는 微物하나도 없는곳에서, 우리는 서뿔리 우리 어린것들에게 서름같은걸 가르치지말일이다. 저것들을 祝福하는 때까치의 어느것, 비비새의 어느것, 벌 나비의 어느것, 또는 저것들의 꽃봉오리와 꽃숭어리의 어느 것에 대체 우리가 행용 나즉히 서로 주고받는 슬픔이란것이 깃들이어 있단말인가.

5) 이것들의 초밤에의 完全歸巢가 끝난뒤, 어둠이 우리와 우리 어린것들과 山과 냇물을 까마득히 덮을때가 되거던, 우리는 차라리 우리 어린것들에게 제일 가까운곳의 별을 가르쳐 뵈일일이요, 제일 오래인 鍾소리를 들릴일이다.

—「上里果園」 전문

"저기 저기 저" 멀리 있던 "가을 꽃자리"는 코드 전환을 하여 시적 화자와 가까운 '꽃밭'으로 구축된다. 이 텍스트는 긴 산문시로 되어 있으나, 그 구조체계는 오히려 간결하다. 구조체계가 간결하다고 해서 의미내용이 간결하다는 말은 아니다.

제1～2연은 화자가 꽃밭 속의 정경을 묘사한 내용이다. 하지만 공간적 의미는 상호 변별적이다. 제1연은 꽃밭 전체 공간에 대한 포괄적인 이미지와 신체적 이미지로 제시되고 있다. 곧 향기로 가득한 공간 묘사가 바로 그것이요 꽃밭의 낱낱을 얼굴로 묘사한 것이 바로 그것이다. 그리고 그 향기는 물의 이미지로서 융융한 수평적 흐름으로 확대되는 동시에 위로 부풀어 오르는 작용도 하게 된다. 곧 상승의 작용을 하게 된다. 여기에다 신체적 이미지로 비유된 낱낱의 얼굴들이 즐겁게 웃는 웃음소리 또한 그 공간을 상승시키는 의미작용을 한다.

제2연은 그러한 향기와 얼굴들을 구성해내고 있는 구체적인 사물들 하나하나를 호명하여 그것들의 특성을 개별적인 이미지로 그려내고 있다. 요컨대 배나무, 맵새, 참새, 꿀벌 등의 여러 동식물들의 구체적인 이미지가 바로 그것이다. 물론 개별적인 이미지가 제 각기 다르지만 그것들은 하나의 조화로운 유기체를 형성하여 꽃밭을 수평·수직으로 확산·상승시키는 작용을 한다. 그래서 이 꽃밭은 우주적인 꽃밭으로서 축제의 공간을 연출하게 된다.

제3연은 화자가 청자 혹은 자아자신에게 묻는 형식을 취한다. 그 내용은 다른 것이 아니라 인간이 그러한 우주적인 꽃밭과 어떻게 융합할 수 있는가에 대한 물음이다. 부연하면 우주적 자연과 세속적 인간이 어떻게 하면 융합할 수 있는가에 대한 물음인 것이다. 물론 화자는 자문자답의 형식으로 나름의 해답을 제시하지만, 그 해답 역시 옳은 것이 아님을 스스로 인정한다. 이것은 인간이 자연공간의 오묘하고 신비한 섭리를 인간이 도저히 따를 수 없음을 우회적으로 강조한 것이라고 할 수 있다. 그래서 제4·5연에서는 우리의 어린 아이들에게 먼저 그러한 우주적 섭리를 배우게 해야 한다고 언술하고 있다. 왜냐하면 어린 아이들이 세속적인 삶의 원리를 배우기 전에 우주적 삶의 원리를 배우면, 그 어린 아이들이 커서도 우주적 삶의 원리와 융합되어 생활할 수 있기 때문이다.

이러한 의미체계를 바탕으로 해서 계열축으로 보면 공간기호 체계가 형성된다. 꽃밭은 상방공간인 하늘과 하방공간인 못물을 매개하여 삼원구조의 공간기호 체계를 구축한다(꽃밭은 제1차 매개항). 그런데 못물은 거울화의 작용을 하게 됨으로써 하방공간을 상방공간의 기호체계로 전환시키는 작용을 하게 된다(못물은 제2차 매개항). 말하자면 상방공간이 내려와 하방공간 전체를 채우고 마는 것이다. 예의 코드 자체가 해체된 셈이다. 이렇게 공간이 해체되자 상/하 양항의 대립적 의미도 소멸해버리고 만다. 하방공간이 곧 상방공간이요, 상방공간이 곧 하방공간인 것이다. 이처럼 하방공간에 있는 못물에 의해 꽃밭은 하늘의 공간 속에 존재하는 이미지로 나타난다.

그래서 꽃밭은 지상인 인간적 세계에 대해 긍정적인 가치를 부여해

준다. 인간의 세계에서는 어릴 적부터 설움을 가르쳐주고 있다. 설움은 자아와 세계의 대립에서 생겨나는 하강적인 감정이다. 곧 부정적인 가치로서의 설움인 것이다. 그런데 우주적 꽃밭은 그렇지가 않다. 모든 사물들이 서로 다르지만 조화를 이룸으로써 기쁨을 생산해낸다. 기쁨은 긍정적 가치로서 상승의 감정으로 작용한다.

주지하다시피 우주적 자연을 인간 이성의 논리로써 모두 설명할 수는 없다. 아니 어떻게 보면 불가능한 일이다. 그래서 오로지 직접적인 경험과 체험, 그리고 직관으로써 그 우주적 자연을 조금씩 이해해 나가게 된다. 화자가 꽃밭에 있는 별들을 가르쳐 설명하지 아니하고 그대로 보여줘야 한다고 하는 것도, 종소리를 그대로 들려주어야 한다고 하는 것도 이에 기인한다. 이것이 최상의 가르침이다. 이런 점에서 우주적인 꽃밭은 인간의 스승인 셈이다.

우주적인 꽃밭에서는 '어둠'조차 긍정적인 기능을 한다. 모든 사물들을 "完全歸巢"하게 하여 휴식의 시간을 주며, 동시에 낮에 볼 수 없었던 "별"을 더욱 선명하게 보여주기도 한다. 또한 꽃밭은 강물처럼 흘러 퍼지면서 웃음판 같이 상승한다. 새들의 '읊조림', 꿀벌들의 '소리', 꽃밭의 '향기'는 모든 공간으로 침투하고 상승하면서 대립적인 공간들을 모두 융합시켜버린다. 이들 소리와 향기는 경계영역을 돌파하여 꽃밭의 공간을 전 우주로 확산시키는 기능을 하는 셈이다. 그러므로 "한나도 서러울 것" 없는 "서러워 하는 微物하나 없는" 이 꽃밭은 지상의 삶을 정화하면서 상승하는 우주론적 꽃밭, 인간이 가장 理想的으로 여기는 우주론적 꽃밭이 된다. 이처럼 매개항 꽃밭은 지상과 천상에 긍정적인 의미를 부여하고 있는데, 이것을 마란다의 구조적 모델로 보면 성공한 중재자(매개항)에 해당된다고 할 수 있다.[118]

---

118) E. K. Maranda & P. Maranda, *Structural Models in Folklore and Transformational Essays,* The Hague: Mouton, 1971, p.36. 마란다가 제시한 중재자의 모델을 보면 다음과 같다. (모델1): 중재자가 없는 것. (모델2): 실패의 중재자. (모델3): 성공적인 중재자-최초의 충격을 소거함. (모델4): 성공적인 중재자-최초의 충격이 변경됨.

다홍 치마 빛으로
피는 꽃을 아시는가?

비 개인
아침 해에
가야금 소리로
피는 꽃을 아시는가
茂朱 南原 石榴 꽃을…

石榴꽃은
永遠으로
시집 가는 꽃.
구름 넘어 永遠으로 시집 가는 꽃.
우리는 뜨내기
나무 기러기
소리도 없이
그 꽃 가마
따르고 따르고 또 따르나니…

－「石榴꽃」에서

땅과 하늘을 매개하는 석류꽃은 새처럼 조용히 날아오르는 상승의 이미지를 나타낸다. 그러한 상승을 가능케 한 것은 바로 "비 개인/아침 해"이다. 예의 "비 개인/ 아침 해"에서 두 개의 대립쌍을 찾을 수 있다. 예의 비가 개인 아침이라는 것은 시간성을 나타내는 언술에 해당한다. 그러나 이러한 시간성을 공간기호론으로 보면 '아침'과 '비'는 공간성으로 작용한다.

먼저 아침을 보면, 밤(어둠)과 대립하는 공간기호이다. 밤(어둠)은 위에서 아래로 무겁게 하강하는 의미작용을 하지만, 아침(밝음)은 아래에서 위로 가볍게 상승하는 의미작용을 하기 때문이다. 그러므로 '아침'은 수평적인 하방공간에서 수직적인 상방공간으로의 전환을 나타내는 언술이 되는 셈이다. 그리고 어둠속의 '비'는 아침의 '해'와 대립한다. 마찬가지로 어둠속의 '비'는 위에서 아래로 하강하는 의미작용을 한다. 이에 비해 아침 해의 빛은 아래에서 위로 지상적 사물을 가볍게 상승시키는 의미작용을 한다. 더욱이 새벽까지 젖어 있던 지상의 물기와 대립하면서 그 상승의 힘은 더욱 증폭되고 있다. 이렇게 해서 아침과 어둠, 해와 비는 공간적 시차성을 나타내면서 '상승/하강'의 대립적 의미를 산출하게 된다.

이렇게 상승하는 빛과 상승하는 가야금 소리가 만나 피운 "石榴꽃"은 어둠의 공간, 비의 공간을 떠나 수직상승하게 된다. 이때 지상의 아침 빛은 석류꽃을 상승시키는 긍정적 기능을 한다. 석류꽃이 상승하는 것은 '수평적 한계'를 벗어나 이제까지의 '존재로부터 이탈'하는 의미를 갖는다.[119] 석류꽃은 지상을 이탈하여 영원한 공간으로 시집을 가게 된다.

인간에게 결혼이라는 것은 닫혀져 있는 익숙한 집 안의 공간과 열려져 있는 먼 낯선 공간을 연결시켜주는 매개적 공간기호 체계이다. 그래서 결혼은 집 안의 가치체계를 떠나거나 혹은 바깥 공간의 가치체계를 집 안으로 끌어들여 교환시키는 작용을 한다.[120] 이 텍스트에서의 결혼은 구름너머 영원으로 시집가는 꽃이기에 지상에서 천상으로의 초월을 나타낸다. 즉 석류꽃은 지상의 가치체계를 벗어나 천상의 가치체계로 들어가고 있는 것이다.

천상의 가치체계는 '유한성'의 지상과 대립하는 '영원성'이다. 이에 따라 긍정적 가치를 지니고 있던 지상은 석류꽃의 시집으로 인하여 부정적 가치로 전환되고 만다. 인간, 나무, 기러기 등이 꽃가마로 상징되는 "石榴꽃"을 따르는 이유도 이에 기인한다. "따르고 따르고 또 따르라니"에서 '또'의 언술은 석류꽃과 대립되는 지상의 수평적 삶의 유한성을 강조한 것에 해당한다. 그래서 석류꽃은 지상에 부정적 가치를 부여하게

---

119) 정금철, 『한국시의 기호학적 연구』, 새문사, 1990, p.129.
120) 이어령, 『문학공간의 기호론적 연구』, 단국대 대학원 박사학위논문, 1986, p.359.

된다. 더불어 그러한 부정적 가치가 가야금 소리로 피던 석류꽃을 밝은 빛이 되게 하여 천상으로 떠나게 하고 있는 것이다.

하지만 석류꽃은 인간의 맑은 가야금 소리로 피운 꽃이기 때문에, 구름 너머 영원으로 시집을 가도 인간적 가치를 지니고 있다. 따라서 석류꽃은 지상과 천상을 완전하게 분리시키지는 않는다. 인간적 가치를 천상적 가치로 끌어올려 줄 뿐이다. 이에 지상의 인간들은 석류꽃이 간 공간을 바라보며 언제나 천상을 지향하는 의식을 가질 수 있게 된 것이다.

이렇게 미당이 지상공간에 있는 꽃을 천상공간으로 시집보냈을 때, 지상에 남아 있는 미당의 꽃들은 어떤 꽃들일까. 아마도 미당은 마음속에 있는 남아 있는 모든 꽃, 가령 붉은색이 감도는 모든 꽃을 지우고 무책색의 조용한 꽃을 볼 것 같다.

> 새가 되어서 날아 가거나
> 구름으로 떴다가 비 되어 오는것도
> 마음아 인제는 모두 다 거두어서
> 가도 오도 않는 우물로나 고일까.
> 우물 보단 더 가만한 한송이 꽃일까.
>
> —「가만한 꽃」 전문

새와 구름은 인간에 비해서 상방공간의 기호체계에 존재한다. 미당은 이러한 새의 비상하는 공간과 구름의 자유로운 상하 운동성을 애호하는 경향이 짙다. 그래서 미당은 '鶴'이 되기도 하고, 수증기인 '구름'이 되기도 하여 상방공간으로의 비상이나 초월을 욕망하기도 한다. 물론 그렇다고 해서 미당의 초월의식이 언제나 성공하는 것은 아니다. 현실적으로는 지상과 천상의 그 영원한 대립 속에 미당이 실존해 있기 때문이다. 이 텍스트에서 알 수 있듯이, 미당이 시간성 부사 "인제"를 사용하여 지금까지 그렇게 욕망해 왔던 초월의 공간을 버리고 지상의 공간으로 회귀하고 마는 이유도 이에 기인한다. 미당은 새와 구름과 같은 존재가 될 수 없었던 것이다.

그래서 미당은 현상적인 천상공간에 대한 미련을 버리고 마음속의 공간에서 천상적 가치를 지닌 대상적 세계를 상상해낸다. 그것이 바로 마음속에 핀 "가만한 한송이 꽃"이다. 우물보다 더 고요한 그런 꽃이다. 사물이 사라지자 남은 것은 마음속의 세계뿐이다. 다시 말하면 육신과 대립하는 마음의 고요한 세계만이 미당을 지배할 뿐이다. 이처럼 미당은 일체의 현상적 요소에 이제 몸부림치지 않는다. 物을 다 거두어 내고 物의 의미만 본다. 육체를 다 거두어 내고 육체의 마음만으로 사물과 교유한다. 이것이 바로 가만한 꽃이며 미당의 理想공간인 것이다.

4. 동물의 기호체계와 비상의 매개공간

어떤 사물에 대한 시인의 태도는 텍스트 공간기호 체계와 밀접한 관계를 갖는다. 사물에 대한 시인의 반응은 어떤 형태로든 텍스트 생성에 나타나기 마련이다. 미당은 사물 중에서 공간을 날거나 바다 속을 遊泳해 다니는 새와 거북이를 텍스트 공간에 많이 등장시키고 있다. 특히 새의 공간기호 체계는 미당 텍스트에서 지배소 자격을 가질 만큼 빈번하게 출현하고 있다. 새는 자유롭게 공중을 날거나 지상에 앉을 수 있기 때문에 공간기호 체계에서는 脫코드의 공간적 요소를 많이 지닌다. 새가 날지 않고 있을 때에는 하방공간의 코드에 속하지만, 공중을 날아다니거나 상공으로 높이 비상하게 될 때에는 상방공간의 코드에 속하기에 그러하다. 새의 수평적 공간이동도 이와 마찬가지로 나타난다. 이러한 새의 기호체계에 의해 텍스트의 공간은 동태적이면서 그 의미작용 또한 다양해진다. 그만큼 새는 이쪽과 저쪽, 지상과 천상을 자유롭게 동적으로 매개하는 기호체인 것이다.

미당의 시 텍스트에 등장하는 새들은 닭 · 학 · 까치 · 기러기 · 뻐꾸기 · 부흥이 등이며, 그리고 일반적으로 지칭되는 '새'가 있다. 예의 이 새들이 하방공간에 위치하게 될 때는 날지 않고 주로 '우는' 새로 존재한다. 반면에 상방공간에 위치할 때는 비상과 하강, 하강과 비상을 불

규칙적으로 하는 脫코드의 기호체계로 존재한다. 부연하면 수직공간에 있는 새들은 하나의 매개항으로서 땅과 하늘의 兩項을 대립시키거나 융합시키는 의미작용을 한다는 점이다. 이 지점에서 먼저 수직공간을 매개하는 '새'들의 공간기호 체계와 그 의미작용을 탐색해보기로 한다.

> 赤途해바래기 열두송이 꽃心地,
> 횃불켜든우에 물결치는銀河의 밤.
> 자는 닭을 나는 어떻게해 사랑했든가
>
> 모래속에서 이러난목아지로
> 새벽에 우리, 기쁨에 嗚咽하니
> 새로자라난 齒가 모다떨려.
>
> …(중략)…
>
> 結義兄弟가치 誼좋게 우리는
> 하늘하늘 國旗만양 머리에 달고
> 地歸千年의 正午를 울자.
>
> —「雄鷄(上)」에서

지상에 존재하는 새 중에서 인간과 가까운 것은 '닭'이라 할 수 있다. 닭은 새이면서 날지 못하는 조류이기에 상방적 공간기호 체계보다는 하방적 공간기호 체계에 더 가깝다. 즉, 조류이면서 자연공간에 살지 않고 인간과 더불어 문화적 공간인 집 내에 사는 존재인 것이다. 그래서 초월성의 존재적 이미지보다는 비초월성의 존재적 이미지로 나타난다. 그러다보니 닭은 지상적 세계와 긴밀한 연관성이 있는 의미로 작용하기도 한다. 가령, 새벽에 홰를 치는 닭의 울음소리가 사람들에게 아침이라는 시간을 알려주는 기호로써 말이다.

이 텍스트에서 미당은 닭에 대한 대립적인 정서를 이미지화하고 있다. 그것은 다름 아니라 자는 닭과 우는 닭에 대한 정서적 이미지이다.

표층적으로 보면 양자의 공간적 의미작용은 변별되는 것으로 드러난다. 자는 닭은 하향적 의미체계로 나타나고 우는 닭은 상향적 의미체계로 나타나기 때문이다. 하지만 심층적으로 보면 양자 모두 상향적 의미체계를 드러낸다. 그것을 가능케 하는 것이 바로 닭의 '볏'이다. 미당에 의하면 자는 닭, 곧 자는 '웅계의 볏'은 은하의 밤에 빛나는 "홰불"의 이미지로 다가온다. 그래서 자는 웅계라 할지라도 그 '볏'에 의해 상향지향적인 의미로 작용하게 된다. 물론 새벽에 깨며 우는 닭은 당연하게 상향지향적인 의미로 작용하게 된다. 예의 그 동작에도 이미 그러한 의미가 내포되어 있다. 가령 '일어나고 있는 닭의 수직적인 모가지'의 이미지가 이를 잘 보여주는 셈이다.

미당에 의하면 '볏'은 다름 아닌 '피'의 상징이다. 주지하다시피 닭의 머리 상부에 가시적 형태로 붙어 있는 것이 바로 '볏'이다. 이것을 상징적으로 보면 신체의 피가 머리 위에 가시적 형태로 나타난 것과 같다. 다리와 대립되는 머리를 생각해 보면, 그 만큼 '피'가 상방에 위치한 것이 되는 셈이다. 하지만 미당은 이에 멈추지 않고 그러한 닭의 '볏'을 "國旗"로 은유하여 나타내고 있다. 이러한 은유에 의해 바람에 나부끼는 '國旗'처럼 '볏'을 단 웅계는 서서히 공중으로 상승하는 이미지로 변신한다. 말하자면 땅에 구속된 웅계가 그것을 벗어나 자유롭게 하늘을 날 수 있는 것과도 같은 셈이다. "수직축은 도덕적 가치를 표명한다"[121]는 말처럼, 웅계는 수직축을 지향함으로써 지상적 한계, 곧 몸(피)의 한계를 벗어나려고 한다. 예의 웅계의 몸은 '볏'에 의해 가벼워지고 있다. 그 온몸의 피를 이제 '볏'으로 압축하여 국기처럼 바람에 날리도록 만들었기 때문이다.

그래서 미당은 닭의 볏을 "심장우에 피인꽃"(「웅계(下)」)으로 비유하기도 한다. 아마도 닭의 볏과 등가에 있는 '해바라기 꽃', '홰불'이 모두 핏빛을 연상시키는 것도 이런 이유 때문일 것이다. 이렇게 미당은 자신

---

121) Dr. E. Minkowski, *Ver Une Cosmologie*, Paris: Ferand Aubier, 1933, p.31. 이어령, 앞의 책, p.203. 재인용.

의 이마 위에 얹힌 '피'를 닭의 '볏'으로 코드 변환하여 나타내고 있다. 이마와 볏은 몸의 상방공간에 해당되는 것으로써 상동성을 이룬다. 피가 상부공간으로 올라가 점점 응축되는 것은 육체가 지배하는 피의 의미작용을 벗어나는 과정이다. 물론 닭의 볏에 깃들인 피가 바람에 의해 비상하는 상승의 이미지를 생성하지만, 여전히 닭은 날지 못하고 지상에 구속된 존재로 남는다. 그래서 할 수 없이 닭은 목청을 돋우어 울 수밖에 없는 것이다.

"地歸千年의 正午를 울자"에서 도덕적 가치를 표명하는 시간은 "正午"이다. 정오는 시간상으로 아침과 저녁의 중간항에 놓인다. 아침이 상승공간이 되면 저녁은 하강공간이 된다. 그러므로 정오는 상승과 하강의 정점에 놓인다. 이러한 정점에 놓인 "정오"는 새로운 삶의 세계를 지향하는 전환점이며 의식의 절정을 표상하는 시간이다.[122] 그 삶의 전환과 의식은 땅을 향하는 것이 아니라 정오의 태양이 있는 하늘로 향하는 것이다. 모가지를 꼿꼿이 세우고 우는 소리로써 말이다. 그 소리는 볏의 '피'를 더욱 더 가볍게 만드는 의미작용을 한다. 강조하자면 '볏'을 국기처럼 가볍게 날리는 작용을 하는 셈이다. 그래서 이러한 닭의 '볏'을 코드 변환하면 비상하려는 바다의 '거북이 모가지'가 되기도 하고, 하늘로 날아오르는 '학의 머리'가 되기도 한다.

예의 미당은 '鶴'을 통하여 이 지상공간을 떠나 상방공간 속으로 완전하게 초월하려고 시도한다. 그러나 '학'이 되어 날기까지는 몇 단계의 과정을 거치는 것으로 드러난다. 말하자면 이마에 얹힌 이슬 속의 피가 닭 볏 속의 피로 전이되는 과정, 닭 볏 속의 피가 거북이 모가지의 피로 전이되는 과정, 그 다음에 비로소 거북이 모가지의 피가 鶴 머리의 피로 전이되는 과정이 된다는 점이다. 이러한 과정을 염두에 두고 이제 바다에서의 '거북이'를 살펴보고자 한다. 예의 바다에서의 거북이도 피를 지니고 있지만, 그 피를 벗어나 새처럼 비상하려고 한다. 그러므로 거북

122) 이승훈, 『李箱詩연구』, 고려원, 1987, p.75.

이도 새의 코드 변환인 셈이다.

> 거북이여 느릿 느릿 물ㅅ살을 저어
> 숨 고르게 조용히 갈고 가거라.
> 머언데서 속삭이는 귀ㅅ속말처럼
> 물니랑에 네리는 봄의 꽃니풀,
> 발톱으로 헤치며 갔다 오느라.
>
> 오늘도 가슴속엔 불이 일어서
> 내사 얼골이 모두 타도다.
> 기우는 햇살일래 기우러 지며
> 나어린 한마리의 풀버레 같이
> 말없는 四肢만이 떨리는도다.
>
> 거북이여.
> 구름 아래 푸르른 목을내둘러,
> 장고를 처줄께 둥둥그리는
> 설ㅅ장고를 처줄께, 거북이여.
>
> —「거북이에게」에서

『花蛇集』에서 "병든 숫개만양 헐덕어리며" 달려오던 未堂은 『新羅抄』로 오면서 숨을 고르게 내쉰다. "느릿느릿", "귀속말", "은은히"처럼 내부적 호흡을 안정적으로 가다듬고 있다. 그러나 피의 이글거림은 아니지만, 아직도 피의 응어리와 열기가 남아서인지 고뇌하는 미당의 모습을 읽을 수 있다. 하지만 "두터운 甲옷 아래 흐르는 피"는 이제 분명히 무거운 피가 아니라, 상방공간을 향하여 비상하고 솟아올라야 하는 인고의 피로 전환되는 양상을 보여준다. 이것을 천이두는 '피의 질적 비약'이라고 말한다.[123)]

이 텍스트에서 화자는 가슴 속에 있는 "불"과 거북의 "두터운 甲옷 아

123) 천이두, 「지옥과 열반」, 『미당연구』, 민음사, 1994, p.64.

래 흐르는 피"를 동일시하고자 한다. 왜냐하면 아직도 화자의 피는 화자의 육체를 구속하는 부정성의 의미로 작용하고 있기 때문이다. 그래서 화자의 불은 '얼굴'까지 태우고 '四肢'를 떨리게 하는 외적인 형태로 가시화하게 된다. 이에 비해 거북이의 피는 한 덩어리의 어혈로 속으로만 흐를 뿐이다. 이와 같이 거북이의 피는 쉽사리 밖으로 드러나지 않고 瘀血로 뭉쳐진 인고의 피로 나타난다. 거북이는 그 어혈을 풀고 가볍게 순환시킬 때만 조용히 숨을 쉴 수 있게 된다. 거북이의 수평운동은 단순히 이쪽과 저쪽으로 왕래하는 운동이 아니다. 수직상승하기 위한 浮力으로써 수평운동인 것이다. 거북이가 하강하며 내리는 '봄 꽃잎'을 발톱으로 헤치는 것도 이에 연원한다. '봄 꽃잎'은 그 화사함으로 바다를 상승시키는 작용을 한다. 그러므로 거북이가 그 꽃잎을 발톱으로 헤치는 것은 상승하고자 하는 욕망을 보여주는 행위가 된다. 이런 점에서 보면 거북이의 '발톱'은 새의 '날개'에 해당하는 기호라고 할 수 있다.

거북이가 솟아오르면서 가야할 지향점은 하늘이다. 그래서 거북이는 바다와 하늘을 매개하는 매개항으로 기능한다. 바다와 하늘의 이항대립 공간 속으로 푸른 목을 내두르고 솟구치는 거북이의 모습은 이 텍스트의 공간을 동적으로 만들어 준다. 수평의 공간에 모가지를 수직으로 내세운 거북이의 모습은 그 자체로써 이미 실존적 공간을 나타낸 것이 된다.[124] 거북이에 의해 兩項의 공간은 '하늘(상방)-거북이(매개항)-바다(하방)'로 삼원구조 기호체계를 구축한다. 이때 거북이의 '푸른' 모가지는 하늘의 '푸른색'을 닮아가고 있다. 어혈로 덩어리진 붉은 피가 서서히 해체되어 가고 있는 셈이다. 그 해체는 거북이가 하늘로 비상하면 할수록 더욱 탄력을 받게 된다. 예의 장고, 설장구의 둥둥거리는 소리는 이러한 거북이의 비상을 더욱 고조시키는 기호로 작용한다. 비유적으로 보면, 이 소리들은 「추천사」에서 '파도'를 공중으로 밀어 올렸던

124) 실존적 공간의 가장 단순한 모델은 하나의 수평면에 수직축을 세운 것이다. 이때 수평과 수직이 교차하는 지점은 세계의 중심축이 되며, 수평과 수직의 차이에 의해 긴장이 형성된다. C. Norberg-Schulz, 앞의 책, pp.41~42.

바람과 동위소를 이룬다고 하겠다. 더불어 바다 위로 솟구친 거북이의 모가지는 웅계의 '닭 볏'과 상동적 구조를 갖는다고 하겠다. 그러므로 이러한 거북이의 모가지에다 날개를 달아주면 푸른 하늘을 향해 비상하는 '학'이 될 것이다.

그러나 거북이는 피의 강한 引力 때문에 완전하게 푸른 하늘의 공간으로 초월하지 못하고 있다. 결국 "발돋음하고 돌이 되는"(「小曲」) 것처럼 다시 추락하고 만다. 그래서 화자는 "오래인 오래인 소리 한마디 외여" 달라고 외치지만, 수직상승의 비상은 안타깝게 실패로 끝나고 만다. 이 경우를 마란다의 이론으로 보면 '실패의 중재자'[125]가 되는 셈이다. 따라서 여전히 매개항 거북이에 의해 하늘은 신성한 공간으로 긍정적 가치를 생성하며, 하방공간인 피의 바다는 세속적(육체적) 공간으로 부정적 가치를 생성한다.

결국 할 수 없이 미당은 거북이의 코드를 학의 코드로 변환시켜 거북이의 피를 하늘로 상승하게 만든다. 직접적이고 구체적인 피의 상승인 셈이다.

> 千年 맺힌 시름을
> 출렁이는 물살도 없이
> 고은 강물이 흐르듯
> 鶴이 나른다
>
> 千年을 보던 눈이
> 千年을 파다거리던 날개가
> 또한번 天涯에 맞부딪노나
>
> 山덩어리 같어야 할 忿怒가
> 草木도 울려야할 서름이
> 저리도 조용히 흐르는구나

---

125) E. K. & P. Maranda, 앞의 책, p.36.

…(중략)…

누이의 어깨 넘어
누이의 繡틀속의 꽃밭을 보듯
세상은 보자

－「鶴」에서

"누이의 繡틀" 공간 속에서 나르는 "鶴"은 상방공간으로의 비상을 나타낸다. 학은 上/下 공간을 분절하여 '하늘(상)－학(매개항)－지상(하)'으로 삼원구조의 체계를 구축한다. 때문에 이 텍스트는 "누이의 繡틀" 안의 공간과 수틀 밖의 공간, 곧 화자가 수틀을 바라보는 현재적 공간으로 대별된다. 그리고 "누이의 어깨 넘어"에 수틀이 있으므로 누이의 어깨를 중심으로 누이가 정면으로 바라보는 공간(수틀이 있는 공간)과 누이가 등지고 있는 공간(수틀이 없는 공간, 화자가 있는 공간)으로 대립공간을 형성하기도 한다.

그러므로 매개항 '鶴'과 '누이'에 의해서 이 텍스트는 의미작용이 생긴다. 제1연에서 학의 나는 모습이 "고은 강물"로 은유화 되고 있다. 여기서 우리는 출렁이는 물살도 없이 나는 학의 날개에서 강물의 물기를 발견할 수 있다. "고은 강물"이라는 이미지가 학이 나는 하늘의 공간을 물속의 공간(물기를 품은 액체화된 공간)으로 전환시켜주는 의미작용을 하기 때문이다.[126] 그러므로 학은 하늘의 강물 혹은 바다 속을 조용히 헤엄치며 수직상승을 시도했던 거북이의 코드와 같은 것이 된다. 달리 표현하면 바다 속의 거북이가 솟아올라 학으로 변용되어 하늘로 비상하고 있는 것과도 같다. 물론 그 비상은 결코 쉬운 것이 아니다. "또"의 언술이 보여주는 것처럼, 이러한 비상의 시도는 한두 번이 아니었던 것이다. 학은 "天涯"에 부딪혀 하늘로의 초월적 의지가 좌절되곤 했던 것

126) 김용희, 「서정주 시의 욕망구조와 그 은유의 정체」, ≪이화어문논집≫ 제12집, 1992, p.306.

이다. 이때 하늘은 벽과 같은 공간으로 부정적인 의미작용을 하게 되고, 하방공간인 땅 또한 '분노와 설움, 울음', "목을 제쭉지에 묻을 수밖에" 없는 공간으로 부정적인 의미작용을 하게 된다. 그래서 학은 "산덩어리" 같은 분노의 무게를 지니게 된다.

화자 또한 마찬가지이다. 누이의 어깨 너머 있는 화자도 저 조용한 수틀 속의 아름다운 꽃밭으로 들어갈 수가 없다. 이것은 수틀의 벽인 셈이다. 하늘의 벽과 수틀의 벽이 인간이 안고 있는 실존적 상황이며 한계이다. 이에 따라 화자는 수틀 안의 공간을 넘어다볼 수밖에 없다. 그 공간에서는 지금 학이 '저승 곁을 날고' 있다. 예의 저승은 이승과 이항대립을 한다. 이승이 하방공간이라면 저승은 상방공간이 되고 이승이 內공간이라면, 저승은 外공간이 된다. 물론 그 반대의 공간으로도 볼 수 있다. 그래서 바슐라르는 이승과 저승을 변증법적 공간으로 파악하기도 한다.[127] 현재 학은 이승과 대립되는 外공간, 상방공간에서 날고 있다. 하늘의 벽에 부딪쳐도 하방공간으로 돌아오지 않고 그 곁을 날고 있다. 학의 이러한 恨의 비행은 아직도 지상의 피가 몸 어딘가에 묻어 있기 때문에 생긴 것이다.

예의 인고의 피를 내부에 지닌 거북이가 학이 되어 하늘 가까이로 날아도 '피'는 사라지지 않고 있다. 그리고 천애에 매번 부딪치고 있을 뿐이다. 이것이 바로 학의 恨이요 참음이다. 그런데 그 천애에 부딪친 학의 머리털을 보면 빨간색이 묻어 있다. 물론 하늘의 天涯와 부딪치면서 피가 밖으로 노출되어 머리털에 묻은 것이다. 이것은 일렁이는 바람 속에도 잘 보인다. 학의 한의 가시적 기호는 바로 머리털에 묻고 새겨진 피(피멍)인 셈이다. 이 피는 다른 피가 아니다. 바로 미당의 이마 위에 얹혀 있던 피다. 그 이마의 피가 이렇게 학의 머리의 피가 되어 수직상

127) 이승과 저승도 안과 밖의 변증법을 암암리에 되풀이 한다. 모든 것이, 심지어 무한까지도 그려지는 것이다. 사람들은 존재를 확정하고 싶어 하고, 존재를 확정함으로써 모든 상황들을 초월하여 모든 상황들의 상황을 제시하고 싶어 한다. 그러면 마치 원초성에 쉽게 접하듯 인간의 존재와 세계의 존재를 대변시킨다. Gaston Bachelard, 앞의 책, pp.376~377.

승한 것이다. 이런 점에서 보면 미당의 피는 소멸하거나 사라져버리는 피는 아니다. 응축될 뿐이지 그 실체는 남는 피다. 그래서 미당 텍스트에서 피는 소멸되지 않고 '땅-바다-하늘'로 순환하는 작용을 한다. 가령 피에서 분리된 물, 정화된 피의 마음을 지닌 물이 하늘로 올라갔다가 다시 땅으로 내려오고, 그것이 다시 바다를 통하여 하늘로 상승하여 올라가는 것처럼 말이다.

예의 닭·거북이·학의 기호체계가 지상의 육체적인 피를 하늘로 올려 정신적인 피로 순화하려고 했다면, 이에 비해 뻐꾸기와 기러기는 인간과 인간을 상호 교섭시켜주는 인정어린 피로 작용한다.

> 첩첩 山中에
> 첩첩이 피는 닢에
> 눈 부비며 우름우는 뻐꾹새와같이
>
> …(중략)…
>
> 옴기는 발길마닥
> 구름이 일고,
>
> 내뿜는 숨ㅅ결에
> 날개 돋아 나
>
> 내, 오늘은 西歸로 간다.
> 너 보고저워 西歸로 간다.
>
> —「西歸로 간다」에서

"뻐꾹새"는 첩첩 산중에 있다. "첩첩", "첩첩이"의 반복되는 언술은 산의 내부공간의 내밀성을 강조한 것이다. 이때 산은 높이를 가진 수직성보다 겹겹으로 둘러 싸여진 수평적인 공간으로 나타난다. 그러므로 첩첩 산중은 닫혀져 있으면서 동시에 열려 있는 숲의 공간으로 체험되며,

동시에 안과 밖의 공간을 분절하는 경계가 되기도 한다.128) 겹겹이 싸여진 산의 안쪽 공간, 즉 내부공간은 '뻐꾹새'에게 부정적 가치를 부여해준다. 내부공간이 "눈 부비며 울음우는 뻐꾹새"를 만들어주고 있기 때문이다. "눈 부비며 울음"을 우는 것은 가볍고 즐거운 정서가 아니라 무겁고 외로운 정서이다. 이것은 첩첩이 싸인 산의 內공간에 홀로 있는 '뻐꾹새'의 정서를 나타내준 것이다.

첩첩 산중에 있는 이러한 '뻐꾹새'의 존재는 소리에 의해 有標化되면서 산의 내부와 외부를 매개한다. 산의 內공간이 '뻐꾹새'에 대해 부정적 가치를 부여했듯이, '뻐꾹새'의 소리 또한 하방공간에 있는 화자에게도 부정적 가치를 부여해준다. "우름우는" 뻐꾹새의 소리가 상승지향적인 것이 아니라 하강지향적인 것이기 때문이다. 그리고 이 부정적 가치가 화자로 하여금 그가 머물고 있는 하방공간을 벗어나도록 하게 만든다. 부연하면 '뻐꾹새'의 하강적인 울음소리가 화자로 하여금 상방지향성을 가지게 하는 모티브가 되고 있다.

그래서 화자는 빠르게 발걸음을 옮기게 되는데 그때마다 구름이 이는 것처럼 보이게 된다. '구름'은 상방공간에 속하는 공간기호이다. 그러므로 화자의 발걸음은 지상공간을 걷고 있다기보다는 지상 위의 상방공간을 새처럼 가볍고 빠르게 걷고 있다고 해야 할 것이다. "날개 돋아 나"라는 언술이 바로 그러한 새의 이미지를 잘 보여준다. 화자의 발걸음이 지향하는 곳은 다름 아닌 "서귀"이다. 산과 대립되는 "서귀"는 실제로 하방공간에 속하는 지역이다. 하지만 공간기호론으로 보면 "서귀"는 하방공간과 대립되는 상방공간에 위치하는 것으로 나타난다. 감정 가치체계로 보면, 화자가 이는 구름 속에서 새처럼 날아 "서귀"로 가고 있기 때문이다. 물론 그 서귀에는 화자의 외로움을 달래줄 수 있는 보고 싶은 '너'가 있는 것이다. 그러므로 이 텍스트는 '뻐꾹새의 울음소리→시적 화자의 수직 상승→서귀의 공간(너)'으로 차츰 상승해가는 구

128) C. Norberg-Schulz, 앞의 책, p.75.

조를 보여준다. 이처럼 발화 속의 단어 하나하나는 의미의 면에서 본다면, 발화가 종결되는 순간까지 개방되어 있는 것이다.[129)]

> 봄 여루 내가 키운
> 내 마음 속 기러기
> 인제는 날을만큼 날개 힘이 생겨서
> 내 고향 질마재 수수밭길 우에 뜬다.
> 어머님이 가꾸시던 밭길 가의 들국화,
> 그 옆에 또 길르시던 하이연 산돌,
> 그 들국화 그 산돌 우를 돌고 또 돈다
>
> —「鄕愁」 전문

「鄕愁」에서는 마음속의 새인 "기러기"가 上/下공간을 매개한다. '뜨다'는 '가라앉다'의 대립항을 전제한 것으로써 기러기의 상승적인 비상을 나타내주는 공간기호이다. 기러기의 상승적인 비상은 마음속에 있는 지상의 고향 마을을 내려다보게 하는데 그 목적이 있다. 그래서 수직 상승한 기러기는 어머니가 있었던 과거의 추억 공간들을(가꾸시던 곳, 기르시던 곳) 생생하게 보여준다. 기러기의 비행은 짧은 것이 아니다. "돌고 또 돈다"에서 알 수 있듯이 지속적인 비행 모습을 보여주고 있다. '또'의 언술이 그러한 지속적인 비행임을 직접적으로 드러내주고 있기에 그러하다. 뿐만 아니라 기러기는 직선적인 비행을 하고 있는 것이 아니라 곡선적인(원형적인) 비행을 하고 있다. 이 곡선적인 비행은 고향 마을의 모든 것을 포용하고 감싸는 원형이미지로 작용한다. 말하자면 고향의 시공간을 마음속에 모두 담는 의미작용을 하고 있는 것이다.

그러므로 이 텍스트에서 기러기는 '과거와 현재'를 통합하는 의미작

---

129) 발화가 계속되는 동안은 단어 하나하나가 그 지시 관계의 추가적인 변환과 앞으로의 문맥에 따라 야기되는 의미변화에 쉽사리 영향을 받는다. 얀 무카로브스키, 「시적 언어란 무엇인가」, 박인기 역, 『현대시의 이론』, 지식산업사, 1990, p.90.

용을 한다. 동시에 지상인 고향 마을에 긍정적인 가치를 부여하는 의미 작용도 한다. 그리고 기러기가 떠 있는 시공간 속에서는 화자가 고향 마을에 살던 어머니와 상상적인 대화를 하게 된다. 부연하면 화자와 마을, 어머니가 모든 시공간을 초월하여 만나게 된다. 매개항인 기러기에 의해서 말이다.

5. 신체의 기호체계와 우주화의 매개공간

수평과 수직은 우주 형상의 기본적 틀로서 시적 자아는 그 중심에 서서 자아를 투사한다. 자아를 투사하는 것은 자아와 세계의 동일성을 추구하는 방법 중의 하나이다. 시인이 의식적으로 자아와 세계의 동일성을 추구하는 방법은 同化와 投射이다.[130] 시인은 동화와 투사의 방법으로 우주공간과의 내적인 상호교류를 한다. 이 내면적인 의식의 상호교류를 물질의 상호교류로 나타내면 어떻게 될까. 이것은 아마도 시인의 육체를 분해하여 우주공간에 던지는 일이 될 것이며, 다른 한편으로는 우주공간을 시인의 육체인 손톱 속이나 육체의 어느 부분으로 끌어들여 축소·응축하는 일이 될 것이다. 이렇게 되면 신체와 우주는 하나의 물질로써 상호 교류하는 셈이 된다.

未堂은 바로 이러한 방법으로 인간 대 우주의 관계를 물질로써 교류시킨다. 예의 이 물질의 상호 교류는 물질적 관계로서 끝나지 않는다. 物과 物이 만날 때에 바로 의미가 생기기 때문이다. 미당은 신체 기호인 눈썹·손톱·피를 해체하여 이들을 우주공간에 던져 놓거나 혹은 이와 반대로 이러한 기호 속으로 우주공간을 끌어들이기도 한다.

130) 동화란 시인이 세계를 자신의 내부로 끌어 들여서 그것을 내적 인격화하는 것이고, 투사란 자신을 상상적으로 세계에 투사하는 것이다. 김준오, 『시론』, 문장사, 1984, p.28.

(1) 눈썹의 기호체계

'눈썹'은 미당의 시 텍스트를 생성해내는 원리 중의 하나이다. "속눈섭이 기이다란"(「瓦家의 傳說」에서), "눈섭이 검은 금녀동생"(「水帶洞詩」에서), "눈섭같은 반달"(「牽牛의 노래」에서) 등 여러 시편에 눈썹은 반복 변주되면서 그 의미를 생성해내고 있다.

> 바람이 불어서
> 그 갈대를 한쪽으로 기우리면
> 나는 지낸밤 꿈 속의 네 눈섭이 무거워
> 그걸로 여기
> 한채의 새 절깐을 지어두고 가려 하느니
>
> ―「旅行歌」에서

> 세마리 獅子가 이마로 이고 있는 房에서
> 나는
> 이 세상 마지막으로 나만 혼자 알고 있는
> 네 얼굴의 눈섭을 지워서
> 먼발치 버꾸기한테 주고,
>
> ―「蓮꽃 위의 房」에서

두 작품을 상호 텍스트성으로 보면, 눈썹은 시적 화자와 절간, 뻐꾸기를 연결하는 매개항이다. '절간・뻐꾸기(상)―눈썹(매개)―나(하)'로 삼원구조의 기호체계를 구축한다. 여기서 '눈썹이 무겁다'라는 것은 시적 화자에게 부정적 가치로 작용한다. 갈대는 바람이 부는 대로 자연의 섭리를 따라 가볍게 움직이는데 비해 인간의 눈썹은 그 무거움으로 인해 하강적인 의미를 산출하게 된다. '가볍다'가 수직 상승하는 의미로 작용한다면 '무겁다'는 수직 하강하는 의미로 작용하기 때문이다. 주지하다시피 눈썹은 신체의 상부공간인 이마에 위치해 있다. 그러므로 신체공간의 하부에 해당하는 '다리'와 대립시키면 '정신/육체'라는 대립적인 의미를 산출하게 된다. 하지만 이 텍스트에서 눈썹은 그 무거움으로 인해서 상승보다는 하강하는 이미지, 곧 육체성의 이미지를 표방하게 된다. 말하자면 육체성의 환유라고 할 수 있는 것이다.

그래서 화자는 그 육체성에서 벗어나기 위해 그 무거운 눈썹을 '절깐이나 버꾸기'한테 주고 만다. '절깐'은 형식상 인간과 神을 중재하는 거룩한 공간, 우주적 삶까지 성화하는 공간으로 나타난다.[131] 그러므로 눈썹으로 절간을 짓는다는 것은 무거운 눈썹을 가볍게 하고자 함이다. 곧 육체성을 해체한다는 의미이다. 이런 점에서 눈썹은 인간과 우주를 연결하는 신성한 기호로 작용하는 것이 된다. 눈썹의 절간은 정화의 공간이다. 그래서 눈썹의 절간은 피가 깃든 육체성을 정화하여 가벼운 정신성으로 전환시켜주는 작용을 한다. 마찬가지로 "버꾸기"에게 눈썹을 준다는 것도 동일한 의미를 나타낸다. 뻐꾸기는 피를 가졌지만 하늘을 가볍게 나는 새로서 인간세계와 대립되는 자연세계를 표상한다. 이것은 곧 육체성인 피에 구속되지 않는 자연속의 자유로운 존재임을 지시해준다. 따라서 뻐꾸기에게 눈썹을 준다는 것은 육체성의 구속으로부터 벗어난다는 것을 의미한다.

이처럼 미당은 육체성의 의미로 가득한 무거운 눈썹을 신체에서 분리해 우주공간의 자연적 사물로 전환시키고 있다. 신체에서 눈썹이 분리되면, '무겁다'라는 언술은 逆轉의 코드가 되어 '가볍다, 날아 오른다'로 나타난다. 부연하면 눈썹이 수직상승할수록 새의 깃털처럼 가벼워지는 특성을 나타낸다. 이와 달리 눈썹이 신체와 결합을 하게 되면 당연하게 그 무거움으로 인해 하강하게 된다. 하지만 이제 미당은 그 하강하는 눈썹조차 가볍게 상승시키려는 욕망을 보여준다.

> 대추 물 드리는 햇볕에
> 눈 맞추어
> 두었던 눈섭.

131) Mircea Eliade, *The Sacred and the Profane*, 이동하 역, 『聖과 俗』, 학민사, 1994, p.67.

고향 떠나올때
가슴에 끄리고 왔던 눈섭.

열두 자루 匕首 밑에
숨기어져
살던 눈섭.

匕首들 다 녹 슬어
시궁창에
버리던 날.

삼시 세끼 굶은 날에
역력하던
너의 눈섭.

안심찮아
먼 山 바위
박아 넣어 두었더니

달아 달아 밝은 달아

秋夕이라
밝은 달아

너 어느 골방에서
한잠도 안자고 앉었다가
그 눈섭 꺼내 들고
기왓장 넘어 오는고.

―「秋夕」 전문

이 텍스트에서 "기왓장 넘어 오는고"에서 '넘는다'라는 언술은 보름달이 수직상승하는 기호체계를 나타낸다. 보름달은 지상과 천상을 매개하는 공간기호 체계이다. 골방에서 나온 보름달은 눈썹을 꺼내들고 수직상승하고 있다. 이런 점에서 보면 주체는 보름달이고 그 대상은 눈썹이 된다. 따라서 보름달과 눈썹은 동일한 것이 아니라 각기 다른 존재적 이미지로 나타난다. 눈썹의 이미지는 그 시각적 유사성 때문에 흔히 초승달에 비유되기도 한다. 이 텍스트에서 눈썹은 바로 초승달의 은유이다. 초승달이 그 생성 과정을 거치고 나면 보름달이 되기 때문이다. 그러므로 화자는 보름달의 이미지에서 과거의 초승달, 곧 눈썹의 이미지를 상상하고 있는 것이다.

초승달의 생성과정, 곧 눈썹의 생성 과정을 이해하기 위해서는 과거시제로 이루어진 제1~6연까지의 구조를 면밀하게 살펴볼 필요가 있다. 예의 과거시제의 연에서 가장 빈번한 어휘로 나오는 것은 눈썹이다. 눈썹의 어휘는 반복되면서 그 의미를 확대해 나가는 동시에 수렴해 나가기도 한다. 그래서 텍스트의 중심을 이루는 지배소가 된다. 텍스트의 조직과정은 순환과 반복이라는 로트만의 말을 그대로 수용한 텍스트라고 할 수 있다.[132] 물론 단순하게 어휘의 빈도수가 물리적으로 많다고 해서 지배소가 되는 것은 아니다. 하나의 체계나 관계 속에서 의미를 수렴하거나 확대해 나갈 때 지배소 자격을 얻는다.

그 지배소를 중심으로 과거시제(제1~6연)의 단위들을 계열축과 통합축으로 도표화해보면 다음과 같은 것을 읽을 수 있다.

		통 합 축 →	의 미
계	눈	눈을 맞추어 두었다	눈썹의 생성
열	썹	가슴에 끌이고 왔다	〃 이동
축	지	비수 밑에 숨어 살았다	〃 쫓김
↓	배	굶은 날에도 보인다	〃 유지
	소	바위에 박아 두었다	〃 보호

132) 유리 로트만, 유재천 역, 『詩 텍스트의 분석; 詩의 구조』, 가나, 1987, p.20.

계열축(선택축)과 통합축에서 생긴 눈썹의 전과정을 보면, 눈썹의 생성에서 시작하여 바위 속에 숨어 보호 받는 존재로 나타난다. 그것도 광물성의 공간에서 보호 받는 존재이니 그 어떤 것도 눈썹을 어찌할 수 없을 것이다. 그래서 눈썹은 그 삶의 과정을 겪으면서도 사라진 것이 아니라 지속적으로 성장하고 있었던 셈이다. 물론 그렇게 성장한 눈썹은 다름 아니라 인간의 육체성을 상징해주는 눈썹이다. 육체성에 갇힌 눈썹이기에 하방공간인 바위 속에 존재하고 있었던 것이다.

그러므로 화자가 보름달을 보면서 눈썹을 꺼내들고 나온 달이라고 한 언술은 두 가지 의미를 지닌다. 하나는 화자가 추석이라는 특별한 날에 떠오르고 있는 보름달을 보다가 우연히 초승달을 생각하게 된 것이고, 다른 하나는 그 초승달을 통해 과거 바위 속에 박아 두었던 눈썹을 생각하게 된 것이다. 말하자면 '보름달→초승달→눈썹'으로 전이되는 시적 상상을 한 셈이다. 예의 보름달에는 부재한 초승달의 흔적이 나타나고 있다. 텍스트에 부재한 초승달은 보름달과 대립항을 이루는 제로기호가 된다.[133] 이렇게 화자는 연상을 통하여 '눈썹'과 '초승달'을 등가로 놓고 있다.

이때 눈썹은 上/下의 공간을 분절하게 되는데, 하방공간에는 부정적 가치를 부여하고 상방공간에는 긍정적 가치를 부여한다. 눈썹을 "끄리고" 다닐 수밖에 없는 지상적 삶의 번거로움, "匕首"로 지켜야만 하는 지상적 삶의 위협, "궂은 날"에도 생각해야 하는 애착 등이 바로 하방공간의 부정적 가치이다. 더불어 "어느 골방"이 주는 비소성과 "먼 산 바위 속"의 감금적 이미지가 부정적 가치를 생성시켜주기도 한다. 이와 달리 눈썹을 들고 나온 보름달은 상방공간을 밝음과 개방의 공간으로 만들면서 긍정적인 가치를 부여해준다.

이 텍스트에서 보름달은 초승달 같은 눈썹을 키우고 있다. 지상에서

133) 소쉬르의 기본적인 개념에 의하면, Zero Sign이란 언어의 공시적인 대립에 있어서 不在인 채로 差異를 만들어 내는 것을 의미한다. R. Jakobson, "Selected Writings Ⅱ", *Word and language*, The Hague: Mouton, 1971, p.211.

무겁게 "끄리고" 다녔던 눈썹을 보름달은 가볍게 "꺼내 들고" 하늘 가까운 곳에서 자연적 사물로 키우고 있다. 달리 말하면 생명 같은 눈썹을 영원히 "바위 속에 박아 넣어" 둘 수가 없었던 것이다. 육체성으로 상징되는 눈썹의 생명이 감금당하고 있기 때문이다. 그래서 미당은 지상에서 갇혀지고 구속당하던 눈썹을 차츰차츰 하늘에다 심을 수 있는 시적 토대를 마련해 나가게 된다. 이렇게 해서 미당의 눈썹은 그 무거운 육체성을 버리고 차츰 하늘로 상승하기에 이른다. 상승하는 만큼 눈썹은 몸속에 있던 육체적 관능성의 피를 정화하게 되고, 육체성보다는 정신성을 추구하는 의미로 전환하게 된다.

> 내 마음 속 우리님의 고은 눈섭을
> 즈문밤의 꿈으로 맑게 씻어서
> 하늘에다 옴기어 심어 놨더니
> 동지 섣달 나르는 매서운 새가
> 그걸 알고 시늉하며 비끼어 가네
>
> —「冬天」 전문

上/下의 이항 대립적 공간을 분절하는 것은 눈썹이다. 왜냐하면 지상에 존재해야할 눈썹이 천상에 존재하고 있기에 그러하다. 예의 지상에 존재하던 눈썹은 서술동사 '씻다→옮기다→심다'에 의해 천상공간인 하늘에 심어지고 있다. 여기서 서술동사 '씻다'라는 것은 물의 이미지를 상상하도록 만들어준다. 그 물의 이미지에 의해 눈썹은 더러움과 부정한 것을 모두 씻어버리게 된다. 곧 정결하고 순결한 눈썹이 된다. 덧붙이면 세속적, 육체적 존재에서 탈속적 정신적 존재로 전환하게 되는 셈이다. 새로운 생명의 창조인 셈이다. 이런 점에서 '씻다'라는 행위는 물에 의한 정화와 재생을 수행하는 제의라고 할 수 있다.[134] '씻다'에 의해

134) 물과의 접촉은 부활을 가져온다. 물에 잠기는 것은 궁극적인 사멸이 아니다. 그것은 미분화된 세계에 잠정적으로 통합되었다가 다시 새로운 창조, 새로운 생명으로 이어진다. 물은 죄를 씻어 내듯이 정화와 재생을 동시에

눈썹은 하방적 가치에서 상방적 가치를 지닌다. 무거운 눈썹에서 가벼운 눈썹으로 새롭게 태어나고 있다.

마찬가지로 '옮기다'의 서술동사도 수평적 이동만을 나타내는 것은 아니다. 예의 수직상승의 행위를 나타내는 공간적인 서술 언어로 기능한다. 눈썹이 지상에서 천상공간인 하늘로 옮겨지고 있기 때문이다. 이것은 수평적인 이동이 아니라 수직적인 이동을 나타낸다. 그러므로 '옮기다'라는 서술어는 수평축을 수직축으로 전환시키는 示差性을 드러내 준다. 뿐만 아니라 '옮기다'에 의해서 땅과 하늘은 왕래할 수 있는 통로를 갖게 되면서 상호 가치를 교류할 수 있게 된다. 물론 옮겨진 눈썹은 이제 '심다'라는 서술어에 의해 하나의 생명을 얻는 동시에 텍스트의 공간을 역전시키는 작용을 한다. 천상공간인 하늘이 땅처럼 지면이 되고 만 것이다. 이렇게 해서 하늘에 심어진 눈썹은 '하늘(상)–눈썹(매개항)–땅(하)'의 삼원구조 기호체계를 구축하면서 다의적인 의미작용을 생성해 낸다.

예의 땅에서 심는 행위가 하늘에서도 심는 행위가 됨으로써 하늘의 가치체계는 땅의 가치체계로 전도되고 만다. 곧 공간의 해체, 공간의 逆轉 현상이 일어나고 있는 셈이다. 땅에서 심는 행위를 하늘에서도 할 수 있게 됨으로써 이 텍스트의 '시적 엔트로피'[135]는 최대한 증가하고 있다. 그렇다고 해서 땅의 가치를 지닌 하늘의 공간은 땅의 의미체계와 동일하지는 않다. 세속적 공간인 땅에서의 눈썹은 "바위 속에 박아두는" 것이지만(생명 억압), 하늘에서는 그 눈썹을 심어 생명을 가진 식물처럼 키우기 때문이다(생명 개화). 부연하면 하늘에 심어진 눈썹은 육체성을 버리고 식물처럼 자라게 되는 것이다. 그래서 눈썹은 지상에 대해서는 부정적으로 기능하지만, 하늘에 대해서는 긍정적으로 기능한다.

이 지상의 物的 가치를 변용시키는 '하늘의 공간', 이것이 미당으로

행한다. Mircea Eliade, 앞의 책, pp.115~6.

135) Yu. Lotman, *The Structure of the Artistic Text,* 유재천 역, 『예술 텍스트의 구조』, 고려원, 1991, pp.45~50. 참조.

하여금 상방적 공간을 지향하도록 만든다. 미당에게 하늘은 물질을 정신으로, 피를 물로, 세속적인 삶을 탈속적인 삶으로 전환·재생시켜주는 공간기호체계이다. 미당은 '눈썹'을 하늘에 옮겨 심음으로써 닭의 '볏'에 깃들인 피, 거북이의 갑옷 속에 갇힌 피, 하늘의 벽에 부딪쳐 생긴 학 머리 깃털 속의 피, 그리고 피에 의한 恨을 극적으로 승화시키고 있다.

미당의 시 텍스트에서 하늘은 남성적 이미지보다는 여성적 이미지로 작용한다. 땅에서든 하늘에서든 식물을 가꾸는 것은 여성적 이미지, 곧 대지모신의 이미지를 보여주는 것이다. 대지모신은 불모의 하늘을 생명이 자라는 공간으로 만들고 있다. 생명이 자라는 이 신비하고 거룩한 공간. 그래서 저항적인 비상을 하던 매서운 새도 새롭게 창조된 생명 앞에서는 속도를 늦추고 만다. "비끼어 가네"에서 알 수 있듯이, 이 완만한 속도는 지상의 눈썹이 천상의 눈썹으로 되기까지의 그 험난했던 삶의 과정을 인식하는 행위적 소산이다. 결국 이렇게 신체에서 분리된 눈썹은 인간과 하늘이 의사소통을 할 수 있도록 매개항의 기능을 수행하게 된다.

(2) 손톱의 기호체계

우리님의
손톱의
분홍 속에는
前生의 제일로 고요한 날의
사둔댁 눈 웃음도 들어 있지만

우리님의
손톱의
분홍 속에는
이승의 빗바람 휘모는 날에
꾸다 꾸다 못 다 꾼

내 꿈이 서리어 살고 있어요.

—「우리님의 손톱의 분홍 속에는」에서

그 애 손톱의 반달 속으로
저녁때 잦아들던 뻐꾹새 소리
나와 둘이 숨 모아 받아들이고,
그 애 손톱의 반달 속에서 다시 뻗쳐 나가는 뻐꾹새 소리
나와 둘이 숨 모아 뻗쳐 보내던
그 계집아이는…….

—「記憶」에서

이 텍스트에서 손톱은 우주적인 시공간을 분절하고 매개하는 기호체계를 갖는다. 손톱 속에는 이승과 저승의 시공간이 들어 있을 뿐만 아니라 사물들의 소리도 들고나고 하기 때문이다. 손톱의 이러한 기능을 공간기호론으로 살펴보면, '이승(상)–손톱(매개항)–저승(하)', '뻗치는 소리(상)–손톱(매개항)–잦는 소리(하)'로 삼원구조의 기호체계를 구축한다. 여성들은 손톱을 장식물 내지 美의 기호로 사용하지만, 이처럼 미당은 우주적 공간을 받아들이고 다시 내보내는 우주론적 공간기호로 사용한다. 신체가 우주의 집이듯이, 손톱 또한 소우주의 집인 셈이다.

예의 前生과 이승의 시간을 공간화하면 前生은 하방공간이 되고 이승은 상방공간을 나타낸다. 또한 이승과 저승의 시간을 공간화하면 이승은 內공간이 되고 저승은 外공간이 된다.[136] 「우리님의 손톱의 분홍 속에서는」의 '손톱'은 전생과 이승을 매개하는 것으로 兩義性을 띤다. 즉 하방공간의 가치인 '사둔댁 눈웃음(전생)'과 상방공간의 가치인 '못다 꾼 꿈(이승)'을 동시에 통합시키고 있기에 그러하다. 이처럼 손톱은 양항에 대해서 긍정적 기능을 하면서 과거와 현재의 시간, 전생과 이승의 공간을 통합해주고 있다.

마찬가지로 손톱은 들숨(소리 잦음)과 날숨(소리 뻗침)을 통합해주는

136) Gaston Bachelard, 앞의 책, pp.376~377.

기능을 한다. 이 텍스트에서 '잦다/뻗치다'는 이항대립을 한다. '잦다'라는 언술은 수직하강의 기호체계를 드러내고, '뻗치다'라는 언술은 수직상승하는 기호체계를 드러낸다. 그러므로 손톱은 하강과 상승의 공간을 매개하는 것이 된다. 그리고 그 하강과 상승은 화자와 함께 하는 인물들의 호흡이 된다. 곧 날숨과 들숨이 되고 있는 것이다. 이로 인하여 손톱은 하강과 상승에 대해 모두 긍정적인 가치를 부여한다.

이처럼 신체 일부인 미당의 '손톱'은 우주적 순환원리의 공간기호 체계를 구축하고 있다. 다시 말해서 이 손톱 속에는 우주적 질서를 따라 순환하고 있는 시간과 공간이 내재해 있다. 이런 점에서 보면, 미당의 '손톱'은 눈썹을 지워서 만든 '절간'의 공간기호 체계와 등가를 이룬다고 할 수 있다. 절간도 지상적 삶의 원리와 천상적 삶의 원리를 매개해 주는 기능을 하고 있기 때문이다.

(3) 피의 기호체계

미당이 육체성의 피를 부정했을 때, 피는 우주공간 속의 다른 사물로 전이되어 광석화되거나 증류되기도 한다. 그럴 때에는 그 피의 빛도 변화되는 양상을 보여준다. 가령 이글거리는 붉은색에서 차분하고 냉정한 푸른색으로의 변화가 바로 그것이다. 이때 미당의 어조 또한 자기의 감정을 잘 다스리는 것으로 나타난다.

> 마리아, 내 사랑은 이젠
> 네 後光을 彩色하는 물감이나 될 수 밖에 없네.
> 어둠을 뚫고 오는 여울과 같이
> 그대 처음 내 앞에 이르렀을 땐,
> 초파일 같은 새 보리꽃밭 같은 나의 舞臺에
> 숱한 男寺黨 굿도 놀기사 놀았네만,
> 피란 결국은 느글거리어 못견딜 노릇.
> 마리아.
> 이 춤추고, 電氣 울 듯하는 피는 달여서

여름날의 祭酒 같은 燒酒나 짓거나.
燒酒로도 안 되는 노릇이라면 또 그걸로 먹이나 만들어서,
자네 뒤를 마지막으로 따르는──
허이옇고도 푸르스름한 후광을 채색하는
물감이나 될 수 밖엔 없네.

―「無題」 전문

「無題」에서 "나의 무대"는 "피의 무대"를 나타낸다. 보리밭 같은 싱그러운 피의 무대. 피로써 사람을 만나고 피로써 사람과 이별하기도 한다. 피의 원리가 곧 삶의 원리가 되고 있다. 피의 공간기호 체계는 지상의 공간인 하방의 가치체계와 관련을 맺는다. 그래서 피는 이 지상의 생명들과 육체성에 직결되고 있다. 말하자면 철저히 지상적 삶에 밀착된 원리를 보여주고 있는 것이다. 그러므로 "남사당 굿"도 예외는 아니다. 그 춤을 추고 놀았지만 지상적 삶을 초월하지 못하고 여전히 지상에 구속된 삶을 살고 있다.

그래서 미당은 이러한 피의 자장을 멀리하려고 한다. 이러한 태도는 곧 피의 부정성을 드러낸 것이다. 예의 미당은 "이젠"이라는 시간성 부사를 사용하여 "피의 무대"에서 벗어나고자 한다. 과거에서 지금까지는 육체성의 무대인 "피의 무대"에서 놀았지만 "이젠" 그렇게 놀지 않겠다는 것이다. 따라서 "이젠"에 의해서 지금까지 구축된 시 텍스트 공간은 해체되어 버리고 만다. 이제 미당은 남사당 굿을 영원히 떠나게 된다. 그것을 위해서 미당은 "電氣 울 듯 하는 피"를 달여서 증류하고 있다. '電氣'와 '피'의 만남, 이것은 생인 동시에 죽음을 의미한다. 미당은 이러한 모순적 의미를 지니고 있는 피를 증류하여 피 속에 든 전기의 모든 에너지를 수증기와 함께 밖으로 날려버린다. 곧 피의 해체인 셈이다.

증류된 피는 두 가지로 해체된다. 하나는 수증기가 모여서 된 소주이고, 다른 하나는 달여진 피로 만든 먹·물감이다. 예의 소주는 여름날의 祭酒로 쓰고, 먹·물감은 푸르스름한 후광을 칠하는 색으로 쓴다. 兩者 모두 피가 다른 사물로 전이된 것을 보여주고 있는 것이다. 특히 붉

은색에서 푸른색으로의 전환은 지상에 구속된 피를 천상으로 끌어올린다는 의미를 나타내준다. 말자하면 존재의 질적인 비약을 나타내주는 셈이다. 색채가 물리학적 입장에서는 시각에 감응되는 광선의 파동에 지나지 않지만, 인간에게는 감정과 감동의 원천이 된다.[137] 마찬가지로 미당도 이러한 색채의 전환을 통해서 존재의식을 바꾸고 있는 것이다. 부연하면 지상공간의 붉은색에서 천상공간의 푸른색으로 코드를 변환하여 지상적인 삶의 원리를 지양하고 천상적인 삶의 원리를 추구하고 있는 것이다. 그러나 증류된 피의 빛깔이 완전한 푸른색이 아니라 아직도 푸르스름한 색으로 나타나고 있다. 이것은 피와 전기의 분리가 완전하게 끝나지 않았음을 시사해준다. 달리 말하면 그 분리과정이 아직도 진행되고 있다는 뜻이기도 하다.

> 바람뿐이드라. 밤허고 서리하고 나혼자 뿐이드라.
> 거러가자. 거러가보자. 좋게 푸른 하눌속에 내피는 익는가. 능금같이 익는가. 능금같이 익어서는 떠러지는가.
> 오— 그 아름다운날은… 내일인가. 모렌가. 내명년인가.
>
> —「斷片」 전문

이 텍스트에서 화자는 의미내용을 코드화해 놓고 스스로 묻는 형식을 취하고 있다. 따라서 시적 기능으로 보면 감정표시적 기능에 해당한다. 예의 감정표시적 기능이란 화자가 자기 자신과 대화하는 것을 뜻한다.[138] 화자가 '익는가, 떠러지는가, 내일인가, 모렌가, 명년인가.'라고 반복적으로 묻는 것은 질문에 대한 해답을 얻기보다는 그렇게 되었으면 하는 소망을 표출한 언술이다.

이 텍스트에서 피는 땅과 하늘을 매개한다. 피는 능금의 이미지로 전환되어 上/下를 분절하고 있다. 매개항 피(능금)는 지상에는 부정적 가

137) 한국미술연구회편, 「繪畵에 있어서 상징적 언어성 고찰」, 『미술학보 I』, 1985. 12, p.135.
138) 로만 야콥슨, 신문수 역, 『문학 속의 언어학』, 문학과지성사, 1989. p.61. 참조.

치를 부여하고 천상에는 긍정적 가치를 부여한다. 시공간으로도 보면, 지상은 "나 혼자 뿐"인 것으로써 모두 부정적 가치를 띠고 있기에 그러하다. 물론 그렇다고 해서 천상공간에 있는 피(능금)가 완전하게 육체성을 버렸다는 의미는 아니다. 미당의 상상 속에서 익어가고 있을 뿐이다. 그래서 피가 증류되고 있는 과정과 동일하다고 할 수 있다.

이처럼 미당은 『花蛇集』의 전체 공간을 통하여 관능적이고 육욕적인 피에 이끌리는 지상적 삶의 기호체계를 보여주고 있다. 그러면서도 다른 한편으로는 역설적으로 그러한 피를 해체하여 천상적 삶의 기호체계를 구축하려고 하였던 것이다. 이로 미루어 보면, 미당의 시 텍스트는 수평공간의 언어와 수직공간의 언어 사이에서 생성되고 있는 것을 알 수 있다.

Ⅳ. 수평공간의 텍스트와 그 의미작용

인간의 상상력은 上/下, 前/後, 左/右의 방향을 지향하며 나타난다. 이런 상상력의 지향성을 공간적 개념으로 나타내면 인간 思考의 두 축인 수직적 공간과 수평적 공간이 된다. 그러므로 인간의 삶을 바로 이해하는 것은 인간과 분리될 수 없는 공간적 제 요소를 파악하는 일이라 할 수 있다. 인간의 체험을 바탕으로 하는 실존적 공간은 여러 가지 변화적 요소를 동반하기 때문에 공간은 복합적인 과정으로 나타난다. 하이데거에 의하면 이런 세계는 언제나 그것이 속해 있는 공간의 공간성을 나타내게 된다고 한다.[139]

볼노우는 수평축인 前/後, 左/右는 고정된 불변의 방향이 아니라 인간이 방향을 바꾸면 바로 그 방향이 달라지는데 반하여, 수직축인 上/下

139) C. N. Schulz, 김광현 역, 『실존·공간·건축』, 태림문화사, 1985, p.74.

의 방향은 불변의 장소로서 인간이 아무리 방향을 바꾸어도 항상 上은 上이고 下는 下의 방향을 유지하고 있다고 말한다.[140] 이렇게 보면 수평축은 인간의 구체적인 행동세계를 나타내는 공간이 되고 수직축은 인간의 의지를 넘어선 초월적인 공간이 된다. 따라서 수평축의 공간적 의미는 삶과 죽음, 선과 악, 밝음과 어둠 등의 번민과 갈등으로 나타난다. 즉 물질과 受動的 세계를 표방하는 가변적인 공간, '세속적 공간'이 되는 것이다.[141]

물론 이러한 수직과 수평의 示差性과 대립은 자연현상 속에 있는 객관적 實體로서의 의미를 갖는 것은 아니다. 사물과 사물의 관계라는 기호현상으로서의 하나의 의미작용일 뿐이다. 말하자면 비기호 영역(자연물)에서 기호영역으로 들어오게 될 때 그것들은 언어처럼 하나의 의미작용을 산출할 수 있다. 그것은 이미 독립된 한 사물로서가 아니라 언어의 音素처럼 差異와 대립의 상대성 안에서만 실재하기 때문이다.

본 章에서는 이러한 示差的 특질을 이루고 있는 수평축의 공간질서를 이항대립과 매개항을 중심으로 그 의미작용을 탐색하기로 한다. 미당의 시 텍스트에서는 길 · 벽 · 집 · 금가락지 · 海溢 등의 매개항이 內/外 공간을 분절하며, 多義的인 의미작용을 산출하고 있다.

1. 길의 기호체계와 공간적 의미작용

문학공간 텍스트에서 수평축은 수직축에 비해서 그 공간분절이 복잡하고 유동적이다. 수직공간은 땅과 하늘이라는 兩項이 객관적으로 주어져 있지만, 수평공간은 화자의 視點과 주어진 상황에 따라 안과 밖의 공간분절이 수시로 달라지기 때문이다. 따라서 문학 텍스트의 공간에서 수평축은 方位 단위의 공간분절보다 안과 밖의 공간분절이 중요한 의미

---

140) O. F. Bollnow, *Mensch und Raum*, Stuttgart: Kohlhamner, 1980, pp.43~45.

141) 엘리아데는 종교적 체험에 따라 공간을 '거룩한 공간'과 이에 대립되는 '세속적 공간'으로 나눈다. M. Eliade, *The Sacred and the Profane,* 이동하 역, 『聖과 俗』, 학민사, 1994, pp.21~22. 참조.

작용을 산출해내게 된다. 이와 같이 수평적 공간은 인간의 행위에 의해 공간적 의미작용이 산출됨으로 不動的 텍스트보다는 動態的 텍스트의 특징을 강하게 나타내고 있다.

미당에게 있어서 수평적 공간이동은 먼저 '길'이라는 기호체계로 나타난다. 「自畵像」에서 살펴본 바와 같이 '길'의 기호작용은 집 안에서 外공간인 바다로 이동하는 것으로 나타난다. 물론 집에서 바다로 나가는 경계영역에 들판이 있기도 하다. 예의 이러한 들판까지 이르는 길은 관능적이고 육욕적인 피를 순화해가는 일련의 통과제의적인 과정이었다. 말하자면 인간 집단 내의 세속적이고 부정적인 삶이 內공간에서 外공간인 들판으로 이동하게 만든 것이다.

미당이 이제 그러한 들판조차 벗어나면 바다공간에 이르게 된다. 바다는 수평과 수직이 상호작용을 하면서 두 측면의 공간적 의미작용을 동시에 생성해내는 장소이다. 수평축에서는 예의 인생의 길, 지상의 길로 나타나고, 수직축에서는 미당의 이마에 얹힌 피를 분리하여 하늘의 물로 수직 상승시키는 수직의 길로 나타난다. 본 節에서는 수평적인 '길'의 기호체계를 분석하고 있음으로, 피와 물의 분리 작용을 하고 있는 바다공간은 제Ⅴ장의 수평과 수직의 상호작용에서 논의하도록 한다.

(1) 정지와 이동공간

문화적 공간인 집에서 자연적 공간인 들판으로 향하는 길은 '피'의 動力이 지배하는 곳이다. 「自畵像」에서 형성된 未堂의 피는 부정적인 집 안에 머물러 있지 않고 바깥으로 분출하고 있다.

이 분출하는 피의 동력은 수평축의 공간을 이동하게 하는 에너지로 작용한다. 바깥으로 향하는 이동의 길은 未堂으로 하여금 정지와 이동이라는, 즉 멈춤과 출발의 兩義的 기호의미를 산출하게 한다. 들판길에서의 정지의 동작은 다름 아닌 대지와의 수평적인 밀착관계로 나타난다. 즉 뱀 같이 땅에 엎드려 완전한 수평적인 자세를 취하는 것으로 나타난다.

黃土 담 넘어 돌개울이 타
罪 있을듯 보리 누른 더위—
날카론 왜낫(鎌) 시렁우에 거러노코
오매는 몰래 어듸로 갔나

바윗속 山되야지 식 식 어리며
피 흘리고 간 두럭길 두럭길에
붉은옷 닙은 문둥이가 우러

땅에 누어서 배암같은 게집은
땀흘려 땀흘려
어지러운 나—ㄹ 엎드리었다.

—「麥夏」 전문

집 안과 산돼지를 매개해 주는 境界領域은 "두럭길"이다. 화자인 '나'와 어머니는 "두럭길"을 통해서 집 안을 떠나 들판공간으로 이동할 수 있다. "두럭길"은 문화적 공간인 집과 자연적 공간을 이어주는 매개항으로 문화적 의미와 자연적 의미를 지닌 兩義性의 기호이다. 그런데 "두럭길"에는 피의 흔적이 있다. 이 피의 흔적은 집안에 있었던 어머니와 몰래 집을 나간 어머니의 행위를 差異化시켜 주고 있는 기호체계이다. 이런 흔적은 데리다의 말대로 "차이지우는 관계로서의 현전"[142]인 것이다. "두럭길"에서의 어머니와 산돼지의 행위는 無標化되어 있지만, 피의 흔적에 의해 이들의 행위를 추측할 수 있게 만든다.

"오매는 몰래 어듸로 갔나"에서 "몰래"가 어머니의 행위를 분절해 주는 詩的 언술이다. 문화적 공간인 집 안은 어머니의 관능적인 피의 분출을 억압하고 있다. 반면에 "몰래" 나간 "두럭길"의 자연공간은 관능적

142) 데리다에 의하면 현재의 본질이란 사실상 현재 그 자체에 있지 않다. 현재는 그 배제함과 배제함을 행하는 것 사이의 관계 속에서 나타난다. John Llewelyn, *Derrida on the Threshold of Sense*, 서우석 · 김세중 역, 『데리다의 해체주의』, 문학과지성사, 1988, p.21.

인 피의 분출을 허용하고 있다. 그러므로 어머니가 노동의 기호인 "낫"을 집에 놓고 몰래 바깥으로 나간 것은 본능적인 性의 욕망을 채우기 위한 것이다. 이 본능적인 性의 욕망은 話者와 어머니를 동물적인 공간 코드로 전환시킨다. "땅에 긴긴 입마춤은 오오 몸서리친/ 쑥니풀 지근지근 니빨이 히히여케/ 즘생스런 우슴은 달드라"(「입마춤」에서)처럼, 자연공간에서의 인간은 동물의 본성을 그대로 드러내고 있다.

어머니가 不在한 집 안과 두럭길을 통하여 도착한 자연적 공간(산속)은 대립을 이룬다. 산속인 자연공간에는 피의 본능대로 살아가는 산돼지, 뱀 등의 존재가 있으며, 인간의 세계에서 소외되어 동물적인 울음소리를 내는 문둥이도 있다. 이때의 문둥이는 인간이 아니라 동물에 가까운 기호가 된다. 이렇게 이들은 모두 동물적인 공간을 구축하고 있다. 또한 "누른 더위"와 "땀흘려"가 보여주듯이 "두럭길"은 불같은 열기와 性的 분위기로 가득찬 공간이다. 이에 비해서 性的 욕망을 억압하는 집 안은 '낫'의 기호가 보여주는 광물적인 섬뜩함과 정태적 공간을 구축하고 있다.

그런데 "두럭길"의 이동공간은 지속적으로 진행되지 못하고 어느 시점에서 멈춰지고 만다. "배암같은 계집은/ 땀흘려 땀흘려/ 어지러운 나-ㄹ 업드리"는 것으로 두럭길의 이동성은 정지의 공간코드로 전환하게 된다. 화자인 나와 계집은 대지에 엎드려 육체적 결합을 행한다. 여기서 '엎드리다'의 서술동사는 일체의 상방적 공간을 배제한 수평적인 땅의 공간, 즉 대지와의 밀착성, 합일성을 나타낸다. 대지와의 밀착 속에서 이루어지는 이들의 육체적 결합은 집 안에서 억압된 본능적인 性을 자연적 공간에서 회복하고 있음을 나타내 준다.

대지에 대한 종교적 상징으로 보면, 대지는 大地母神으로서 영혼과 풍요의 근원으로 간주되고 있다. 더 구체적으로 말하면 땅에 눕거나 앉는다는 것은 大地母神인 대지의 품에 안긴다는 것을 의미하고, 또한 재탄생을 실현한다는 것을 의미하기도 한다.[143] 그러므로 대지와의 밀착

---

143) 대지는 어린아이의 수호자이며 모든 힘의 근원이다. 즉 어린아이나 젖먹이들을 땅에 눕히거나 재움으로써, 대지와 직접 접촉시킨다. 이러한 대지의

성은 大地母神과의 완전한 합일을 욕망하는 것이 된다. 그래서 화자인 나는 대지와의 밀착을 통해 새롭게 재생된 육체성을 얻고자 한다. 이 재생된 육체성의 피는 문화적 공간의 '피'가 아니라, 자연적 의미를 지닌 '피'의 기호체계가 되는 셈이다. 이렇게 하여 미당의 관능적 · 육욕적인 피의 동력은 대지와의 교섭을 통해 서서히 그 생명성을 분출시켜 나간다. 그래서 집 안과 들판을 매개하는 "두럭길"은 집 안에는 부정적 가치를, 들판과 산속인 外공간에는 긍정적인 가치를 부여해 준다.

길의 이동성이 정지가 되면서 대지와의 합일을 이루는 것은 「대낮」에도 나타나는데, 여기서는 "오매"의 공간코드가 "님"으로 전환하는 것에 지나지 않는다. 곧 소재만 다를 뿐, 시 텍스트를 건축하는 시적 코드는 동일하다는 것이다.

> 따서 먹으면 자는듯이 죽는다는
> 붉은 꽃밭새이 길이 있어
>
> 핫슈 먹은듯 취해 나자빠진
> 능구렝이같은 등어릿길로,
> 님은 다라나며 나를 부르고…
>
> 强한 향기로 흐르는 코피
> 두손에 받으며 나는 쫓느니
>
> 밤처럼 고요한 끌른 대낮에
> 우리 둘이는 웬몸이 달어…
>
> ―「대낮」 전문

요람은 원시사회에서 뿐만 아니라, 진보된 문명에서도 볼 수 있는 현상이기도 하다. 그리스의 경우 버릴 아이는 죽이지 않고 땅에 던져 놓는다. 대지모신이 그 아이를 맡아서 키울 것인지를 결정하기 때문이다. Mircea Eliade, *Traité d'histoire des religions*, 이재실 역, 『종교사 개론』, 도서출판 까치, 1993, pp.237~239.

이 텍스트에서 길의 이동은 動態的 공간을 구축하고 있다. "님"은 유혹하며 달아나고, 화자인 "나"는 그 유혹에 이끌려 따라가고 있기 때문이다. 이러한 유혹의 길은 그 방향이나 목표와 관계없이 이동성, 비정착성, 비주거성을 나타내는 의미작용을 산출한다. "님"을 쫓는 유혹의 길은 "능구렝같은 등어릿길"로 아주 좁다란 길이며, 동시에 性的 본능을 암시하는 길로 은유화되고 있다.

텍스트에서 他者의 말을 인용할 경우, 인용자가 진술하는 내용이 신뢰할만한 것이 될 수 있어 객관성이 강화된다.[144] 제1연의 제1행에서 타자의 말을 인용하고 있는 언술은 '-다는'이다. 이렇게 타자의 말을 인용하는 것으로 볼 때, 화자는 붉은 꽃밭 사이로 나 있는 길을 직접 체험한 것은 아니다. 그러므로 붉은 꽃밭 사이로 난 길의 통로는 출발하기 전에 이미 알고 있었던 정보와 아직 알지 못하는 未知의 정보가 만나는 곳이기 때문에 긴장감이 형성된다.[145]

"등어릿길"은 주거공간인 이쪽과 未知로 나가는 저쪽의 공간을 이어주는 매개항이다. 그런데 이 좁다란 길에 붉은 꽃밭이 놓여 있어, 길은 다시 內/外의 공간으로 분절이 된다. 매개공간인 길에 붉은 꽃밭이 境界함으로써 길의 연속성은 차단되고 있는 것이다. 더욱이 境界領域을 구축하고 있는 꽃밭은 백일몽과 같은 대낮의 열기, "핫슈" 먹은 듯한 몽롱함, "코피"를 쏟게 하는 환상적이고 감각적인 공간을 생성시키고 있다.

결국 화자의 이동공간은 경계영역인 꽃밭에 의해 멈춤으로 바뀌게 된다. 화자는 꽃밭의 경계영역을 돌파하지 못하고 "웬몸이 달어" 임과 함께 대지에 누울 수밖에 없다. 특히 붉은색과 향기는 화자와 임을 감각적인 '친밀한 거리'[146]로 만들어주는 기능을 하기 때문에 그 신체적

144) 황인교, 「시적 언술의 서사공간」, 『문학상상력과 공간』, 도서출판 창, 1992, p.122.

145) C. N. Schulz, 앞의 책, p.42.

146) 친밀한 거리에서는 시각, 후각, 체온, 숨결소리, 냄새, 그 느낌 등이 모두 한데 얽혀 있다. 이때에는 두 사람이 의식하는 가운데 최대한으로 신체상의 접촉이 일어나고 서로의 몸이 밀접하게 얽힐 가능성이 높다. 이 거리의

접촉은 너무도 쉽게 이루어지고 만다.

죽음의 꽃밭에서의 이들의 性的 결합은 "생명의 소멸현상"[147]을 뛰어 넘어 수평적인 대지공간과의 완전한 합일을 상징해준다. 「맥하」에서 논의한 것처럼 이들의 대지와의 밀착은 性的 본능의 회복뿐만 아니라, 大地母神과의 합일을 통해서 피의 순수 생명성을 회복하고 육체적 삶의 재생을 이루는 것을 의미한다. 이와 같이 화자의 이동을 차단했던 꽃밭은 처음에 부정적인 의미로 작용했지만, 나중에는 피의 생명성과 육체적 재생을 가능케 하는 긍정적인 의미로 작용한다. 그래서 거주공간과 꽃밭을 매개했던 '길'은 거주의 內공간에는 부정적인 의미를, 꽃밭의 外공간에는 긍정적인 의미작용을 산출해 준다.

미당에게 있어서 이렇게 外공간인 들판으로의 이동성은 대지와 밀착하려는 시적 욕망으로 모아진다. 공간기호체계로 보면 '서'있는 수직적인 자세가 아니라, '엎드리는' 수평적 자세를 취하고자 하는 욕망이다. 더불어 「맥하」, 「대낮」과 같이 바깥으로 '나가는 행위'의 기호체계는 있으나 안으로 '들어오는 행위'의 기호체계는 나타나지 않는 점이다. 이것은 부정적인 內공간에서 끊임없이 外공간으로 탈주하고 싶은 시인의 무의식적인 욕망을 대변해준다고 하겠다.

그래서 피의 관능과 육욕성이 대지와의 결합을 통해 재생된 삶을 얻게 되었을 때, 미당은 다시 '일어나 서서' 새로운 출발과 이동을 모색하게 된다.[148] 「노을」에서 미당은 '일어나 서서' 새로운 길을 찾고 있다.

감지감각은 후각과 방사되는 열의 감각이 고조되는 것을 제외하고는 다른 기능이 줄어든다. Edward T. Hall, *The Hidden Dimension,* 김지명 역, 『숨겨진 차원』, 정음사, 1984, pp. 175~176.

147) 이경수, 「詩에 있어서의 情報의 효용과 한계」, 『상상력과 否定의 시학』, 문학과지성사, 1986, p.25. 〈따서 먹으면 자는듯이 죽는다〉 라는 행과 〈강한 향기로 흐르는 코피〉라는 행에서 암시 되듯이, 섹스를 생명의 소멸현상으로 보고 있다.

148) 볼노우는 세계에 대한 인간의 능동적인 관계가 인간의 직립 상태, 즉 起立의 상태에 의해 특징지어 진다고 말한다. 이때 직립 상태는 그 출발점이 된다. C. N. Schulz, 앞의 책, p.69.

노들강 물은 서쪽으로 흐르고
능수 버들엔 바람이 흐르고

새로 꽂이 핀 들길에 서서
눈물 뿌리며 이별을 허는
우리 머리 우에선 구름이 흐르고

붉은 두볼도
헐덕이든 숨ㅅ결도
사랑도 맹세도 모두 흐르고

나무ㅅ닢 지는 가을 황혼에
홀로 봐야할 연지ㅅ빛 노을.

－「노을」 전문

「노을」의 공간기호체계를 살펴보기 위해 먼저 지배소(dominant)[149]를 찾아볼 필요가 있다. 이 지배소는 시의 다양성 속의 통일성을 창조하는 구심적 요소이다. 이 경우 시 작품은 지배소를 향한 수렴과 확산으로 긴장관계를 형성하여 역동적 통일성을 주게 된다. 이 텍스트에서 지배소는 제1,2,3연에 반복적으로 나타나고 있는 서술동사 '흐르다'이다. '흐르다'의 서술동사는 매개항 '길'과 조응하여 텍스트의 공간을 역동적으로 만들어 주고 있다.

시적 화자의 시선에 의해 '흐름'은 세 개의 변별된 공간적 계층을 구축하고 있다. 물과 바람, 그리고 구름의 수평적인 흐름이 그것이다. 이들은 모두 화자가 서 있는 공간을 통해 저쪽(外)으로 흘러가고 있다. 이

149) 시의 각 구성요소들은 서로 유기적으로 결합된 체계를 일관성으로 유지하고 있다. 그런데 이 요소들 간에는 계층에 의한 위계질서가 존재한다. 무카로브스키는 최고의 위계에 속하는 요소를 지배소라고 부른다. J. Mukarovský, "Standard Language & Poetic Language," ed., D. C. Freeman, *Linguistics & Literary Style*. Holt, Rinehart & Winston Inc. 1970, pp.43~46. 참조.

들의 흐름은 질서정연하게 지속적으로 흐른다. 만약에 바람을 '분다'라고 했다면, 바람의 자유분방한 流動性에 의해 흐름의 질서는 와해되고 말 것이다. 이들의 질서 정연한 흐름은 들길에 '서' 있는 화자와 대립하고 있다. '흐르다'라는 말자체가 이미 물의 이미지를 가지고 있기 때문에 화자는 거대한 물의 흐름 속에 있는 것과 같다.

이러한 흐름에 의해 화자의 의식 세계는 해체되고 있다. 우주공간을 흐르는 물의 이미지에 의해 화자가 지닌 부정적 가치는 말끔하게 씻기고 있다. 붉은 두볼은 물에 의해서, 헐덕이던 숨결은 바람에 의해서, 머리에서 나온 사랑과 맹세는 구름의 물에 의해 씻겨 흐르는 것이다. 들길에 서 있는 화자의 '멈춤'은 그 대립항인 '흐름'에 의해 이별의 공간을 낳는다. 이별은 이전의 만남을 전제로 한 것이다. 만남은 서로를 한곳에 멈추게 한다. 그러나 이별한다는 것은 다시 멈춤의 공간에서 흐름의 공간으로의 복귀가 된다. 그러므로 이별은 흐름과 동위소를 갖는다. 이제 이별은 흐름의 공간적 의미를 나타내게 되는 것이다.

길이란 가기 위해, 걷기 위해 존재하는 공간이다. 길에 서 있다는 행위는 비정상 즉, 逸脫 행위가 된다.[150] 이쪽과 저쪽, 內/外를 매개하는 들길에 '서' 있는 화자는 일탈의 행위인 이별을 하고 있다. 그런데 이 이별은 헤어짐이 아니고 흐름이다. 화자는 이별을 통해서 물・바람・구름처럼 未知의 공간인 바깥으로 자연스럽게 흘러가고자 한다. 이러한 것을 가능케 한 것이 매개공간인 '들길'이다. 이때 들길은 새로운 삶의 주거지를 찾기 위한 명상적 공간, 실존적 공간이 된다.[151] 지나온 이쪽

---

150) 이사라, 『시의 기호론적 연구』, 도서출판 중앙, 1987, p.38.
151) 인간이 공간적으로 산다는 것, 세계 내에 거주한다는 것은 곧 실존적 공간 속에 있다는 의미가 된다. 인간은 자기 집의 내부공간이나 외부공간에 위치해 있을 때 그 행동과 의식의 차이를 드러낸다. 인간은 위대한 행동을 창조하기 위해 적대적인 외부공간에 나가지 않으면 안 되지만 또 이 과제를 완수하기 위해서는 역설적으로 집의 보호된 공간을 필요로 한다. 말하자면 실존공간 속에서의 인간은 방랑자인 동시에 거주자로서의 이중성을 갖는다. O. F. Bollnow, 「인간과 그의 집: 실존주의 극복을 위해서」, 이규호 편역, 『實存과 虛無』, 태극출판사, 1974, pp.314~317.

과 가야할 저쪽 공간의 중심에 선 시적 화자는 출발의 경계영역에 선 경계인이라 할 수 있다. 매개항 '들길'은 지나온 과거의 부정성과 가야할 저쪽 공간의 긍정성이 함께 공존하는 兩義的 공간이다. 그러나 그 출발은 밝고 희망적인 것만은 아니다. 나뭇잎 지는 가을의 凋落性과 수평적 삶을 강화하는 하강지향적인 시간이기 때문이다. 화자는 그 출발의 어려움을 "홀로 봐야할" 소외의 공간으로 인식하고 外공간으로의 이동을 다짐하고 있다.

피의 동력이 外공간인 들판으로 未堂을 이동하게 했다면, 거주공간의 부정적이고 세속적인 삶이 또한 外공간으로 탈주하게끔 만든다.

> 샛길로 샛길로만 쪼껴 가다가
> 한바탕 가시밭을 휘젓고 나서면
> 다리는 훌처 肉膾 처노흔듯,
> 피ㅅ방울이 내려져 바윗돌을 적시고 ……
>
> …(중략)…
>
> 거리 거리 쇠窓살이 나를 한때 가두어도
> 나오면 다시 한결 날카로워지는 망자!
> 열민 붉은옷을 다시 입힌대도
> 나의 소망은 熱赤의 砂漠저편에 불타오르는 바다!
>
> 가리라 가리로다 꽃다운 이年輪을 天心에 던져,
> 옴기는 발ㅅ길마닥 毒蛇의눈깔이 별처럼 총총히 무처있다는
> 모래언덕 넘어 …… 모래언덕 넘어 ……
>
> ─「逆旅」에서

탈주의 길은 넓은 大路가 아니라, 아주 좁은 "샛길"이다. "샛길"은 거주공간인 마을과 모래언덕 너머 있는 바다를 매개하고 있다. 매개항 "샛길"은 '마을(內)─샛길(매개)─바다(外)'로 三元構造의 공간기호 체계를

구축하게 된다. 여기서 거주공간인 마을은 화자인 '나'를 가두는 부정적인 공간이다. 화자에게 있어서 이런 마을은 쇠창살이 있는 감옥과 같은 곳이다. 그러므로 쫓겨가다가 "肉膾 처노흔듯" 다리에 피가 나고 생명이 위협받더라도 탈주할 수밖에 없는 공간이다.

"가리라 가리로다"에서 탈주에 대한 화자의 강한 의지를 읽을 수 있다. 外공간으로 쫓겨 가던 피동적 길이 곧, 화자의 의지에 의해 마땅히 가야할 능동적인 길로 전환되고 있다. 탈주의 이동공간은 "毒蛇의 눈깔이 별처럼 총총"한 위험한 밤길이다. 밤길이기 때문에 "가시밭을 휘젓"다가 피를 흘리기도 한다. 화자가 도달해야 할 목적지는 모래언덕 너머에 있는 "불타오르는 바다"이다. 이 바다는 "砂漠저편"에 있는 것으로 아직 도달하지 못한 상태에 있다. 화자는 遠거리에 있는 그러한 바다로 이동해서 "꽃다운 이年輪"을 亡者처럼 던져 버리고자 한다. 그러므로 매개항 샛길은 거주공간인 마을에는 부정적인 가치를 부여하고, 外공간인 바다에는 긍정적인 의미작용을 산출해 준다.

「逆旅」와는 달리 지상의 부정적이고 세속적인 가치가 사랑하는 "님"을 죽게 만들어 저승의 길로 인도하는 경우가 있는데, 「歸蜀途」가 여기에 해당되는 작품이다.

> 눈물 아롱 아롱
> 피리 불고 가신님의 밟으신 길은
> 진달래 꽃비 오는 西域 三萬里.
> 흰옷깃 염여 염여 가옵신 님의
> 다시오진 못하는 巴蜀 三萬里.
>
> 신이나 삼어줄ㅅ걸 슯은 사연의
> 올올이 아로색인 육날 메투리.
> 은장도 푸른날로 이냥 베혀서
> 부즐없은 이머리털 엮어 드릴ㅅ걸.

초롱에 불빛, 지친 밤 하늘
구비 구비 은하ㅅ물 목이 젖은 새,
참아 아니 솟는가락 눈이 감겨서
제피에 취한새가 귀촉도 운다.
그대 하늘 끝 호올로 가신 님아

–「歸蜀途」 전문

이승과 저승을 공간기호론으로 보면 이승은 內공간이 된다.[152] 內공간과 外공간을 매개하는 것이 '길'이다. 그런데 이 길은 "三萬理"에 해당되는 거리로, 시적 화자가 죽음으로써 초월하지 않고는 갈 수 없는 거리이다. 초월한다는 것은 인간의 조건을 버리는 것과 같다.[153] 화자의 대상인 '님'은 인간조건을 초월한 亡者로서 이승에서 저승의 길로 나가고 있다. 이때 매개항 '길'은 '이승(內)–길(매개)–저승(外)'으로 삼원구조의 기호체계를 구축하게 된다. 그러나 임이 밟고 가는 길이 "다시오진 못하는" 단절된 길이기 때문에 이승의 內공간에는 부정적인 의미를 부여해 주고 있다.

이 텍스트에서 화자의 "님"은 죽었다. 죽은 임이 가야할 곳은 완전함의 세계이다. "서역"과 "파촉"으로 불리는 아름답고 충만한 세계로 귀의해야 한다. 피리소리와 꽃비가 그러한 저승의 충만함을 잘 나타내 주고 있다. 피리 소리는 허공에서 천상으로 비상하는 소리를 내며,[154] 꽃비

---

152) Gaston Bachelard, *La Poétique de L'espace,* 곽광수 역, 『공간의 시학』, 민음사, 1993, p.376.

153) 인간이 지상을 떠나 천상을 향하여 하늘의 계단을 오르는 것은 대부분 인간 조건의 초월과 상층의 우주로의 침투를 의미한다. 종교적 의식인 제의에서 하늘로 인도하는 사다리나 聖所의 계단을 올라가는 사람은 그 순간 더 이상 인간이 아니다. 그러므로 선택받은 망혼들도 천상으로 상승하면서 인간의 조건을 버리게 된다. Mircea Eliade, 앞의 책, p.56.

154) 같은 악기라 해도 타악기가 지상에 하강하는 소리를 낸다면 건반악기는 지상을 울리는 소리를, 관악기는 허공을 울리는 소리를, 현악기나 피리는 허공에서 천상으로 비상하는 소리를 낸다. 오세영, 「설화의 시적 변용」, 『미당연구』, 민음사, 1994, pp.426~427.

는 상스럽고 아름다운 길의 세계를 상징하기 때문이다. 그런데 문제는 죽은 임이 이러한 세계에 귀의하지 못한 채 "제피"에 취한 귀촉도가 되어 다시 이승에 돌아온 것이다.

이와 같이 볼 때, '귀촉도'는 이 텍스트에서 '열쇠어'가 된다. '열쇠어'란 어휘군 중에서 작품의 解讀에 핵심적인 길을 제공하는 어휘이다.155) 이 텍스트에서 귀촉도는 恨을 상징하는 촉나라 杜宇의 설화를 모티브로 한 것이다. 恨을 상징하는 귀촉도는 이승과 저승의 단절된 길을 해소해 버리고 다시 兩項의 공간을 이어주게 된다. 환생한 귀촉도에 의해 이승과 저승의 길은 모두 부정적인 의미작용을 산출하게 된다. 왜냐하면 저승으로 가야할 임이 저승으로 귀의하지 못하고 이승에 돌아와 떠돌고 있기 때문이다. 그래서 화자는 귀촉도의 울음을 통해 저승으로 가는 길의 부정성을 인식하고 만다.

임이 죽기 전에 恨을 가졌기 때문에, 임은 저승에 귀의하지 못하고 있다. 제2연의 "삼아줄 걸", "드릴 것"의 언술로 보아, 화자와 임 사이에 풀지 못할 어떤 오해가 있었던 것 같다. 화자는 귀촉도가 내뿜는 피의 動力에 의해 과거의 시간 속으로 간다. 과거의 시간 속에서 임을 저승으로 보내게 한 사실이 화자 자신에게 있었음을 깨닫는다. 화자는 세속적이고 부정적이었던 자신의 삶을 자각하고 저승으로 가는 길의 부정성을 없애려고 한다. 그래서 육체적 생명의 상징인 머리털을 잘라 신을 만들어 주려고 하지만 이미 때가 늦은 것이다. 이에 따라 이승에 있는 화자도 이승에서의 恨을 갖게 된다. 이렇게 하여 귀촉도는 이승의 恨과 저승의 恨을 동시에 지닌 공간기호로 작용한다.

결국 귀촉도는 화자에게 존재론적 전환을 하게 해준다. 매개항 '길'이 처음에는 이승에만 부정적인 가치를 부여했지만, 귀촉도에 의해 이제는 저승에까지 부정적인 가치를 부여하고 있다. 저승의 길이 부정적인 가치로 작용한 것은 살아생전 이승에서 쌓였던 恨을 풀지 못한 데에 있다.

---

155) 다니엘 들라스 · 쟈크 피리올레, 유제식 · 유제호 역, 『언어학과 시학』, 인동, 1985, pp.50~51. 참조.

화자는 이러한 사실을 알고 '임'이 가는 길의 부정성을 긍정성으로 전환하려고 한다. 이것이 바로 恨의 승화로 나타나고 있다.

(2) 인생행로의 공간

바다는 피의 動力을 순화하며 정화하는 공간이면서, 동시에 인생살이로 비유되는 行路의 공간이기도 하다. 未堂에게 있어서 年輪이 쌓이면서 바다는 피의 바다가 아니라, 인생길을 걸어가는 공간으로 나타나기도 한다.

> 나보고 명절날 신으라고 아버지가 사다 주신 내 신발을 나는 먼 바다로 흘러내리는 개울물에서 장난하고 놀다가 그만 떠내려 보내 버리고 말았읍니다. 아마 내 이 신발은 벌써 邊山 콧등 밑의 개 안을 벗어나서 이 세상의 온갖 바닷가를 내 대신 굽이치며 놀아다니고 있을 것입니다.
>
> 아버지는 이어서 그것 대신의 신발을 또 한 켤레 사다가 신겨 주시긴 했읍니다만, 그러나 이것은 어디까지나 대용품일 뿐, 그 대용품을 신고 명절을 맞이해야 했었읍니다.
>
> –「신발」에서

개울의 內공간과 바다의 外공간을 매개하는 것은 '길'의 변형인 '물'이다. 이 텍스트에서 시적 화자는 개울물에서 장난하고 놀다가 그만 신발을 물에 떠내려 보내고 만다. 그것도 명절날 아버지가 신으라고 사다 주신 특별한 신발을 말이다. "명절 날"이라는 시간은 일상적 시간을 분절하는 것으로 신성한 시간이다. 그래서 특별한 시간인 명절날의 신발 또한 특별한 의미를 부여받는다. 일반적으로 사람들이 왕래의 수단으로 신고 다니는 "대용품"으로서의 신발과 크게 차이가 난다. 물론 실제의 신발로서가 아니라 공간기호로서의 신발이 그러하다는 것이다. 요컨대 의미작용으로써 차이가 난다는 것이다. 따라서 세속적이지 않은 이 신성한 신발을 싣고 바다를 향하여 흘러가는 개울물은 시적 화자에게 부정적 가치를 부여한다.

그 떠내려간 신발은 화자의 신체를 환유하는 기호로 전환된다. 그래서 인생살이로 비유되는 "세상의 온갖 바닷가"를 떠다닌다. 예의 이 신발은 가라앉지 않고 있다. 바닷물의 浮力에 의해서 신발은 가라앉지 않고 굽이치며 돌아다니고 있다. 왜 그럴까. 그것은 바닷물의 부력과 신성한 의미를 지닌 신발이기 때문에 가라앉지 않는다. 그러므로 떠다니는 신발에 의해 바닷물은 긍정적 의미를 부여받게 된다. 개울물의 부정적 가치가 外공간인 바다에 와서는 그 가치가 전도된 셈이다.

미당에게 바다 공간은 관능적인 육욕성의 피를 바다 속으로 추락시켰다가 다시 상승시키는 수직공간의 의미작용을 한다. 그러나 육체성인 피의 動力이 몸속에서 사라졌을 때, 바다 공간은 이와 같이 수평적인 인생의 길로 나타난다. 즉 추락과 상승의 수직적인 길이, 여기서는 바다 위를 떠다니는 수평적인 삶의 길로 나타나고 있는 것이다.

미당은 바다 공간을 떠돌아다니는 신발에 의해 未知의 우주공간을 체험하게 되고, 內공간인 땅에서의 부정적인 삶을 항상 반추하게 된다. 그래서 새롭게 산 신발은 "어디까지나 대용품일 뿐" 인생살이 그 자체로 여겨지지 않는다. 화자의 몸을 떠나 未知의 우주공간을 떠돌아다니는 특별한 신발만이 진짜 인생행로의 의미를 줄 수 있다. 바닷길을 떠다니는 신발은 땅과 대립하는 바다에는 긍정적인 의미를 부여하며, 內공간의 땅에는 부정적인 의미작용을 한다.

바다 위를 떠돌아다니는 "신발"이 "돛"의 코드로 전환이 되면, 外공간인 바다는 더욱 구체적인 인생행로의 길을 나타내 준다.

> 失戀한 女弟子가 〈落葉같다〉 줏어온 돌이
> 내 눈에는 돛 단 배의 돛만 같아서
> 〈돛〉이라 새 이름 부쳐 그네에게 돌리나니
> 사랑하는 사람들의 사랑의 落葉들이여
> 모조리 돛이나 되어 또 한번 떠 가자쿠나.
>
> —「모조리 돛이나 되어」 전문

"낙엽같은 돌"은 땅의 공간기호 체계이고, "돛 단 배의 돛"은 바다의 공간기호 체계에 속한다. '돌'과 '돛'에서 음소 /ㄹ/과 /ㅊ/의 대립적 차이가 있는 것처럼, 그 어휘의 의미작용에도 차이가 난다. 예컨대, '땅/바다, 무거움/가벼움, 부동성/이동성' 등의 변별된 의미를 산출하게 된다. 이때 땅의 의미항인 무거움, 부동성은 "失戀"이라는 부정적 가치체계와 연관을 맺는다. 반면에 바다의 의미항인 가벼움, 이동성은 "사랑"이라는 긍정적인 가치체계와 연관을 맺고 있다. 돛은 땅의 內공간과 바다의 外공간을 매개하는 기호체계로 땅에는 부정적인 의미를, 바다에는 긍정적인 의미작용을 산출하게 해준다. 이런 점에서 보면, 땅의 부정적 가치가 화자로 하여금 바다 위로 돛을 띄우게 한 것이다.

돛은 바다뿐만 아니라, 바람의 기호체계를 無標化해 주고 있다. 바람이 없다면 "돛 단 배의 돛"은 바다공간으로 이동할 수 없기 때문이다. 바람의 길을 따라 돛의 行路는 만들어지고, 바다 또한 돛의 광활한 人生行路의 공간이 된다. 이것을 인간 삶으로 비유하자면 자연의 순리대로 인생을 살자는 말이다. '돌'이 '돛'이라는 새로운 이름(의미)으로 코드전환이 되면서, 땅 위의 사람들은 모두 돛이 되어 순리대로 인생을 살아가기 위해 바다로 떠나게 된다. 旣知의 공간이 아닌 未知의 공간으로 길을 떠날 때, 인생행로의 체험은 확대되고 未知의 체험을 통해 旣知의 삶은 활력소를 얻을 수 있게 된다. 또한 이러한 未知 공간으로의 이동은 애련, 인정 등의 세속적 공간에서 벗어나 그와 반대되는 새로운 가치와 삶을 추구하고 모험하는 것을 의미한다.

바람과 바다는 돛을 수평적으로 이동시키면서 바다 저 너머의 우주공간으로 나가게 한다. 이에 따라 바람과 바다는 內공간(인간세계)의 부정적인 가치를 정화해 주는 공간기호로 돛의 행로(바다세계)에 긍정적인 가치를 부여해준다. 그래서 "모조리 돛이나 되어 또 한번 떠 가자쿠나"에서, 바다로 향한 길의 행로는 단순한 수평적 이동만을 뜻하지 않는다. 부사 "또"의 강조에서 알 수 있듯이, 이러한 반복적 행위는 우주공간에 대한 지속적인 체험을 하고자 하는 의지를 나타낸 것이며, 새로운 삶을 늘 추구하고자 하는 의지를 나타낸 것이다. 돛은 바다 위로 이동하면서 바람에 의해 가볍게 상승하며 나간다. 미당의 인생행로는 바다에 와서 가벼워지고 우주공간을 닮아간다. 이처럼 미당의 인생은 바다의 물과 하늘의 바람이 접하는 수평적인 넓은 공간에 존재하고 있다. 그리고 바다 너머로 향하는 길은 긍정적인 의미작용을 산출해주고 있다.

2. 벽 · 창문의 기호체계와 공간적 의미작용

수평축에서 집의 內/外공간을 분절하는 경계영역의 대표적인 것이 벽과 문 · 창이다. 벽은 內/外를 분절하는 매개항으로써 두 세계를 단절시키고 왕래를 불가능하게 한다. 벽의 공간기호 체계가 완전히 굳어지면 안과 밖이 대립하여 상호교류 작용이 없어지게 된다. 또한 완전한 밀폐는 인간 존재를 위협하는 공간으로 그것은 곧 '죽음'이라는 기호의미를 생성한다. 그러므로 인간이 거주하는 집이 감옥이 되지 않기 위해서는 그 배후의 세계 속으로 열려진 開口部, 즉 안의 세계와 밖의 세계를 연결하는 開口部를 갖고 있어야 하는 것이다.[156)]

그 開口部의 기능을 하는 것이 바로 문과 窓이다. 문은 內/外 공간을 분절하면서 동시에 연결해 주는 兩義的인 공간기호 체계이다.[157)] 즉 문을 열면 內/外공간의 상호교류가 이루어지지만, 문을 닫으면 內/外공간이 완전히 차단되고 만다. 반면에 窓은 문과 같은 기능을 가지고 있지만, 그 의미작용은 달리 나타난다. 문이 內/外를 가르는 데 비해 창은 內/外를 가르면서 동시에 유리창이 지닌 속성 때문에 內/外를 이어주는 기능을 한다. 이처럼 창문은 안과 밖의 경계가 되면서 안과 밖을 단절

---

156) O. F. Bollnow, *Mensch Und Raum*, Stuttgart: Kohlhamner, 1980, p.154.
157) 문과 같이 이러한 두 極性을 연결하고 있는 중간영역은 비정상적, 비자연적이며 또한 성스러운 것으로 파악된다. 그것은 모든 타부(taboo)의 祭儀의 整合이 된다. Edmund R. Leach, "Genesis as Myth", ed. John Middleton, *Myth and Cosmos,* Texas: Univ. of Texas Press, 1967, p.4.

시키는 기능을 하는 동시에 역설적으로 결합시키는 기능을 한다. 예의 모순의 의미, 즉 양면성의 의미를 지닌 기호인 셈이다.

(1) 벽의 기호체계

未堂의 시 텍스트에서 內/外를 분절하는 벽은 독특한 공간기호 체계를 형성하고 있다. 미당의 존재의식을 감금하고 있는 것은 '壁'이다. 벽에 간힌 미당의 존재의식은 외부 세계와 내부 세계 사이의 경계지점에서 절규하고 있다.

> 덧없이 바래보든 壁에 지치어
> 불과 時計를 나란이 죽이고
>
> 어제도 내일도 오늘도 아닌
> 여기도 저긔도 거긔도 아닌
>
> 꺼저드는 어둠속 반딧불처럼 까물거려
> 靜止한 〈나〉의
> 〈나〉의 서름은 벙어리처럼….
>
> 이제 진달래꽃 벼랑 햇볓에 붉게 타오르는 봄날이 오면
> 壁차고 나가 목매어 울리라! 벙어리처럼,
>
> —「壁」 전문

外공간으로의 탈주를 방해하는 것은 다름아닌 壁이다. 벽은 內/外공간을 분절하여 '안(內)-벽(매개항)-밖(外)'으로 수평축의 삼원구조 기호체계를 구축한다. 화자는 內공간에 위치하여 外공간으로의 탈주를 꿈꾸고 있다. 이것을 로트만의 견해로 보면 안에서 밖을 내다보는 '직접적인 방향'을 하고 있는 것이다.[158] 內공간은 外공간과 대립하는 것으로 부정

158) 로트만은 안과 밖의 공간 분절에서 중심점인 안에서 밖으로 지향하는 것을

적 가치의 의미를 생성해 낸다. 內공간이 바깥 공간으로의 교류가 철저히 차단될 때 바깥 공간의 가치가 內공간으로 침투할 수 없게 되고, 內공간의 가치 또한 바깥 공간에 영향을 미칠 수가 없다. 완전히 닫쳐진 공간 속에서 시간과 공간은 무의미하다. 그래서 화자는 문화적 산물인 불과 시계도 죽여 버린다. 이때 벽 안은 어둠의 공간, 정지의 공간, 무정형의 공간으로, 화자를 죽음의 공간으로 몰고 간다.

內공간이 이렇게 죽음의 공간일 때, 어떠한 기호작용도 일어날 수 없다. 공간기호체계의 소멸 속에서 말도 하지 못하는 "벙어리"로 존재할 수밖에 없는 것이다. 기호를 생산하기 위해서는 "벽차고 나가 목매어 우는'" 문둥이일 때만 가능하다. 환기구도 없는 內공간은 "서름"의 의미체계를 나타내고 있다. 화자가 서러운 것은 外공간으로의 탈주가 단절된 데서 오는 서러움이다. 外공간은 봄이 오고 있으며 진달래 꽃이 피는 밝음의 공간, 개화의 공간, 모든 생명들이 깨어나는 자연의 공간이다. 화자가 이런 外공간을 그리워하는 것은 벽 안의 정지된 공간과 달리 밝음의 빛이 탄생하고 있기 때문이다.

설움은 본질적으로 上向的이다. 이것은 위를 향하여 올라가거나 또는 어떤 대상과의 관계를 극복하고자 하는 심리적 요소를 내포하고 있다. 따라서 상승작용은 하강작용보다 늘 더 어렵게 마련이고, 하강작용은 그래서 공허감과 혼미의 뜻을 연상시키게 마련이다.[159] 여기서 설움의 요소인 공허감과 혼미는 바로 안과 밖을 완전히 차단시키는 벽 때문에

'직접적인 방향성'이라 하고, 밖에서 중심점인 안으로 지향하는 것을 '逆방향성'이라고 설명한다. Yu. Lotman, "On the Metalanguage of a Typological Description of Culture," *Semiotica*, 1975, pp.104~105.

159) 육체상으로 모든 사람은 중력의 법칙에 종속되어 있으며 그 때문에 상승작용은 하강작용보다 늘 더 어렵기 마련이다. 그래서 상승운동은 성취의 개념으로 연상되며, 드높음이나 상승의 의미를 지니는 여러 이미지들이 탁월함, 지배 등의 개념을 연상시킨다. 반면에 하향성은 공허감과 혼미의 뜻을 연상시키는데, 이것은 분노, 상실, 벌을 이루는 치열한 혼돈의 암흑과 섞이게 된다. Philip Ellis Wheelwright, *Metaphor and Reality,* 김태옥 역, 『은유와 실재』, 문학과 지성사, 1982, pp.114~5.

생기고 있다. 內공간에 갇혀 있는 화자에게 이런 벽은 부정적인 가치로 작용하게 된다. 內공간의 부정적 가치체계는 서술동사에도 작용하여 '죽이다→까물거리다→정지하다'로, 화자의 내면의식이 하향성을 이루며 정태적 공간을 구축하게 만든다. 반대로 外공간은 '타오르다→차고 나가다→울다'로 상승적인 의식과 함께 동태적인 공간을 구축한다. 매개항 '벽'은 內공간에 부정적인 의미를 산출해 주고, 外공간에는 긍정적인 의미작용을 산출하게 해준다. 이처럼 벽은 內/外 공간을 완전히 분리시켜 상호교환 가치를 불가능하게 해주고 있다.

이러한 兩項의 대립적 의미를 그레마스의 기호론적 사각형으로 도식화하면, 그 의미를 체계적으로 알 수 있다.160)

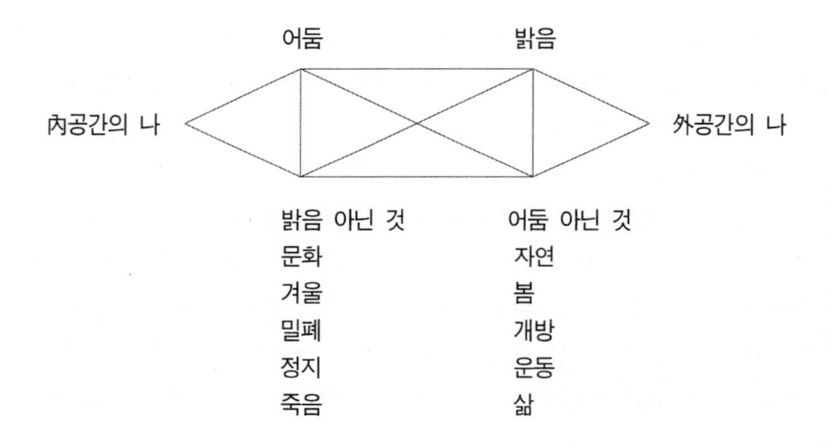

(2) 문 · 창의 기호체계

미당의 시 텍스트에서 문과 창의 기호체계는 매우 관념적이고 추상적인 의미작용을 하는 매개항이다.

---

160) 이 기호론적 사각형에서 수평적 대립은 '대립관계', 수직적 대립은 '함의 관계', 대각선의 대립은 '모순관계'를 나타낸다. Gremas, *Du Sens,* Seuil, 1970, pp.135~55. 참조.

피와 빛으로 海溢한 神位에
肺와 발톱만 남겨 노코는
옷과 신발을 버서 던지자.
집과 이웃을 離別해 버리자.

오一 少女와같은 눈瞳子를 그득이 뜨고
뉘우치지 않는사람, 뉘우치지않는사람아!

가슴속에 匕首감춘 서릿길에 타며 타며
오느라, 여긔 知慧의 뒤안깊이
秘藏한 네 荊棘의 門이 운다.

—「門」에서

이 텍스트에서 "형극"의 문은 일상적 삶의 공간과 지혜로운 삶의 뒤안 공간을 매개한다. 전이사 '여기'는 '저기'라는 대립항을 전제로 한 기호체계이다. '여기'가 荊棘의 門을 가리킨다면, '저기'는 집과 이웃이 있는 서릿길을 가리킨다. 이 텍스트의 "荊棘의 門"은 땅과 바다의 대립 공간을 매개한다. "荊棘의 門"은 "피와 빛으로 海溢한" 神位의 공간과 '집, 이웃, 서릿길'이 있는 육지의 공간을 중재하고 있다.

피와 빛으로 얼룩진 神位의 공간은 육체성을 띠는 것으로 무거운 이미지를 주고 있다. 그러나 이것들은 바다 속으로 침몰하지 않고 海溢에 의해 바다 위로 떠오르고 있다. 海溢에 의해 피와 빛은 "꽃같은 심장"(「바다」)으로 붉게 퍼지며 상승하고 있다. 그러면서 바닷물에 의해 피와 빛은 정화되어 푸른색으로 바뀌어 간다. 그래서 미당의 텍스트에서 피의 붉은색이 바다 속에서 정화될 때는 거의 검푸른색으로 나타난다. 이렇게 해서 매개항인 "荊棘의 門"은 핏빛의 육체성을 정화해 주는 바다에는 긍정적인 의미작용을, 집과 이웃이 있는 땅에는 부정적인 의미작용을 산출하고 있다.

"荊棘의 門"으로 가는 것은 고통을 동반한다. '匕首와 서릿길' 같은 위협적인 길을 통과할 때만 다다를 수 있다. 이 텍스트에서 "荊棘의 門"은 海溢로 나타나는 바다 이미지이다. 이로 보면 "형극의 문"은 바다를 문으로 형상화한 추상적인 정화의 문이라고 할 수 있겠다. 이러한 징후는 "燭불밖에 부흥이 우는 돌門을 열고가면 江물은 또 멫천린지"(「부활」)에서도 나타나고 있다. 이때 문을 여는 것은 강물이나 바다로 나가는 것을 의미하며, 동시에 땅의 부정적인 공간을 벗어나는 것을 의미한다.

미당은 육체성의 무거운 피를 바닷물에 던져 물로 정화시킨다. 바다에 "신방"(「바다」)을 만들어 피를 정화시키고 물기는 상방공간으로 날려 버리기도 한다. 이렇게 볼 때 "荊棘의 門"은 죽음이 아니라 피를 정화시켜 물로 바꾸려는 긍정적인 문이다. 이러한 "荊棘의 門"을 통과하기 위해서는 물질적인 옷과 신발을 던져버려야 하고, 혈연관계에 있는 집이나 이웃과 이별을 해야만 하는 것이다. 그러므로 이 "荊棘의 門"은 세속적인 몸을 신성한 몸으로 전환시키려는 신성한 문이라고 할 수 있다.

바다에 있는 "荊棘의 門"이 코드전환을 하여 지상으로 오게 되면 '꽃의 門'이 된다.

> 꽃아. 아침마다 開闢하는 꽃아.
> 네가 좋기는 제일 좋아도,
> 물낯바닥에 얼굴이나 비취는
> 헤엄도 모르는 아이와 같이
> 나는 네 닫힌 門에 기대 섰을 뿐이다.
> 門 열어라 꽃아. 門 열어라 꽃아.
> 벼락과 海溢만이 길일지라도
> 門 열어라 꽃아. 門 열어라 꽃아.
>
> -「꽃밭의 獨白」에서

수평 · 수직적 밀폐의 門을 가장 잘 열 수 있는 것은 꽃이다. 꽃은 피고 지는 것으로 이미 문의 개폐와 같은 기능을 가진 기호체계이다. 그런데 화자에게 이 꽃의 '門'은 열리지 않는다. 열리지 않는 문은 내부적 공간과 외부적 공간의 교섭을 차단시킨다. 內/外 공간의 완전한 분리와 대립은 화자에게 죽음이라는 한계상황을 부여해 주고 있다. 이렇게 보면 꽃의 문은 화자가 있는 外공간에 부정적인 의미작용을 생성하고 있다.

이 텍스트에서 꽃의 문은 추상적이고 관념적인 문으로 나타나고 있다. 왜냐하면 화자가 "아침마다 開闢하는 꽃"을 두고 그 꽃에게 다시 문을 열어 달라고 주문하고 있기 때문이다. 화자는 꽃이 피는 그 현상 자체보다는, 꽃이라는 존재의 본질적인 의미에 더욱 관심을 두고 있는 것이다. 그래서 꽃은 실제로서의 대상을 뛰어 넘은 하나의 기호 자체로 화자와 대면하게 된다.

꽃의 본질적인 존재의 문은 열리지 않고 있다. 화자는 "벼락과 海溢만이 길일지라도" 그 문을 열고 싶어 한다. 그러나 꽃은 문을 끝내 열어주지 않기 때문에 화자와 꽃은 대립 공간속에 남을 수밖에 없다. 결국 꽃의 우주적인 문은 外공간에 있는 화자에게 부정적인 의미작용을 산출해 주고 있을 뿐이다. 우주공간의 의미를 지닌 꽃과 有限者인 인간은 닫힌 문에 의해 상호가치를 교환하지 못하고 있다.

비로소 꽃의 문이 열리면 화자에게 긍정적인 의미를 부여해준 된다.

> 오게
> 아직도 오히려 사랑할 줄을 아는 이.
> 쫓겨나는 마당귀마다, 푸르고도 여린
> 門들이 열릴 때는 지금일세.
>
> 오게
> 低俗에 抗拒하기에 여울지는 자네.
> 그 소슬한 시름의 주름살들 그대로 데리고
> 기러기 앞서서 떠나가야 할
> 섧게도 빛나는 외로운 雁行——이마와 가슴으로 걸어야 하는
> 가을 雁行이 비롯해야 할 때는 지금일세.
> 작년에 피었던 우리 마지막 꽃——菊花꽃이 있던 자리,

올해 또 새 것이 자넬 달래 일어나려고
白露는 霜降으로 우릴 내리 모네.

—「가을에」에서

꽃의 문이 열릴 때, 화자의 목소리는 조용하고 차분하다. 서술동사를 보면 명령적이요 단정적인 어조가 아니라, 귀에 속삭이는 듯한 친근한 청유형 '오게'의 언술로 나타난다. 문들이 저절로 열릴 때는 고통스러운 '형극의 門', 완전히 폐쇄된 '꽃의 門'이 아니라 '사랑의 '門'으로 전환된다.

'푸르고 여린 門들'은 단수가 아니라 복수이다. 여러 개의 문들이 한꺼번에 열려지고 있다. 마치 꽃들이 개화하는 것처럼 문들이 열리고 있다. 그런데 이 문들의 열림은 시간상의 제약을 받고 있다. 시간성 부사 "지금"이 그것을 환기시켜 주고 있다. 시간성 부사 "지금"은 과거와 미래 시간의 경계적 단위로써 문이 열리고 닫히는 시간이 지속적이지 못함을 나타내준다. 그렇기 때문에 문을 수식하는 것도 돌문, 대문, 철문이 아니라, '푸르고 여린' 문으로 금방 사라져버릴 듯한 이미지를 가지고 있다. 이 텍스트의 공간기호체계로 볼 때, 아마도 이 문은 풀꽃이나 국화꽃들의 문이 아닐까 한다. 슐츠가 '심리적으로 어떤 문도 열려질 수 있는 상태에 있고 또 항상 열려져 있으며 동시에 닫혀 있다'[161]고 한 것처럼, 심리적으로 볼 때 풀과 꽃들은 계절의 문이 되어 항상 열려져 있으면서 동시에 닫쳐질 수 있겠다.

매개항 "門"은 "低俗"에 있는 삶을 불러들여 말끔하게 정화해 주는 긍정적 가치를 부여한다. 이 "門"의 外공간은 저속한 공간으로 사랑할 줄 아는 사람도 적고, 또 항거하기에 너무 힘든 곳이다. 이에 비해 內공간은 雁行하여 저속한 공간을 벗어날 수 있도록 해주는 긍정적인 공간이다. 그러므로 매개항 "門"은 저속한 삶을 긍정축으로 전환시켜 주는 의미작용을 산출한다. 즉 "門"은 인간의 의식을 속세에서 신성한 공간으

161) C. N. Schulz, 앞의 책, p.51.

로 돌리게 할 뿐만 아니라, 조금은 섧고 외롭지만 그래도 빛나는 이동을 할 수 있게끔 해준다. 이런 빛나는 雁行을 재촉해 주는 白露나 霜降도 긍정적인 의미의 기호체계가 된다.

이와 같이 이 텍스트는 가을날에 꽃피었다가 금방 시들어 버릴 어떤 정경을 묘사한 것이 아니라, 꽃들을 통해 저속한 삶의 의미를 공간구조 체계로 구축한 것이다.

> 첫 窓門 아래 와 섰을 때에는
> 피어린 牧丹의 꽃밭이었지만
>
> 둘째 窓 아래 당도했을 땐
> 피가 아니라 피가 아니라
> 흘러내리는 물줄기더니,
> 바다가 되었다.
>
> 별아, 별아, 해, 달아, 별아, 별들아,
> 바다들이 닳아서 하늘 가며는
> 차돌같이 닳아서 하늘 가며는
> 해와 달이 되는가. 별이 되는가.
> 세째 窓門 영창에 어리는 것은
> 바닷물이 닳아서 하늘로 가는
> 차돌같이 닳는 소리, 자지른 소리.
> 세째 窓門 영창에 어리는 것은
> 가마솥이 끓어서 새로 솟구는
> 하이얀 김, 푸른 김, 사랑 김의 떼.
>
> ―「旅愁」에서

「旅愁」의 창문은 화자가 있는 內공간과 外공간을 경계하면서 동시에 外공간을 투시하게 해준다. 창문을 열고 닫지 않아서 內/外 공간의 직접적인 교류와 침투는 없지만, 화자로 하여금 바깥 공간에 대한 상태변화를 자세히 볼 수 있게 해준다. 이 텍스트에서 창문은 세 종류로 나타나는데 그 기호작용은 창문마다 다르다. 첫 창문의 바깥 공간은 꽃밭, 둘째 창문의 바깥 공간은 바다, 셋째 창문의 바깥은 바닷물과 가마솥이 있는 공간이다.

화자의 이동에 의해 안과 밖을 가르는 창문의 의미작용은 다르게 산출되는데, 첫째 창문의 바깥은 피가 생성되고 있는 꽃밭의 이미지로 나타난다. 그런데 둘째 창문의 바깥은 이러한 피가 물이 되어 바다가 되는 공간으로 나타난다. 셋째 창문의 바깥은 가마솥에 의해 바닷물이 끓고 있는 소리와 하얀 김이 서리는 동적공간으로 나타난다. 결국 화자가 바라본 창밖의 공간은 관능과 육욕성의 상징인 피가 물로 증류되는 광경인 것이다. 창문 바깥의 공간은 시각과 청각적 이미지가 지배적이며, 색채 또한 붉은색에서 푸른색으로, 푸른색이 흰색으로 변화되어 가고 있다. 다시 말해서 창문 바깥의 공간은 피의 동력이 사라져 가고 물기 어린 공간이 되고 있다.

內/外가 단절된 상태에서 바깥 공간을 볼 수 있는 것은 유리창의 특성에 기인한다. 유리창은 안과 밖을 경계하지만, 동시에 안이기도 하고 밖이기도 한 양면성을 지니고 있기 때문이다. "窓門"이 지닌 이런 양면성 때문에 안과 밖의 가치체계가 상호 교환되고 서로 영향을 받을 수 있다. 이 텍스트에서 화자는 바깥 공간의 영향을 받아서 內공간의 가치체계를 바꾸게 된다.

> 하지만 가기 싫네 또 몸 가지곤
> 가도 가도 안 끝나는 먼나 먼 旅行.
> 뭉클리어 밀리는 머나먼 旅行
>
> …(중략)…
>
> 옛 愛人의 窓가에 기별을 하고,
> 날과 달을 에워싸고 돌아다닌다.
> 눈도 코도 김도 없는 바람이 되어

내 兄弟의 앞을 서서 돌아다닌다.

－「旅愁」에서

화자는 바깥 공간의 영향을 받고 행동 자체의 변화를 일으킨다. 창문 앞에 오기 전까지는 피의 동력에 이끌려 왔지만, 꽃밭의 피가 증류되는 것을 보고 화자도 피의 순화를 위해 "머나먼 旅行"을 떠나는 것이다. 야콥슨은 시적 기능에 대한 정의를 내리면서 "시적 기능은 등가의 원리를 선택의 축에서 결합의 축으로 투사한다"[162]고 했다. 이 원리에 의하면 모든 선택축이 여행하면서 '돌아다니는' 것으로 투사된다. 화자는 관능적 피로 맺어진 옛 애인에게 기별을 하고 바람이 되어 떠돌아다닌다. 볼노우가 "인간은 이동하면서 젊어질 수 있다"[163]고 말한 것처럼, 화자는 대지로 돌아다니는 이동공간을 통해 피를 순화한 젊은 삶을 다시 회복할 수 있게 된다. 그래서 매개항인 창문은 화자가 있는 內공간에 긍정적인 의미작용을 산출하고 있는 것이다.

3. 집의 기호체계와 공간적 의미작용

수평축에서 집은 外공간에 대립하는 內공간을 갖는다. 이때 內공간은 인간의 사상과 추억과 꿈을 통합하는데 큰 힘이 되는 장소이다.[164] 집이라는 요람 속에서 우리는 外공간에 대한 인식을 넓혀간다. 즉 집과 우주의 대립 속에서 인간은 집・마을・바다・하늘이라는 우주 너머의 공간까지 인식할 수 있다.

未堂의 텍스트에서는 집의 공간기호 체계가 대부분 여성들과 관계되는 것으로 나타나고 있다. 다시 말하면 집의 內공간의 의미를 산출하는

162) Roman Jakobson, *Language in Literature,* 신문수 역, 『문학 속의 언어학』 문학과 지성사, 1989, p.61.
163) O. F. Bollnow, 앞의 책, p.120.
164) Gaston Bachelard, 앞의 책, p.118.

공간코드가 여성의 기호체계가 되는 셈이다.

(1) 추억과 명상의 공간

미당에게 있어서 집은 여성과 관계된 지난 시절의 추억과, 그리고 추억을 회상하며 반성하는 집으로 나타난다. 먼저 「水帶洞詩」를 살펴 보도록 한다.

흰 무명옷 가라입고 난 마음
싸늘한 돌담에 기대어 서면
사뭇 숫스러워지는 생각, 高句麗에 사는듯
아스럼 눈감었든 내넋의 시골
별 생겨나듯 도라오는 사투리.

등잔불 벌서 키어 지는데…
오랫동안 나는 잘못 사렀구나.
샤알·보오드레-르처럼 설ㅅ고 괴로운 서울女子를
아조 아조 인제는 잊어버려.

仙旺山그늘 水帶洞 十四번지
長水江 뻘밭에 소금 구어먹든
曾祖하라버짓적 흙으로 지은집
오매는 남보단 조개를 잘줍고
아버지는 등짐 서룬말 졌느니

여긔는 바로 十年전 옛날
초록 저고리 입었든 금女, 꽃각시 비녀하야 웃든 三月의
금女, 나와 둘이 있든곳.

머잖어 봄은 다시 오리니
금女동생을 나는 얻으리
눈섭이 검은 금女 동생,

얻어선 새로 水帶洞 살리.

－「水帶洞詩」 전문

로트만은 문화공간을 기술하는데 있어서 공간적 메타언어의 필수적인 요소로 경계영역을 들면서, 內/外 공간의 분절의 중요성을 강조하고 있다.[165] 집은 근본적으로 內/外의 공간을 구분하기 위해 존재한다. 이 텍스트에서 집의 內공간은 “등잔불”에 의해 有標化된다. 화자는 “싸늘한 돌담에 기대”선 것으로 外공간에 위치하고 있다. “등잔불 벌서 키어 지는데 … ”의 언술로 보면, 화자는 外공간에서 ‘등불’을 보고 집의 내밀한 공간을 상상한다. 이 텍스트에서 內공간의 집은 ‘등불’만 키우고 있는 집이다. 內공간에 대한 묘사는 공백으로 남겨 놓았기 때문에, 독자는 상상력에 의해 집의 내밀함을 읽어야 한다.

우선 등불은 어둠을 밀어내고 불을 밝힌다는 실질적 기능을 가지고 있지만, 2차 모델링 체계에서는 ‘명상의 불’이라는 의미작용을 산출해 낸다.[166] 명상의 공간임을 알 수 있게 하는 언술은 “흰 무명옷 가라입고”에 잘 나타나 있다. 이것은 “등잔불 키어 지는”것과 등가성에 놓인다. 옷을 ‘가라입는다’는 것은 마음의 새로운 전환을 의미하며, 등잔불이 켜진다는 것은 낮에서 밤으로의 전환을 의미한다. 화자의 감정・가치 체계로 보면 시간의 분절도 생겨난다. 옷을 갈아입기 전의 시간과 옷을 갈아입고 난 후의 시간은 示差性을 갖는다. 수식어도 이에 걸맞게 깨끗하고 가벼운 이미지를 지닌 ‘흰’색으로 되어 있다. 등잔불은 어둠과 대립되는 밝음의 시간을 有標化한 것으로, 이것을 공간기호체계로 나타내면 상승의 공간이 된다.

---

165) Yu. Lotman, “On the Metalanguge of a Typlolgical Description of Culture”, *Semiotica*, 1975, p.110.

166) 불꽃은 그 은유 및 영상으로서의 가치를 더 없이 다양한 ‘명상의 영역’에다 두고 있다. 그러므로 등불과 작은 빛에 대한 몽상은 우리들을 친밀함의 거처로 끌고 간다. G. Bachelard, 민희식 역, 『불의 정신분석, 초의 불꽃, 大地와 意志의 몽상』, 삼성출판사, 1987, pp.123~126. 참조.

'옷의 가라입음'과 '등잔불의 켜짐'이 감정 · 가치 체계의 이항대립을 생성시키며 명상적인 시간, 즉 추억의 공간 속으로 화자를 몰입하게 한다. 추억의 깊이 속으로 화자를 안내하는 것은 행위를 나타내는 '서술동사'에 의해 가능해 진다.[167] '사렀구나, 잊어버려, 주어먹든, 졌느니, 있든곳' 등의 서술동사는 과거시제, 곧 과거시간을 나타내주고 있다. 그러므로 그 명상은 과거로부터 현재로 거슬러오는 것이 된다. 예의 '등불'의 명상을 통해서 화자는 추억의 遠거리로부터(外공간) 近거리(內공간)로 초점을 모으게 되는 것이다. 즉 보들레르가 있는 외국의 공간, 서울여자가 있었던 도시의 공간, 仙旺山의 수대동 공간, 화자가 태어난 '요람의 집'으로 명상해 간다. 外공간에서 수대동이라는 內공간으로 갈수록 부정적인 추억이 긍정적인 추억으로 전환이 되며, 보들레르와 서울여자는 아주 잊어야 할 대상으로 나타난다. 물론 "아버지는 등짐 서룬말 졌느니"에서 "등짐"은 고통과 징계를 받는 듯한 부정적 의미를 나타내지만,[168] 그래도 가족이 살던 애정어린 공간이기에 긍정적 가치를 지닌다.

內공간의 중심에 위치한 "금女"에게 오면 부정적 의미는 모두 사라진다. "금女"에 대한 추억은 오히려 미래에 대한 삶의 희망으로 나아가게 한다. "머잖어 봄은 다시 오리니/ 눈섭이 검은 금女 동생/ 얻어선 새로 水帶洞에 살리"로 生의 재출발을 갖게 해준다. '봄, 금(金), 새로' 등은 모두 상승하는 빛의 이미지로 미래에 대한 긍정적인 출발을 나타낸다.

이 텍스트에서 등불이 있는 內공간은 外공간의 어둠에 의해서 그 내

---

167) 토도로프에 의하면 등장인물은 명사, 인물의 속성은 형용사, 그 행동은 동사와 같다고 말하면서 언제나 명제는 명사(등장인물)가 형용사(속성)나 동사(행위)와 결합됨으로써 만들어진다고 한다.
T. Todorov, *Grammaire du Décameron*, The Hague: Mouton, 1969, pp.27~30. 참조.

168) 등은 무거운 짐을 진다거나 징계를 받는 장소로 부정적인 상징성을 띠고 있다. Ad de Vries, *Dictionary of Simbols and Imagery,* North Holland Publishing Co., 1974, 참조. 이어령, 『문학공간의 기호론적 연구』, 단국대 대학원 박사학위 논문, 1986, p.445. 재인용.

밀함은 더해간다. 그 내밀함의 강도가 더해갈수록 화자의 추억은 "금女"와 "금女 동생"에게로 깊어갈 것이다. 또한 外공간에 있는 화자의 현실이 어려우면 어려울수록 內공간은 더 그리워지게 된다. 그래서 집의 內공간은 등불에 의해 긍정적인 의미를 생성하게 된다.

그러나 "금女"에 대한 긍정적인 의미를 부여하기 전까지는 집의 內공간은 '피'의 동력 때문에 부정적 가치를 지녀왔었다.

> 눈물이 나서 눈물이 나서
> 머리깜어 느리여도 능금만 먹곺어서
> 어쩌나…하늬바람 울타리한 달밤에
> 한집웅 박아지꽃 허이여케 피었네
> 머언 나무 닢닢의 솟작새며, 벌레며, 피릿소리며,
> 노루우는 달빛에 기인 댕기를.
> 山봐도 山보아도 눈물이 넘처나는
> 蓮順이는 어쩌나… 입술이 붉어 온다.
>
> ―「가시내」 전문

「가시내」에서는 시적 화자의 양태부사 "어쩌나"의 반복에서 볼 수 있듯이, 집 內공간의 감정・가치는 性的 충동의 분위기로 휩싸여 있다. "머리 감어 느리어도"에서 머리를 감고 마음을 진정시켜 보려 하지만, 蓮順이의 시선은 外공간인 능금, 달빛, 나뭇잎의 새소리들, 山 등으로 확대되어 간다. 이렇게 시선이 外공간으로 향할수록 집은 性的 욕망을 억압하는 기제로 더욱 부정적 가치를 띤다.

'입술'은 신체공간 기호에서 '다리'에 비하면 상방공간의 기호체계를 갖지만, 머리와 눈, 코에 대응하면 하방공간의 기호체계를 나타낸다. 그리고 관상적인 기호체계에서 입술의 기호는 性器와 마찬가지로 정신성과 반대되는 관능적・육체적인 의미를 산출한다.[169] 입술이 붉어지는

---

169) 기로가 언급한 J. Brun-Ros의 얼굴 관상학의 체계에 의하면, 입술은 감수성과 관능성을 겸비한 본능을 나타낸다. P. Guiraud, *Semiologie de la*

관능적인 蓮順이에게 집 안을 둘러싸고 경계하는 "울타리"는 性的 욕망을 억압하는 기제로, 內공간에서 外공간으로 나가는 것을 차단하는 기제로 작용한다. 이와 같이 울타리는 內공간에 부정적인 의미를 부여해주고 있다. 內공간의 부정적인 가치가 蓮順이로 하여금 外공간으로 탈주하게 한다.

> 푸른 나무그늘의 네거름길우에서
> 내가 붉으스럼한 얼굴을하고
> 앞을볼때는 앞을볼때는
> 내 裸體의 에레미야書
> 毘盧峰上의 强姦事件들.
>
> 미친하늘에서는
> 미친 오픠이리아의 노래소리 들리고
>
> 원수여. 너를 찾어 가는길의
> 쬐그만 이休息.
>
> 나의 微熱을 가리우는 구름이있어
> 새파라니 새파라니 흘러가다가
> 해와함께 저므러서 네집에 들리리라.
>
> —「桃花桃花」 전문

「桃花桃花」에서 집의 內공간은 無標化로 나타난다. 집의 내부에 대한 세밀한 묘사가 없다. 가끔 미당은 이처럼 집의 內공간을 無標化해 놓고, 독자들로 하여금 집의 내공간과 대립하는 外공간의 有標化 項을 대립시켜 그 의미체계를 상상하도록 만든다. 이 텍스트에서 집 안과 대립하는 外공간은 "붉은 얼굴", "强姦事件들", "미친 오픠이리아의 노래소리", "구

Sexualité, Paris: Payot, 1978, p.27.

름" 등이다. 그런데 이러한 外공간의 가치체계가 內공간에 직접 영향을 주는 것은 아니다. 바로 화자의 행위를 통해서다. 화자의 행위를 나타내는 서술동사는 '보다-찾아가다-들리다'이다. 예의 서술동사에 나타난 이러한 행위가 집에 영향을 미치고 있는 것이다.

시적 화자의 감정・가치체계는 이항대립적 요소를 지닌다. '푸른색/붉은색, 오픠이리아의 노래소리/강간 사건들, 구름/微熱'로써 전자는 상방적 가치체계, 후자는 하방적 가치체계로 대립한다. 이 요소를 매개하는 것이 화자의 자신의 "裸體"이다. "에레미야"는 기독교 예언자로서 환유적 기능으로 쓰인다. "내 나체의 에레미야"는 내 나체의 예언자 곧 性의 예언적 기능을 하는 것으로써,[170] 우주공간과 대립하여 그 공간적 의미를 획득해 나간다. 말하자면 보고 듣는 행위를 性의 나체가 이행하는 셈이다. 예컨대, 복숭아꽃이 붉게 핀 공간에서 화자는 백일몽 상태가 되어 "강간사건"과 미친 "오픠이리아의 노래소리"를 체험하게 된다. 이에 따라 나체는 예언자처럼 이 요소를 받아들이며 "너"를 찾아가게 되는 것이다.

구름이 "새파라니 흘러가"는 것의 이미지는 물이 새파랗게 흐르는 이미지와 같다. 그런 만큼 화자는 그런 물의 이미지로서 "네 집"에 들리게 된다. 주지하다시피 화자는 대립적(모순적)인 감정 가치 체계를 지니고 있다. 예의 그러한 화자가 물처럼 흘러 스며들자 그 집은 부정적인 가치체계로 전환되고 만다. 강간과 순결, 性의 발산과 억제의 모순된 가치가 집의 內공간을 침입하고 있기 때문이다. 그래서 집이 거주나 정착의 장소가 아니라 '들리게' 되는 휴식의 장소, 유희의 장소, 혼돈의 장소로 나타난다.

「水帶洞詩」가 「가시내」, 「桃花桃花」와 같은 과정을 거쳐 명상과 추억의 집으로 등불을 켤 수 있었던 것은 집이 外공간의 침입과 방어 속에서 성장할 수 있었기 때문이다. 집은 하늘의 雷雨와 삶의 雷雨를 거치면

170) 김옥순, 「서정주 시에 나타난 우주적 신비체험」, ≪이화어문논집≫ 제12집, 1992, p.248.

서도 인간을 잡아둘 수 있는 곳이라는 바슐라르의 언술처럼,[171] 「水帶洞詩」의 공간은 내밀화되면서 육체와 정신을 통합할 수 있는 집으로 성장하고 있었다. 예의 이러한 과정을 통해 마침내 집의 內공간은 여성적인 '거울'을 갖게 되고, 또한 그 '거울'을 통해 과거의 삶을 비춰보며 집을 정화해 나가게 된다.

大門열고 中門열고
돌門을 열고
바람되야 문틈으로 슴여 드러가면은
그리운 우리누님 게 있느니라.

도적놈은 어디 가고
우리누님 홀로 되야
거울 앞에 흰옷 입고 앉었느니라.

—「누님의 집」에서

일반적으로 집의 공간기호체계는 수직공간을 분절하는 매개항 기능보다는 수평공간을 분절하는 매개항 기능이 훨씬 더 우세한 것으로 드러난다. 집의 공간기호 자체가 상방공간과 교류하기보다는 수평적 공간과 더 많은 교류를 하고 있기 때문이다. 그러므로 內/外를 경계하는 문은 수직적 공간보다는 수평적 공간을 전제로 한 분절을 보여준다. 예의 문이 많다는 것은 분절의 벽이 많다는 뜻이다. 보통 우리가 열 두 대문이라고 하는 것도 바로 內/外의 격벽의 두터움을 강조하는 공간기호체계에 지나지 않는다.

「누님의 집」에서 內/外 공간을 분절하는 것은 "門"이다. 그 경계 隔壁은 '大門, 中門, 돌門'으로서 두터운 층과 무게를 지니고 있다. 시적 화자에게 "門"은 집의 內공간을 폐쇄하는 것으로 부정적 가치를 부여해준다.

---

171) Gaston Bachelard, *La Poétique de L'espace*, 곽광수 역, 『공간의 시학』, 민음사, 1993, p.118.

누님이 있는 內공간과 화자가 있는 外공간은 門에 의해 완전히 대립되고 있다. 그래서 이때의 門은 內공간에 있는 누님에게도 부정적 가치로 작용한다. 예의 이런 兩項의 대립을 허무는 것은 다름 아닌 바람이다. 바람은 경계영역을 보다 쉽게 뚫고 집의 內공간으로 침입해 간다. 바람에 의해서 양항의 가치체계는 상호교환이 가능해진다. 「自畵像」에서의 바람은 집의 內공간을 침입하려는 부정적인 기능을 한데 비해, 이 텍스트에서는 벽을 뚫고 들어가는 긍정적 기능을 한다. 이런 점에서 바람은 動態的인 기호체계로 텍스트의 의미를 다양하게 생성시켜준다.

수평공간에서 공간기호체계의 의미작용은 시적 화자의 위치와 시선에 따라 달라진다. 예의 "門"의 기호체계도 화자의 시선에 따라 兩義性을 띠게 된다. 화자의 시선이 外공간에 있을 때는 중첩된 문들이 누님을 감금하는 이미지로 부정적인 작용을 했다. 그러나 시선을 돌려 누님이 있는 內공간에서 "門"을 보면 긍정적 가치로 작용하고 있다. "도적놈은 어디가고"에서 누님의 대상인 도적놈은 外공간에 존재하는 인물이다. 그것도 도적놈에 해당하는 인물이기에 外공간은 부정적인 가치를 지닌다. 外공간에서 부류하고 있는 도적놈이 해야 할 일이란 비속한 일이다. "門"은 바로 이러한 外공간의 가치를 단절시켜 주기 때문에 오히려 內공간에 긍정적 의미로 작용하고 있다. 그러므로 門 밖에서 도적놈이 이동하는 세속공간과 달리 누님이 "거울 앞에 흰 옷 입고" 앉아 있는 집 안은 신성한 공간, 거룩한 공간이 되는 것이다.[172] 신성한 공간 속에서 보는 누님의 거울은 모든 부정적인 의미를 소거해 주는 명상의 거울인 것이다.

미당의 '집'에 대한 상상력의 공간기호체계는 과거의 깊은 추억에서

172) 엘리아데에 의하면 문은 실제로 연속성의 단절을 나타낸다. 두 개의 공간을 갈라놓는 문지방은 동시에 두 개의 존재방식인 세속적인 것과 종교적인 것을 가른다. 그 문지방은 한계점이요 경계점이며, 동시에 그것은 이들 세계가 교섭을 갖고, 세속적인 것에서 거룩한 것에로의 전이 가능성을 얻게 되는 역설적인 장소이기도 하다. Mircea Eliade, *The Sacred and the Profane*, 이동하 역, 『聖과 俗』, 학민사, 1994, p.23.

시작되고 있으며, 그것은 '등불'에서 '거울'의 이미지로 이어지고 있다. 이렇게 집의 內공간에서 '피'의 磁場을 소거했을 때, 집은 친밀한 공간을 형성하며 세속적인 가치를 차단한다.

(2) 친밀함의 공간

> 오늘 밤은 딴 來客은 없고,
> 초저녁부터
> 金剛山 厚朴꽃나무가 하나 찾어 와
> 내 家族의 房에
> 하이옇게 피어 앉어 있다.
>
> 이 꽃은 내게 몇 촌 벌이 되는지
> 집을 떠난것은 언제쩍인지
> 하필에 왜 이밤을 골라 찾어 왔는지
> 그런건 아무리해도 생각이 안나나
> 오랫만에 돌아온 食口의 얼굴로
> 초저녁부터
> 내 家族의 방에 끼여 들어 와 앉어 있다.
>
> —「어느날 밤」 전문

이 텍스트는 '방 안(內)/ 방 밖(外)'의 공간으로 이항대립체계를 구성하고 있다. 방 안은 화자와 가족이 있는 공간이고 방 밖은 客이 왕래하는 공간이다. 이 이항대립체계를 무너뜨리는 것은 "金剛山의 厚朴꽃나무"이다. 금강산에 있던 후박꽃나무가 內공간에 들어옴으로 해서, 內공간은 外공간인 금강산의 가치체계와 교류를 할 수 있게 된 것이다.

방의 內공간은 금강산의 자연공간을 수용하고 있다. 이제 방은 來客이 왕래하는 일상적인 방이 아니다. 세속과 대립되는 신성한 방이다. 內공간에 있는 가족들은 모두 금강산에 핀 꽃나무가 되고 있다. 이런 신성한 방에서 세속에 관계된 이야기는 필요 없을 것이다. 그래서 혈연에 관계된 촌수, 여기에 온 목적과 이유 등은 방 안에 별로 영향을 주지 못하고 있다.

후박꽃나무는 서 있는 것이 아니라 앉아 있다. '앉다'라는 것은 '서다'라 대립항을 전제로 한 행위적 기호이다. 앉아 있는 것이 하방공간에 관계된 기호체계라면, 서 있는 것은 상방공간에 관계되는 기호체계이다. 후박꽃나무가 앉아 있다는 것은 하방공간에 밀착되고 있음을 나타낸다. 우리가 방 안에서 밖으로 나갈 때의 행위는 '앉다-서다-나가다'의 순서가 된다. 후박꽃나무가 서 있다면 그것은 來客처럼 잠시 들렀다가 다시 금강산으로 가버리는 기호체계가 될 것이다. 후박꽃나무는 "來客"과 대립하면서 방안에 뿌리를 내린다. 뿌리를 내려서 다시 방안을 꽃들처럼 환하게 상승시켜준다.

이처럼 방 안과 방 밖을 매개하는 후박꽃나무는 화자에게 일상적 삶을 중단시켜 주는 친밀한 나무이다. 방안의 가치를 친밀하게 순화시키고 정화시키는 후박꽃나무는 「내 아내」에서는 "삼천 사발의 냉숫물"의 코드로 전환된다.

> 나 바람 나지 말라고
> 아내가 새벽마다 장독대에 떠 놓은
> 삼천 사발의 냉숫물.
>
> 내 襤褸와 피리 옆에서
> 삼천 사발의 냉수 냄새로
> 항시 숨쉬는 그 숨결 소리.
>
> 그녀 먼저 숨을 거둬 떠날 때에는
> 그 숨결 달래서 내 피리에 담고,
>
> 내 먼저 하늘로 올라가는 날이면
> 내 숨은 그녀 빈 사발에 담을까.
>
> -「내 아내」 전문

"나 바람 나지 말라고"에서의 "바람"은 화자의 몸속에 깃든 이른바 육체적 관능성의 표출로서의 바람이다. 이 바람은 집의 內공간에서 外공간으로 향하게 하는 동력을 제공해준다. 육체성의 내부적 바람이 강하면 강할수록 外공간으로 향하려는 동력의 힘 또한 더 거세게 된다. 그러므로 화자의 몸은 兩義性을 지닌 기호체계이다. 화자는 內공간에 있으면서도 몸속의 바람 때문에 外공간에 있는 것과 같다. 이 바람을 조용하게 잠재우는 것은 다름 아닌 장독대 위에 떠 놓은 "삼천 사발의 냉수"이다.

장독대는 집의 內공간에서도 여성과 관련되는 공간기호체계이다. 장독대의 공간은 남성과 대립되는 공간으로 '젠더(gender) 공간'[173]이다. 장독대가 방의 外공간에 위치해 있지만 아내에게는 內공간이 되는 셈이다. 아내는 장독대라는 內공간에서 새벽마다 냉수물의 사발을 떠 놓는다. 그것은 화자가 바람나지 말라고 떠 놓은 냉수물이다. "새벽마다" 떠 놓는 아내의 반복적인 주술행위는 물을 신성화시킨다. 새벽마다 받는 '첫물' 즉 새항아리의 물은 더럽혀지지 않은 신성한 물로써 발아력과 창조적 가치를 농축하고 있다. 이 물이 치유력을 가지는 것은 어떤 의미에서 보면 창조를 반복하고 있기 때문이다.[174] 결국 치유력을 지닌 '물'에 의해서 內공간의 가치체계는 外공간과 대립하게 된다. 그래서 물은 內공간에 대해 긍정적 가치를 부여하며 外공간의 침투도 막는다.

---

173) 젠더란 인간의 지적 인식의 근원이 되는 이분적 사고의 기본 체계인 동시에 인간의 사회화를 결정하는 규범적인 기준이다. 젠더공간이란 개념은 '젠더' 즉 사회, 문화적 성에 의해 구별되는 공간을 의미한다. 한국 전통 사회의 가옥 구조에서 여성과 남성의 '젠더공간'이 內/外의 대립으로, 즉 안채와 바깥채로 구분되었다는 것이 이의 좋은 본보기이다. 강금숙, 「아담의 후예에 나타난 '젠더공간'의 양상」, 『페미니즘과 문학비평』, 고려원, 1994, p.182. I. Illich, *Gender*, New York: Pantheon Books, 1982, pp.3~4. 참조.

174) "첫물"에 의한 민간요법의 경우, 병자를 원초적 물질과 접촉시킴으로써 주술적인 재생을 꾀한다. 물이 모든 형태를 동화하고 붕괴시키는 그 힘에 의해서, 물이 질병을 흡수하기 때문이다. Mircea Eliade, *Traité d'histoire des religions*, 이재실 역, 『종교사 개론』, 까치, 1994, p.189.

아내의 삼천 사발의 냉수물이 內/外 공간의 연결을 차단시키는 감정・가치체계의 매개항 기능을 했다면, 이와 반대로 화자의 피리소리는 수직공간을 매개하는 기호체계가 된다. 죽음이라는 하방공간의 의미체계를 상방 공간으로 상승하게 해주는 것이 화자의 피리 소리이다. 피리소리는 허공에서 천상으로 비상하는 소리를 낸다.[175] 아내가 살아 생전에는 "삼천 사발의 냉수"로 外공간으로 분출하려는 바람을 잠재웠다면, 화자인 나는 아내의 죽은 숨결을 피리 소리에 담아 수직 상방의 절대적인 공간으로 인도하고 있다.

4. 신비체로서의 몸의 공간적 의미작용

인간은 감각에 주어져 있는 세계만으로 살 수 없는 존재이다. 자연세계, 물리적 세계가 인간의식 속에 주어져 있기도 하지만, 인간은 초자연적 세계, 不可視的 세계를 무의식적으로 넘나들며 감각에 주어져 있지 않은 신비체험을 하고 있기 때문이다. 이러한 신비체험은 우주적 인식을 낳게 하며 초월자에 대한 인식까지도 가능케 해준다.

인간이 사유하고 직관하고 경험한 신비체험은 다름 아닌 공간에 대한 신비체험이기도 하다. 왜냐하면 신비한 체험이나 신성한 세계에 대한 체험이 공간적 이미지로 나타나기 때문이다. 부연하면 인간의 내면에 저장된 의식, 무의식이 공간적 이미지로 형성되어 나타나기 때문이다. 궁극적으로 인간 의식이 가치와 의미를 가질 수 있는 것은 공간적 맥락이 존재할 때에 가능하다. 그래서 인간은 공간에서 행위하고, 공간을 지각하고, 공간에 존재하고, 공간에 대하여 생각해 왔을 뿐만 아니라, 오히려 세계구조를 현실적 세계상으로 표현하기 위하여 공간을 창조해 온 것이다.[176]

미당은 실제로 자신이 경험했던 신비한 체험을 시적 공간으로 건축

175) 오세영, 앞의 책, p.427.
176) C. N. Schulz, 앞의 책, p.14.

하고 있다. 그러므로 그의 시적 공간을 탐색한다는 것은 그의 신비한 체험을 추체험하는 것이 된다. 그의 신비한 체험은 예의 신비한 공간에 대한 체험이다. 말할 것도 없이 그 체험은 공간기호체계로 구조화되고 있다. 그 기호체계를 탐색해보기로 한다.

> 바닷물이 넘쳐서 개울을 타고 올라와서 삼대 울타리 틈으로 새어 옥수수밭 속을 지나서 마당에 흥건히 고이는 날이 우리 외할머니네 집에는 있었읍니다. 이런 날 나는 망둥이 새우 새끼를 거기서 찾노라고 이빨 속까지 너무나 기쁜 종달새 새끼 소리가 다 되어 알발로 낄낄거리며 쫓아다녔읍니다만, 항시 누에가 실을 뽑듯이 나만 보면 옛날이야기만 무진장 하시던 외할머니는, 이때에는 웬일인지 한 마디도 말을 않고 벌써 많이 늙은 얼굴이 엷은 노을빛처럼 불그레해져 바다쪽만 멍하니 넘어다보고 서 있었읍니다.
> 그때에는 왜 그러시는지 나는 아직 미처 몰랐읍니다만, 그분이 돌아 가신 인제는 그 이유를 간신히 알긴 알 것 같습니다. 우리 외할아버지는 배를 타고 먼 바다로 고기잡이 다니시던 漁夫로, 내가 생겨나기 전 어느 해 겨울의 모진 바람에 어느 바다에선지 휘말려 빠져 버리곤 영영 돌아오지 못한 채로 있는 것이라 하니, 아마 외할머니는 그 남편의 바닷물이 자기집 마당에 몰려 들어오는 것을 보고 그렇게 말도 못 하고 얼굴만 붉어져 있었던 것이겠지요.
>
> -「海溢」 전문

이 텍스트에서 외할머니가 있는 內공간과 외할아버지가 나가서 돌아오지 않는 外공간의 바다를 매개해 주는 것은 海溢이다. '외할머니(內)-海溢(매개항)-외할아버지(外)'로 삼원구조의 공간기호체계를 구축한다. 마당에 흥건히 고이는 해일은 생존한 외할머니와 바다에서 죽은 외할아버지의 靈魂을 만나게 해주고 있다. 그만큼 해일은 외할머니의 삶에 지대한 영향을 미치는 존재이다. 그래서 부풀어 오른 해일의 상승은 內공간에 있는 외할머니의 삶의 질서를 바꾸기도 한다.

海溢이 없음	누에가 실을 뽑듯이 옛날이야기만 함(소리)
海溢이 있음	한마디 말을 않고 바다 쪽만 멍하니 봄(침묵)

海溢이 없을 때는 화자인 '나'와 이야기 소리로 교감하지만, 海溢이 있을 때는 일상적 공간을 떠나 저 너머, 존재 바깥의 세계인 바다를 보며 침묵으로 응시한다. 일상적 질서가 무너진 자리에는 영적인 세계가 자리 잡게 된다. 그래서 외할머니는 일상적인 이야기를 떠나 생 너머에 있는 바다의 세계로 깊이 침잠하게 된다. 이때에 외할머니는 肉으로 존재하기보다는 魂으로 환원되어 존재하고 있는 모습이다.[177] 그렇게 해서 외할머니는 외할아버지의 혼과의 만남, 곧 靈的인 만남을 꿈꾼다.

예의 외할머니의 침묵의 시간은 신비체험을 경험하는 거룩한 시간이다. 이때에 시간과 공간은 영원한 정지로 나타난다. 일상적 체험의 시간을 벗어나 있기 때문이다. 이제 외할머니는 집 內공간의 존재가 아니라, 저 너머 세계인 바닷물의 '無定形'의 깊은 상태에 빠진 존재이다.[178] 외할머니는 이 '무정형'의 상태에서 다시 태어나 외할아버지의 혼과의 만남, 영적인 만남을 이루게 된다. "노을 빛처럼 불그레 해"진 수줍고 젊을 때의 얼굴로 만나게 되는 것이다. 그래서 海溢이 든 외할머니의 집은 일상적 공간에서 일탈하여 생사의 한계를 벗어난 초현실적인 신화의 세계로 현현한다.

반면에 존재 너머에 있는 외할아버지의 혼은 海溢이 되어 외할머니가 살아 있는 존재 이쪽으로 온다. 외할아버지가 물에 잠기는 것은 형태의 해체에 해당하지만, 종교적 신비체험에 의해서 외할아버지는 정화와 재생을 통해 영혼으로 살아난다. 그러므로 바닷물의 상승은 외할아

---

177) 이경희, 「서정주의 시 "알묏집 개피떡"에 나타난 신비체험과 공간」, 『문학 상상력과 공간』, 창, 1992, p.67.

178) 물속에 잠기는 것은 무정형 상태로의 회귀, 존재 이전의 未分化된 상태로의 복귀를 의미한다. Mircea Eliade, *The Sacred and the Profane*, 이동하 역, 『聖과 俗』, 학민사, 1994, pp.115~116. 참조.

버지의 영혼의 재생을 의미한다. 외할아버지는 외할머니와 달리 수직적인 깊이를 지녔다. 이러한 수직공간은 외할머니가 있는 수평적 공간을 흡수한다. 수직공간이 수평공간을 흡수할 때 외할아버지와 외할머니는 공간의 중심 좌표에 설 수 있다.

> 수평의 軸과 수직의 軸을 가르기는 하였으나 수평은 수직의 축을 향해 기울어지는 움직임을 지니게 된다. … 말하자면 수평의 방위에 가치론이 껴들게 되면 수직축이 거기 간섭하게 되는 것이다. 左相과 右相이 上相과 下相으로 나타나는 것이 그 가장 좋은 본보기이다. 이같이 수평축이 傾斜化할 때, 이 경사를 더욱 더 밀고 나가면 종국적으로 원을 그리게 될 것이다. 가치관의 高低가 분명한 수직축 쪽으로 수평축이 기울면서 방위의 가치관은 전체적으로 원을 둥글게 그리게 되는 것이다.[179]

가치론적으로 보면 외할아버지가 존재하는 저 너머의 바다가 외할머니가 있는 집을 흡수하는 것으로 나타난다. 공간적인 기호작용으로 보면 바다는 수직적인 깊이를 지니고 있지만 집은 그런 깊이가 없다. 따라서 이 텍스트는 수직이 수평을 흡수하면서 하나의 원의 이미지를 상상하게 해주는 공간을 보여준다. 이것은 매개항인 해일에 의해 가능해진 것인데, 그 해일은 內/外 兩項의 공간에 긍정적 가치를 부여해 준다. 외할머니는 해일에 의해 존재 저 너머인 바다 깊이로 갈 수 있고, 외할아버지는 魂이 되어 마당까지 올 수 있었기 때문이다. 해일이 들어온 마당은 신성한 공간으로 죽음과 삶, 무한과 유한의 대립을 벗어나 초현실의 공간을 구축하게 된다. 이렇게 신비한 해일의 공간은 외할머니가 돌아가고 난 뒤, 지금의 화자에게도 지속적으로 신비체험이 전수되고 있다. "그때에는 … 미처 몰랐읍니다만, 돌아가신 인제는 … 알 것 같습니다"처럼, 화자는 바다 깊이에 있는 외할아버지와 살아생전 靈的 만남

179) 김열규, 「신화의 공간」, 『한국문학사』, 탐구당, 1983, p.26~27.

을 한 외할머니의 두 신비체험을 모두 공유하고 있다.

알뫼라는 마을에서 시집 와서 아무것도 없는 홀어미가 되어 버린 알묏댁은 보름사리 그뜩한 바닷물 우에 보름달이 뜰 무렵이면 행실이 궂어져서 서방질을 한다는 소문이 퍼져, 마을 사람들은 그네에게서 외면을 하고 지냈습니다만, 하늘에 달이 없는 그믐께에는 사정은 그와 아주 딴판이 되었습니다.

陰 스무날 무렵부터 다음 달 열흘께까지 그네가 만든 개피떡 광주리를 안고 마을을 돌며 팔러 다닐 때에는 「떡맛하고 떡 맵시사 역시 알묏집네를 당할 사람이 없지」 모두 다 흡족해서, 기름기로 번즈레한 그네 눈망울과 머리털과 손 끝을 보며 찬양하였읍니다. 손가락을 식칼로 잘라 흐르는 피로 죽어가는 남편의 목을 추기었다는 이 마을 제일의 烈女 할머니도 그건 그랬었읍니다.

달 좋은 보름 동안은 外面당했다가도 달 안 좋은 보름 동안은 또 그렇게 理解되는 것이었지요.

…(중략)…

방 한 개 부엌 한 개의 그네 집을 마을 사람들은 속속들이 다 잘 알지만, 별다른 연장도 없었던 것인데, 무슨 딴손이 있어서 그 개피떡은 누구 눈에나 들도록 그리도 이쁘게 만든 것인지, 빠진 이빨 사이를 사내들이 못 볼 정도로 그 이빨들은 그렇게도 이쁘게 했던 것인지, 머리털이나 눈은 또 어떻게 늘 그렇게 깨끗하게 번즈레하게 이쁘게 해낸 것인지 참 묘한 일이었읍니다.

―「알묏집 개피떡」에서

달은 결영(缺盈)을 반복한다.[180] 달은 지상에 존재하는 모든 생명 있는 것들에게 생명의 리듬을 주기도 하고, 달의 순환 원리에 따라 사물

---

180) 달은 기울어지면 차고, 차면 다시 기울었다가 충만하게 되는 속성을 지닌다. 사람이 태어나서 살다가 죽어버리는 것과는 달리 달은 영속적인 순환원리로 계속 살아 움직인다. 그래서 사람들은 삶의 한계를 극복하고자 달에 의착하기도 하고 달의 순환원리를 무의식적으로 닮아가려는 행위를 나타내기도 한다. 김열규, 앞의 책, p.239.

의 위치를 바꾸어 놓기도 한다. 보름달일 때에는 보름사리 그득한 바다로 높이와 깊이를 가지게 하며, 그믐날일 때는 조금인 바다로 깊이보다는 넓이를 강조한다. 지상과 대립하여 천상에 있는 달은 그 주기성을 통하여 시간을 지배하면서 동시에 공간성을 결정해 주는 의미작용을 한다. 그래서 생의 리듬을 가진 달은 물 · 비 · 식물 · 풍요 등 순환적 생성 법칙에 지배되는 우주의 모든 영역을 통제할 수 있다.[181)]

알묏댁의 생의 리듬은 바로 이러한 달의 주기성과 순환성을 따르고 있다. 알뫼(卵山)라는 漢字語의 표의문자가 나타내고 있듯이 '卵' 자체가 '보름달'과 같은 원의 이미지를 가지고 있으며, 생명의 탄생이라는 의미도 포함하고 있다. 그러므로 이미 '알뫼'라는 공간기호체계 그 자체가 '보름달'의 생애와 밀접한 관련이 있는 것이다. 알묏댁의 생체적 리듬이 천상적 공간기호체계인 '달'의 변화에 따라서 주기적인 반복 교체를 하는 것도 이에 연유한다. 요컨대 알묏댁은 하나의 신비체로써 우주의 리듬을 자기 안에 갖고 사는 인물인 셈이다.

알묏댁은 보름달이 뜨면 서방질을 하고, 보름달이 지나면 개피떡 장사를 한다. 마을 사람들에게 서방질은 外面당하게 되고 개피떡을 파는 것은 찬양을 받는다. 달의 순환원리에 따라 알묏댁과 마을 사람들의 질서는 대립적으로 나타나고 있다. 여기서 알묏댁은 중간자로서 달과 마을 사람들, 바다와 마을 사람들을 중재하는 매개항이 된다. '달(상)-알묏댁-마을(하)', '마을(內)-알묏댁-바다(外)'로 수평과 수직의 공간을 매개하며 삼원구조의 공간기호 체계를 구축한다. 이렇게 하여 알묏댁의 생의 리듬은 마을 사람들한테 영향을 주며, 마을 사람들은 중간자인 알묏댁의 생의 리듬을 통해서 지배받는 것이 된다.

보름달일 때에 알묏댁은 달과 바다처럼 그의 마음이 상방공간으로 부풀어 오른다. 말하자면 보름달과 합일되는 몸이 되는 셈이다. 예의 이 시기에는 마을 사람들과 분리되는 현상으로 나타난다. 이것이 텍스

---

181) Mircea Eliade, *Traité d'histoire des religions*, 이재실 역, 『종교사 개론』, 까치, 1994, p.153.

트에서는 "서방질"로 표현하고 있다. 만월인 보름달의 빛은 사물을 고립시키지 않는다. 달빛 속에서 사물들은 서로의 안과 안, 속과 속을 은밀히 스미게 한다. 또한 만월인 달빛은 사물에서 무게를 없애기도 하며 달이 비치면 사물들은 '영혼의 자유로운 飛翔'[182]을 꿈꾸기도 한다. 이러한 달과 합일된 알뫼댁 역시 지상의 무게를 털고 가볍게 상승한다. 만월의 절정은 알뫼댁에게 있어서도 자유로운 비상의 절정이다.

그러나 달의 주기적 리듬에 따라 보름달이 그믐달이 되면, 알뫼댁 역시 그 주기적 리듬을 따라 지상의 질서로 편입되고 만다. 예의 사람들이 좋아하는 개피떡 장사를 하게 된다. 다시 말해서 달의 리듬에 따라 서방질에서 개피떡 장사로 전환된 것이다. 그러나 중요한 것은 알뫼댁이 그믐께부터 개피떡 장사를 하는 동안 마을 사람들의 세속적 삶에 편입되어 지배당하지 않는 사실이다. 왜 그럴까. 그것은 다름 아니라 재생의 신성한 시간이기 때문이다. 그믐달이 보름달로 되기 위해서는 재생의 시간이 필요하다. 마찬가지로 알뫼댁 역시 그러하다. 이런 점에서 알뫼댁이 개피떡을 맵시 있게 만드는 시간은 곧 달이 차가는 시간과도 같은 것이다. 그만큼 신성한 시간인 것이다. 그러므로 알뫼댁은 수평적 삶으로 돌아와서도 마을 사람들과 변별된다.

알뫼댁이 그믐달에 개피떡 장사를 하며 마을 사람들과 화해를 하는 것은 생계적 수단만을 의미하지 않는다. 그것은 신비적 교감을 통한 재생의 기쁨을 나누어 주는 것을 의미한다. 그러나 마을 사람들은 알뫼댁의 그러한 신비성을 읽어내지 못하고 있다. 마을사람들은 알뫼댁의 방과 부엌 등등의 살림은 소상하게 알지만, "무슨 딴손이 있어서 그 개피떡은 누구 눈에나 들도록 그리도 이뻐게 만든 것"인지에 대해서는 아무도 모른다. 우주세계와 지상의 세계를 중재하는 알뫼댁은 그 손마저도 비법한 손이 되고 있다. "그 손은 秘法傳授者의 손이며 천상과 지상의 섭리를 그 손을 통해 우주 가운데 펼쳐 놓는 신비적 행위를 담당하는

182) 김열규, 앞의 책, p.263.

손이다"[183] 알묏댁은 천상과 지상, 內/外공간을 매개하는 신비한 인물로 兩項에 긍정적인 가치를 부여해 준다.

> 아이를 낳지 못해 自進해서 남편에게 小室을 얻어 주고, 언덕 위 솔 밭 옆에 홀로 살던 한물宅은 물이 많아서 붙여졌을 것인 한물이란 그네 親庭 마을의 이름과는 또 달리 무척은 차지고 단단하게 살찐 玉같이 생긴 女人이었읍니다. 질마재 마을 女子들의 눈과 눈썹 이빨과 가르마 중에서는 그네 것이 그 중 端正하게 이쁜 것이라 했고, 힘도 또 그 중 아마 실할 것이라 했읍니다. 그래, 바람부는 날 그네가 그득한 옥수수 광우리를 머리에 이고 모시밭 사이 길을 지날 때, 모시 잎들이 바람에 그 흰 배때기를 뒤집어 보이며 파닥거리면 그것도 「한물宅 힘 때문이다.」고 마을 사람들은 웃으며 우겼읍니다.
>
> …(중략)…
>
> 그래 시방도 밝은 아침에 이는 솔바람 소리가 들리면 마을 사람들은 말해 오고 있읍니다. 「하아 저런! 한물宅이 일찌감치 일어나 한숨을 또 도맡아서 쉬시는구나! 오늘 하루도 그렁그렁 웃기는 웃고 지낼라는 가부다.」고……
>
> ―「石女 한물宅의 한숨」에서

"한물宅"의 기호의미는 물이 많다는 것, 바위처럼 무겁고 단단하다는 것이다. 따라서 "한물宅"은 물과 바위의 특성을 지닌 의미체계를 갖는다. 이러한 인물 이름의 코드생성은 인간이 자라난 자연적 공간의 특성을 인간에게 부여하여 인간을 자연과 동일시하려는 욕망에서 나온다. "한물宅"은 그 이름 자체로 우주 공간을 담고 있는 것이라 하겠다.

한물宅은 아이를 낳지 못한 불모의 여성이지만, 질마재 마을 여자들보다 더 단정하고 힘 또한 가장 세다. 그녀는 마을 外공간인 언덕 위 솔밭에 살지만, 그녀의 행동은 마을 사람들의 일상생활 속에서 언제나

183) 이경희, 앞의 책, p.61.

관심을 끌고 있다. 막강한 힘을 소유한 한물宅의 행동은 마을 사람들에게 신비한 체험을 하게 한다. 한물宅이 걸어갈 때 모시 잎들이 뒤집어지는 것도 신비한 체험이다. 이미 한물宅은 바람과 동일시되고, 바람과 같은 힘을 지닌 비범한 사람으로 인정되고 있다.

한물宅의 웃음도 사람들뿐만 아니라, 개나 고양이 모두 오래보지 못하고 슬쩍 눈을 돌려야 하는 신비한 힘을 갖는다. 그러나 한물宅은 비범한 사람이면서 동시에 마을 사람들을 웃기게 하는 희화적 요소를 가졌다. "한물宅같이 웃기고나 살아라"처럼 한물宅은 마을 사람들에게 삶의 원동력을 주는 신바람의 역할을 하고 있다. 한물宅이 죽고 나서도 마을 사람들은 이상하게 한물宅의 한숨소리를 듣는다. 한숨소리를 통하여 또 다시 한물宅의 웃음에 젖는 것이다. 이렇게 한물宅은 신비한 인물로서 마을과 우주공간을 중재하고 있다. 마을 사람들은 한물宅의 한숨소리를 통하여 자연의 세계를 이해하고 인식해 나간다. '마을(內)-한물宅-자연(外)'으로 삼원구조의 기호체계를 구축하면서, 한물宅은 신비한 인물로 마을의 질서에 관여한다. 마을 사람들이 우주공간과 만나면서 부딪히는 세계의 비밀을 웃음으로 가르쳐 주고 있다.

이것은 한물宅의 신체구조가 우주공간으로 되어 있기 때문이며, 우주공간의 원리를 가장 잘 따르는 인물이기 때문이다. 지금도 전해오는 한물宅의 한숨소리는 마을 사람들의 신체 속에 이미 투영돼 있어 초시간적, 초공간적인 의미작용을 산출하고 있다.

> 외할머니네 집 뒤안에는 장판지 두 장만큼한 먹오딧빛 툇마루가 깔려 있읍니다. 이 툇마루는 외할머니의 손때와 그네 딸들의 손때로 날이날마닥 칠해져 온 것이라 하니 내 어머니의 처녀 때의 손때도 꽤나 많이는 묻어 있을 것입니다마는, 그러나 그것은 하도나 많이 문질러서 인제는 이미 때가 아니라, 한 개의 거울로 번질번질 닦이어져 어린 내 얼굴을 들이비칩니다.
>
> 그래, 나는 어머니한테 꾸지람을 되게 들어 따로 어디 갈 곳이 없이 된 날은, 이 외할머니네 때거울 툇마루를 찾아와, 외할머니가

장독대옆 뽕나무에서 따다 주는 오디 열매를 약으로 먹어 숨을 바로 합니다. 외할머니의 얼굴과 내 얼굴이 나란히 비치어 있는 이 툇마루에까지는 어머니도 그네 꾸지람을 가지고 올 수 없기 때문입니다.

—「외할머니의 뒤안 툇마루」 전문

가옥구조에 있어서 남성과 여성의 공간기호체계를 보면, 일반적으로 남성은 外공간에 위치하게 되고 여성은 內공간에 위치하게 된다. 전통적으로 한국 가옥구조에서 안채에는 여성이 바깥채에는 남성이 위치한다. 이 텍스트에서도 "집 뒤안"은 여성들이 차지하는 內공간으로써 젠더공간을 형성하는 것으로 나타낸다.[184] 그러므로 "뒤안"은 여성의 기표로써 남성이 있는 공간과 대립을 이룬다. 그런데 이 텍스트에서 그러한 대립을 매개해주는 이가 있다. 바로 시적 화자인 '어린 나'이다. 예의 어린이는 중성적인 존재로서 양항의 의미를 다 지니고 있기 때문에 여성의 기호공간인 "뒤안"에 누구보다도 쉽게 편입될 수 있다. 어린 나의 매개로 인해 이 텍스트는 '뒤안(內)-나-바깥(外)'이라는 삼원구조 기호체계를 형성한다.

內공간은 다시 의미층위에 따라 공간이 세분화된다. "인제"라는 시간성 부사의 개입으로 이전의 공간코드가 해체되고 새로운 공간기호 체계가 구축되고 있기에 그러하다. 이렇게 공간코드가 새롭게 구축되면 그 의미체계도 달라진다. 이전의 툇마루는 남성과 대별되는 공간으로써 여성들이 전적으로 거주하는 공간으로만 나타났었다. 하지만 새로운 코드로 전환되었을 때는 병을 치료하거나 얼굴을 비춰볼 수 있는 거울화의 신성한 공간으로 나타난다.

예의 새로운 코드, 곧 탈구축의 공간코드를 생산한 주체는 날마다 손때를 문질러온 외할머니와 딸들이다. 물론 손때가 거울의 공간코드로 되기까지는 "날이날마닥"이라는 언술에서 알 수 있듯이, 여성들의 끊임

184) I. Illich, 앞의 책, pp.3~4. 참조.

없는 육체적 노동의 반복 행위가 있어 왔다. 말하자면 그 노동 행위의 소산물인 것이다. 外공간에 대한 대립으로서만 존재하던 內공간은 이러한 코드전환으로 인하여 신성한 공간으로 전환하게 된다. 즉 '신성한 공간(內)/세속적 공간(外)'으로 이항대립적 공간기호 체계를 구축한다. 그래서 어머니의 꾸지람으로 대변된 세속적 가치는 신성한 공간으로 들어올 수 없다. 이 신성한 공간에서 외할머니도 코드전환을 하여 聖化된 사람으로 존재한다.[185]

聖化된 외할머니는 "오디 열매"를 "약"으로 쓰는 신비한 힘을 발휘한다. 또한 툇마루는 "한 개의 거울로 번질번질"하게 닦인 공간으로 얼굴까지 비춰볼 수 있다. 그래서 "외할머니 얼굴"과 "내 얼굴"을 나란히 비추는 툇마루의 거울은 존재의 내면을 비춰줄 뿐만 아니라, 화자에게는 신비한 체험의 공간으로 나타난다.

> 陰 七月 七夕 무렵의 밤이면, 하늘의 銀河와 北斗七星이 우리의 살에 직접 잘 배어들게 왼 食口 모두 나와 딩굴며 노루잠도 살풋이 부치기도 하는 이 마당 土房. 봄부터 여름 가을 여기서 말리는 山과 들의 풋나무와 풀 향기는 여기 저리고, 보리 타작 콩타작 때 연거푸 연거푸 두들기고 메어 부친 도리깨질은 또 여기를 꽤나 매끄럽겐 잘도 다져서, 그렇지 廣寒樓의 石鏡 속의 春香이 낯바닥 못지않게 반드랍고 향기로운 이 마당 土房. 왜 아니야. 우리가 일년 내내 먹고 마시는 飮食들 중에서도 제일 맛좋은 풋고추 넣은 칼국수 같은 것은 으례 여기 모여 앉아 먹기 망정인 이 하늘 온전히 두루 잘 비치는 방. 우리 瘧疾 난 食口가 따가운 여름 햇살을 몽땅 받으려 홑이불에 감겨 오구라져 나자빠졌기도 하는, 일테면 病院 入院室이기까지도 한 이 마당房. 不淨한 곳을 지내온 食口가 있으면, 여기

---

185) 여기서 聖이란 절대적 가치 개념은 아니고 상황에 따라 변하는 상대적 가치 개념이다. 다만 이전의 상태에서 다른 지위로 들어간 사람은 세속적 상태에 그대로 남아 있는 사람과 비교할 때 신성한 것이라고 말할 수 있다. Arnold Van Gennep, *Les rites de Passage,* 전경수 역, 『통과의례』, 을유문화사, 1985, p.7.

더럼이 타지 말라고 할머니들은 하얗고도 짠 소금을 여기 뿌리지만 그건 그저 그만큼한 마음인 것이지 迷信이고 뭐고 그럴려는 것도 아니지요.

—「마당房」에서

마당은 주거공간인 집안의 영역이지만, 방과 마루와는 변별되는 주거공간이다. 예의 방의 內공간에서 문 밖의 外공간으로 나갈 때 그것을 연결해주는 중간항으로서의 공간이다. 이러한 '마당'이 공간기호체계로 들어오면 하늘의 공간적 의미를 모두 받아들이는 새로운 공간코드로 변신하게 된다. 실질이 기호로 전환된 데에 따른 현상이다. 실질로서의 자연현상이 기호현상으로 전환되면 多義的인 의미를 생산하게 된다. 그렇다면 실질로서의 "마당房"이 기호로서의 "마당房"으로 어떻게 해서 전환될 수 있었을까. 「외할머니의 뒤안 툇마루」에서 이미 살펴본 것처럼 인간의 육체적 행위의 소산물에 의해서 그렇게 된 것이다. 마당은 방안처럼 휴식과 안락의 공간이 아니다. 마당은 육체적 행위를 요구하는 노동의 공간이다. 마당은 그런 노동의 결과로 다져지고 다져져 명경처럼 되고 만다. 다시 말해서 사람의 얼굴이 비칠 정도로 반질반질해진 것이다. 그래서 이 명경, 곧 거울에는 하늘도 비춰들게 된다. 이에 따라 마당은 內/外공간을 매개할 뿐만 아니라, 上/下공간도 매개하는 다의적인 기호로 작용하게 된다.

그러므로 이 텍스트의 기호 생산자는 개인이 아니라 집단이며, 도시사람이 아니라 농촌 사람인 셈이다. 그리고 텍스트의 공간은 육체적 노동행위에서 벗어나 정신적인 안락을 누리는 방과 같은 기호로 작용한다. 그래서 "하늘 온전히 두루 잘 비치는" 마당房은 수평적 공간기호체계와 함께 수직적 공간기호체계를 나타낸다. 이에 따라 마당房은 여러가지 기능을 수행한다. 가족들이 하늘의 천상적 체계인 "銀河와 北斗七星"과 육체적 합일을 이루도록 해준다. 학질난 식구가 있으면 따가운 햇살을 받게 하여 그 병을 고치게 만드는 병원 입원실의 기능도 한다. 外공간의 不淨한 곳을 지내온 식구가 있으면, 그 부정한 것을 씻어 내리는 정화의 기능도 한다. 뿐만 아니라 봄부터 가을까지 外공간에 있는 열매와 곡식을 거두어들이는 풍요의 기능도 수행한다.

이렇게 보면 마당房은 인간과 우주공간을 일체화시키는 수직공간의 기호체계로서 영원과 재생, 정화와 치유, 풍요와 행복을 주는 수평의 성스러운 공간으로 존재한다. 그러므로 우주적 질서의 통합원리가 다름 아닌 마당房이라는 장소에서 진행되고 있는 셈이다. 맨 처음 인간에 의해 생산된 기호이지만, 생산된 기호의 의미작용은 인간의 삶과 정신을 제어하고 통제하는 강력한 힘으로 나타난다. 사계의 모든 우주적 질서가 통합되는 마당房은 "풍요의 기쁨을 계시하는" 동시에 "신이나 무한한 힘과의 접촉점"[186]을 나타내는 공간으로 작용한다.

그러나 이러한 공간이 지속되기 위해서는 인간의 신성한 육체적 노동이 관여할 때만 그 가치를 발휘할 수 있다. 왜냐하면 기호의 생산자가 마당房 자체가 아니고, 마당과 관계된 인간이기 때문이다. 이와 같이 거울화가 된 마당은 집의 內공간에 대해 긍정적인 의미작용을 산출해 주고 있다. 그리고 거울화에 의해 상방공간의 천상의 질서가 하방공간에 편입되는 기호의 逆轉현상이 생겨나기도 한다.

5. 금가락지 · 굴형의 기호체계와 공간적 의미작용

原型 상징 가운데 가장 철학적으로 성숙된 상징은 다름 아닌 원의 이미지를 그대로 구현한 바퀴이다. 원은 인류사가 기록된 이래 가장 완벽한 형상으로 인정되어 왔다. 원이 차바퀴로 구현됐을 때, 차바퀴의 살은 심상적으로 태양 광선을 상징하고, 살과 광선은 또한 우주만물을 향해 창조적 영향력을 발산하는 생명력을 상징한다.[187] 圓에 대한 인간의 관심은 철학뿐만 아니라 종교 · 민속 · 예술 · 문학 등에서도 빈번하게

186) Frederick J. Streng, 정진홍 역, 『종교학 입문』, 현대신서 권43, 대한기독교서회, 1973, pp.123~132. 참조.

187) Philip Ellis Wheelwright, *Metaphor and Reality*, 김태옥 역, 『은유와 실재』, 문학과지성사, 1993, pp.126~7.

나타난다. 예컨대 '강강술래'의 원진舞도 원의 형상이고, '놋다리 밟기'도 원진무로서 정월대보름에 놀이로 이용되었다. 이러한 놀이도 원형적 공간에 대한 인간의 관심에서 비롯되었다고 할 수 있다. 원을 이룬다고 하는 것은 靈的인 중요성을 띠고 있다. 하나의 대상을 향하여 둘러싼다는 것은 그것을 소유하는 것이고, 그것과 일체가 된다는 것을 의미한다. 무엇보다도 圓舞가 중요하게 된 것은 인체와 우주를 통합할 수 있는 것이 바로 圓舞이기 때문이다.[188]

바슐라르는 '圓의 현상학'에서 圓의 이미지의 중요성을 다음과 같이 말한다.

> 완전한 圓環의 이미지는 우리가 마음을 가다듬는데 도움을 주며, 스스로의 시초의 존재 성격을 되찾게 해주며, 우리 존재가 내밀하게 내적인 것을 확증해 준다. 왜냐하면 외면적 형상을 모두 제거해 버리고 내면으로부터 경험되어질 때 존재는 둥글지 않고는 달리 존재할 수 없기 때문이다.[189]

未堂의 시에 있어서 이 圓形의 이미지는 숱하게 반복되고 변형되면서 나타난다. 예를 들면 하늘·바다·바람·달·항아리·피리소리·굴헝·이슬·금반지 등으로 무수한 변모 양상을 보여주면서, 圓의 이미지를 구사해 왔다. 또한 이러한 이미지가 우주순환 원리와 접맥되어 미당의 시를 '땅-바다-하늘'이라는 시공을 순환하게 만든다. 本 節에서는 텍스트 내에서 지배소 역할 및 매개기능까지 하는 '금가락지'를 중심으로 공간기호체계를 분석하기로 한다.

> 님은
> 주무시고,

---

188) 이경희, 앞의 책, p.81.
189) Gaston Bachelard, 김진국 편역, 「원환의 현상학」, 『문학현상학』, 대방출판사, 1983, p.230.

나는
그의 벼갯모에
하이옇게 繡놓여 날으는
한마리의 鶴이다.

그의 꿈 속의 붉은 寶石들은
그의 꿈 속의 바다 속으로
하나 하나 떠러져 내리어 가라앉고
한 寶石이 거기 가라앉을 때마다
나는 언제나 한 이별을 갖는다.

님이 자며 벗어놓은 純金의 반지
그 가느다란 반지는
이미 내 하늘을 둘러 끼우고

—「님은 주무시고」에서

텍스트의 표층적인 공간기호체계로 보면, 임이 자며 꾸는 꿈과 시적 화자가 상상적으로 '鶴'이 되어 날아가는 것은 전혀 별개의 공간으로 나타나고 있다. 그러나 심층적으로 보면 화자와 임은 하나의 공간에 공존하고 있다. 화자가 "벼갯모의 鶴"을 통하여 상상적으로 날아가는 것이나, 벼갯모에 누워서 꿈을 꾸는 임이나 모두 현실을 떠나고 있기 때문이다.

"鶴"과 "붉은 보석"은 이항대립을 이루고 있다. 화자와 관계된 "학"은 수직상승하는 기호체계인데 "붉은 보석"은 바다 속으로 가라앉는 수직하강의 기호체계를 드러낸다. 미당 텍스트에서 광물적 이미지를 지닌 "붉은 보석"은 거의 바다 속으로 가라앉거나 던져지게 되는데, 이 텍스트에서의 "붉은 보석"도 바다 속으로 가라앉는 것으로 나타난다. 예의 이것은 피의 해체를 상징으로 드러내주는 것이다. 미당은 '피'에서의 물기는 구름이 되어 하늘로 가게하고, 남은 '피'의 앙금은 광석화되어 바다 속으로 가라앉게 한다. 또는 핏빛을 바위 속에 넣어서 광석화로 만들어버리기도 한다. 이것이 未堂의 피의 증류요, 해체의 방법이다. 그러므로 "붉은 보석"의 가라앉음은 피와의 결별을 뜻한다. 피와의 결별은 화자에게 '하나의 이별'이 되는 것이다.

鶴의 비상과 붉은 보석의 하강을 중재하는 것이 "순금의 반지"이다. 임의 꿈과 화자의 상상력 속에서는 '鶴(상)-순금의 반지(매개)-붉은 보석(하)'으로 삼원구조의 기호체계를 구축하고, 현실 속의 가치 체계에서는 '나(內)-순금반지(매개)-그(外)'의 삼원구조 기호체계를 구축한다. 예의 "순금의 반지"는 어느 공간에서든지 매개항으로 기능한다. "순금의 반지"는 임의 흔적이 남아 있는 반지이다. 그 가느다란 반지의 빈 구멍 속에 육체(손가락)와 대립되는 천상적 공간기호인 "하늘을 둘러 끼우고" 있다. 반지에는 육체성이라는 物이 사라지고 無의 하늘이 대신 끼워져 있다. 원형인 반지가 원형인 하늘을 둘러 끼움으로써 반지는 지상의 물질과 대립되는 천상적 공간기호체계를 갖는다.

순금의 圓環 반지는 精神의 상징을 나타낸다.[190] 그러므로 물질을 매개해야 할 순금의 반지는 '하늘'을 끼움으로써 임과 화자의 관계를 육체성에서 정신성으로 전환시켜준다. 즉 이 원형의 반지가 임으로 하여금 붉은 보석을 바다에 던지게 하여 빈 공간을 만들었고, 그 빈 공간 속에 시적 화자가 鶴이 되어 날아가던 하늘을 둘러 끼운 것이다. 그래서 임과 화자의 만남은 이 반지에 의해 육체성에서 벗어나 정신적 가치로 만나게 되는 것이다. 결국 매개항 반지에 의해 육체성에서 정신성으로, 지상적 가치에서 천상적 가치로, 하방적 공간에서 상방적 공간으로 전환되면서 자연스럽게 物이 소거된다. 그리고 物이 소거된 그 자리에 無의 공간이 들어가게 된다. 이처럼 매개항 반지는 임과 화자에게 긍정적 가치를 부여하고 있다.

---

190) 圓은 정신의 상징이다. 正四角形은 세속의 물질, 육체와 현실의 상징인 것이다. Aniela Jaffé, 이부영 外 역, 「圓의 상징」, 『인간과 無意識의 상징』, 집문당, 1983, p.256.

이 븨인 金가락지 구멍에
끼었던 손까락은
이 구멍에다가 그녀 바다를 조여 끼어 두었었지만
그것은 구름되어 하늘로 날라 가고….

이 븨인 金가락지 구멍에
끼었던 손까락은
한 하늘의 구름을 또 조여서 끼었었지만
그것은 또 우는 비 되어 땅으로 내려지고….

이 븨인 金가락지 구멍에
끼었던 손까락은
인제는 그 어지러운 머리골치를 거두어
누군가의 주머니 속으로
들어간것 까진 알겠다만

누구냐
그 허리에 찬 주머니 속의 그녀 어질머리로
梧桐꽃 내음새 나는 피리 소리를
연거푸 이 구멍으로 불어 넣어 보내고만 있는 너는?

―「븨인 金가락지 구멍」 전문

"金가락지 구멍"은 이쪽과 저쪽을 매개하는 공간기호체계이다. 內/外를 매개하는 門처럼 "금가락지 구멍"의 이쪽(內)과 저쪽(外)의 의미작용은 다르다. 이쪽의 공간을 손가락으로 한다면, 구멍을 빠져 나가는 저쪽은 '바다, 구름'이 된다. 즉 이쪽(內)의 손가락 육체성은 저쪽(外)의 바다, 구름이라는 자연적 기호체계와 대립한다. 매개항 "금가락지"의 구멍은 육체성과 자연성을 중재하는 공간기호체계를 구축한다. 그런데 화자가 손가락을 빼고 대신 바다와 구름을 조여 끼우지만, 바다는 수직상승하여 구름되어 하늘로 가고, 구름은 우는 비되어 땅으로 떨어진다. "금가락지 구멍"의 저쪽(外) 공간은 자연의 순환 법칙을 따르고 있다.

이 순환원리가 피에서 물을 분리해내는 과정이 된다.

화자는 "인제는"이라는 시간성 부사를 사용하여 지금까지 구축해 왔던 공간기호체계를 모두 전환시켜버린다. 코드체계를 와해시키고 다시 공간기호체계를 구축한다. 이쪽(內) 공간에서 지금까지 "금가락지 구멍"에 껴왔던 손가락은 이제 아무 것도 그 구멍에 끼우지 않는다. 특히 천상적 기호와 대립하는 지상적 기호는 더 더욱 그 구멍에 끼우지 않는다. 그래서 화자는 그 구멍에 지상적 요소인 "그 어지러운 머리골치를" 끼우지 않고 그것을 "누군가의 주머니 속으로" 넣게 한다. 이에 따라 금가락지 구멍은 빈 공간으로 남는다. 예의 이 빈 공간을 채우는 것은 피리소리이다. 이 실체 없는 피리소리는 역설적으로 "주머니 속의 그녀 어질머리"에서 나오는 소리이다. 곧 육체성을 의미하는 소리이다. 그런데 청각적 이미지를 지닌 피리소리가 둥근 반지가 보여주는 시각적 이미지와 결합되면서, 그 피리소리는 육체성의 의미를 털고 정신성의 의미로 전환하게 된다. 이처럼 매개항 "금가락지 구멍"은 이쪽(內)의 육체적인 物의 가치를 피리 소리에 의해 저쪽(外)의 우주적(정신적)인 가치로 전환하게 해준다. 곧 긍정적인 의미작용을 하고 있는 것이다.

미당은 「님은 주무시고」에서는 순금의 반지 속에 '자기의 하늘'을 끼었지만, 이 텍스트에서는 그녀의 바다, 구름을 끼우고 있었다. 물론 그것이 뜻대로 끼워지지 않자 그는 육체적 기호인 손가락 자체를 빼버리고 만다. 그래서 "금가락지 구멍"에는 '無의 공간'[191]만 존재하게 된다. 이와 같이 미당에게 있어서 '순금 반지'는 物에서 無를 보는 標識이다. 즉 순금 반지는 物을 소거하여 無를 빚는 容器가 되고 있다.

> 그러고 내가 한 것은
> 바다의 神의 一族 가운데서도
> 그 主人이나 마누라를 직접 서뿔리 느물거리지 않고
> 간접으로 그 딸의 로맨틱한 마음을 사려

---

191) 김화영, 『미당 서정주의 시에 대하여』, 민음사, 1984, p.101.

연거푸 연거푸 내 마음 속 피리를 불고,
그래 나는 내 마음 속 더 으슥한데 감춘
한개의 純金반지를 그녀 약손가락에 끼우는 데 성공했다.

바다의 어느 部分이 그 바다의 딸의 약손가락이냐고?
그것은 묻지 마라.
바다에 엔간히만 정말 친한 水夫도
그만큼은 두루 다 잘 가남하는 일이다.
그래서 나는 그녀가 낀 반지의 빛을 信號로 다녔을 뿐이고,

—「어느 늙은 水夫의 告白」에서

피리 소리와 순금 반지는 圓形의 이미지를 나타내는 공간기호체계를 갖는다. 피리 구멍 자체가 원형이기도 하지만, 피리 소리 자체도 원형의 이미지를 생성해 준다. 둥근 존재의 둥근 소리는 하늘도 둥글게 만든다. 둥근 존재는 그의 둥긂을 전파하고, 모든 둥긂의 평정을 전파한다.[192] 그래서 순금반지와 피리소리는 둥근 원을 만들어 "바다 神의 一族인" "그 딸"의 마음을 간접적으로 사로잡는다. 피리소리의 청각적인 둥긂의 이미지는 마음을 사로잡고, 순금의 시각적인 둥긂의 이미지는 그녀의 몸을 사로잡고 있다.

감정 가치체계로 보면 '나(內)—피리 · 반지—그녀(外)'로 삼원구조 기호체계를 구축한다. 피리와 순금 반지는 '나'와 '그녀'를 잇게 하는 매개항으로 긍정적 가치를 부여하고 있다. 「븨인 金가락지 구멍」에서는 반지의 둥근 시각적 이미지가 피리의 청각적인 '소리'로 변하는데 그 묘미가 있었지만, 이 텍스트에서는 피리의 청각적인 이미지가 둥근 반지의 시각적 이미지로 전환되는데 그 아름다움이 있다. 피리소리는 바닷물을 떠오르게 하며 위로 상승시킨다. 어질머리 같은 광란의 바다를 잠재우고, 바다를 조용히 구름으로 하늘로 상승시키고 있다. 미당의 바다는

---

192) Gaston Bachelard, *La Poétique de L'espace,* 곽광수 역, 『공간의 시학』, 민음사, 1993, p.409.

이제 침몰하지 않고 피리소리에 의해 둥긂의 바다가 되어 상승한다. 숨을 헐떡이던 육체성의 다급한 마음은 이제 사라지고 '로맨틱한 마음'으로 조용하게 '연거푸 연거푸' 반복해서 아름다운 피리를 불고 있는 것이다.

미당은 우주적 통로인 순금 반지에 그녀의 약손가락을 끼우게 된다. 여기서 약손가락은 바다의 환유이므로 결국 순금 반지에 '바다'를 끼우게 된 것이다. 이것은 로맨틱한 처녀의 바다이기 때문에 신성하고 순한 의미를 지닌다. 순금 반지의 구멍에다 바다를 끼움으로써, 바다神의 딸인 그의 약손가락을 그 구멍에 끼움으로써 그 구멍은 無의 투명한 하나의 생명을 얻게 된다. 그래서 미당의 無는 事物을 없애는 것이 아니라 투명하게 하는 것이다. 사물을 투명하게 하여 上/下 공간을 순환케 하는 것이 미당의 無이다. 순금 반지는 깨뜨려지지 않는 圓으로 그 자체가 변형되지 않는다. 미당은 여기에다 바다, 하늘, 구름을 번갈아 끼운다. 순금 반지는 無 그 자체를 담는 것이 아니라 無를 발생시키는 천상의 기호체계를 담는 그릇이다. 그래서 이쪽(內)의 유한한 세속적 삶은 반지의 구멍을 통하여 저쪽(外)의 무한하고 신성한 삶으로 상승하게 해준다.

예의 미당은 금가락지의 공간기호체계를 구축하기 전에 '항아리'의 공간기호체계로 無를 담는 연습을 해왔다. 다시 말하면 '항아리'의 공간기호체계를 사용하다 '금가락지'의 공간기호를 발견한 것이다.

> 저는 시방 꼭 텡븨인 항아리같기도 하고, 또 텡븨인 들녁같기도 하옵니다. 하눌이여 한동안 더 모진狂風을 제안에 두시던지, 날르는 몇 마리의 나븨를 두시던지, 반쯤 물이 담긴 도가니와같이 하시던지 마음대로 하소서. 시방 제 속은 꼭 많은 꽃과 향기들이 담겼다가 븨여진 항아리와 같습니다.
>
> —「祈禱壹」 전문

세계가 둥근 존재 주위에서는 둥글어지는 것처럼,[193] 시적 화자는 텅 빈 자신의 둥근 마음을 '항아리, 들녘, 도가니'의 圓形에 담고자 한다.

'항아리, 들녘, 도가니'는 둥그런 형태로 사물을 채우기도 하고 사물을 비울 수도 있다. 이들 球形 속에 사물을 채우고 비우는 것은 단순한 육체적 행위가 아니다. 구형의 공간에 담는다는 것은 항상 유일한 삶의 가장 중요한 면인 삶의 궁극적인 全體性을 담는다는 뜻이다.[194] 화자는 자신의 내면적인 삶을 텅비게 하여 항아리에 삶의 궁극적인 어떤 전체성을 담고자 한 것이다. 이때 항아리는 內공간에 긍정적인 의미작용을 산출해준다.

여기서 담는 주체가 인간이 아니고 바로 하늘이란 점에서, 이 항아리는 우주공간과 교섭하는 우주적 항아리이다. 「상가수의 소리」에서 '똥깐의 항아리'가 우주적 항아리로써 하늘을 담았듯이, 이 항아리도 그와 같은 기능을 수행하고 있다. 그러나 앞서 살펴본 것처럼 금가락지와 같이 견고하지 못하여 바다나 하늘, 구름 같은 상방적 공간기호들을 오래 담을 수는 없다. 그래서 광풍이나 나비, 물과 같이 아직도 지상적 삶에 관여하고 있는 공간기호체계만 담고 있는 것이다. 그리고 항아리는 금가락지와 같이 아름다운 빛도 없고 견고하지도 않다. 곧 쉽게 깨질 수 있는 기호이다. 때문에 미당의 정신세계를 오래도록 담아내기에는 부족할 수밖에 없다.

미당은 '항아리'의 공간코드를 전환하여 '굴헝'으로서 圓의 공간을 구축하기도 했다.

> 내 永遠은
> 물 빛
> 라일락의
> 빛과 香의 길이로라.
> 가다 가단
> 후미진 굴헝이 있어,
> 소학교 때 내 女先生님의

193) Gaston Bachelard, 앞의 책, p.411.
194) Aniela Jaffé, 앞의 책, p.248.

키만큼한 굴헝이 있어.
이쁜 女先生님의 키만큼한 굴헝이 있어.

내려 가선 혼자 호젓이 앉아
이마에 솟은 땀도 들이는
물 빛
라일락의
빛과 香의 길이로라
내 永遠은.

—「내 永遠은」 전문

"굴헝"은 항아리와 비슷한 형태를 지니고 있지만, 그 공간기호체계의 의미작용은 다르다. 먼저 "굴헝"은 수평공간을 內/外로 분절하는 경계영역의 기능을 한다. 이쪽과 저쪽의 공간을 분절하는 삼원구조의 기호체계를 갖는다. 동시에 "굴헝"은 수직공간을 매개하는 것으로 '지상(상)—굴헝(매개항)—지하(하)'의 삼원구조를 구축한다. 예의 "굴헝"은 수평과 수직의 공간을 분절하는 매개 단위로 공간의 중심에 위치하고 있다. 이런 점에서 화자는 우주 형상의 기본 틀인 수평과 수직의 중앙에 서서 자아를 放射하는 것이 된다. 위와 아래, 앞과 뒤의 중심공간을 갖는 "굴헝"은 일종의 원형 이미지로써 화자에게 매혹적인 영향을 주고 있는 셈이다.

"굴헝"은 소학교 때의 "女先生"의 이미지를 담고 있다. 너무 깊거나 너무 얕지도 아니한 예쁜 여선생의 키만큼 한 "굴헝"은 공포를 주는 공간이 아니다. "혼자 호젓이 앉아/ 이마에 솟은 땀도 들이는" 신비한 공간이다. "굴헝"은 화자로 하여금 과거의 시간을 재생시켜 주고 미래의 시간으로 나아가게 하는 인생관도 갖게 해준다. '소학교 때, 예쁜 여선생과 만났던 과거의 시간'을 긍정적으로 재생시켜 주고, "라일락의/ 빛과 香"이 앞으로 화자의 길이라는 인생관까지 제시해 주고 있다. 이 "빛과 香"의 길은 이 텍스트에서 '영원'으로 언술이 된다. 그러므로 "굴헝"

은 과거와 현재 미래가 공존하는 신성한 공간이며, 화자는 이 공간을 통해서 새롭게 태어나고 있는 것이다.

또한 "굴헝"은 화자에게 자궁과 같은 공간이다. 그래서 "굴헝"은 남성적 이미지의 공간이 아니고 여성적 이미지의 공간으로 나타난다. 여선생과 "굴헝"을 유추해 보면, 하나의 공통적인 이미지가 드러난다. "굴헝"은 대지의 한 부분이 지하로 움푹 파인 것으로 대지의 자궁 이미지를 갖는다. 마찬가지로 남성과 대립항인 여선생은 그 자체로 內공간의 기호체계에 해당되면서, 역시 자궁이라는 기호를 내재하고 있다. 그러므로 이 "굴헝"은 어머니의 자궁, 대지의 자궁으로써 하나의 생명을 창조해내는 곳으로 작용한다. 따라서 "굴헝"은 여성의 생산력과 결부된 우주적 구조, 우주적 모델을 갖는다. 예의 화자는 이 "굴헝" 속에서 다시 태어나고 있는 것이 된다.[195]

이처럼 공간의 중심 좌표인 "굴헝"의 공간기호체계는 하나의 圓의 형상으로써 生을 재생시키며, 삶의 궁극적인 전체성을 갖게 해준다. 이 "굴헝"은 內공간에 긍정적 가치를 부여하면서 또한 이 공간을 수직 상승케 하는 가치를 부여하고 있다. 禪宗에서 圓이 覺을 의미하듯이,[196] 미당은 항아리 · 구렁 · 금가락지의 圓의 형상을 통해 육체의 지상적 가치에서 정신의 천상적 가치를 추구해 가고 있다. 미당은 그 과정을 공간기호체계로 구조화내고 있다.

---

195) 죄인은 통 혹은 땅 속의 구멍으로 들어간다. 그리고 거기서 나올 때 그는 "어머니의 자궁으로부터 두 번째로 태어난다."고 말한다. 이런 종교적 경험이야말로 우주적인 어머니에 의해 새로운 인간으로 탄생됨을 의미한다. Mircea Eliade, *The Sacred and the Profane*, 이동하 역, 『聖과 俗』, 학민사, 1994, p.128.

196) Aniela Jaffé, 앞의 책, p.248.

V. 수직 · 수평공간의 통합과 그 의미작용

1. 수직 · 수평의 분리와 해체 공간

지금까지 未堂 텍스트의 공간기호체계인 內/外공간의 수평축과 上/下공간의 수직축 기호체계를 분석해 보았다. 本 節에는 이항대립적 코드에 의해 구축된 공간을 다시 해체하거나 그 가치를 逆轉시키는 공간기호체계를 분석하기로 한다.

미당은 이항대립적 코드에 매개항을 설정하여 수직과 수평의 질서 정연한 공간을 만들어 왔다. 그러한 이항대립적 공간체계에 의해 각 계층마다 가치가 부여되어 왔으며, 그 공간체계에 의해 미당의 존재의식이 유형화되어 왔다. 그런데 미당은 역설적으로 지금까지 창조적 개성적으로 건축해온 텍스트의 공간코드 즉, 上/下, 內/外의 대립자체를 무너뜨리거나 전도시켜버려는 일을 감행하기에 이른다. 달리 말하면 差異의 分極이 생기기 전의 카오스적 공간으로 회기에 이른다. 이러한 공간의 해체 작용의 궁극적 의미에 대해 이어령은 다음과 같이 언급한다.

> 공간언어의 최종적인 귀착점은 본래의 그 無, 그리고 동양인들의 원초적인 감각 속에 깃들어 있던 '공간은 無'라고 생각했던 그 개념이다. 기호론적으로 볼 때 이 無가 있으므로 해서 그와 대립항을 이루는 '有'의 공간들이 비로소 의미를 갖게 되는 것이다. 해체공간, 그 無라는 공간은 離散的인 공간을 구축해 내는 것과 대립함으로써 그 有의 공간에 示差性을 부여한다.[197]

인간은 有의 공간에서만 살 수는 없다. 인간은 근본적으로 초월지향적이기 때문에 無의 공간, 분극 되기 이전의 공간으로 회귀하고 싶은 욕망이 생긴다. 이러한 有/無의 시차적 공간에 의해 인간을 둘러싼 공

---

197) 이어령, 앞의 책, p.524.

간은 더욱 오묘한 공간이 된다. 공간을 해체하는 기호론적 방법에도 여러 가지가 있다. 본 節에서는 매개항의 작용으로 兩項의 공간이 역전되거나, 공간적 가치가 바뀌게 되거나, 또는 기호들 자체의 구조적 결합에 의해 그 의미가 해체되거나 하는 것들에 한하여 살펴보기로 한다.

(1) 눈 · 아지랑이 · 바람의 기호체계

수부룩이 내려오는 눈발속에서는
까투리 매추래기 새끼들도 깃들이어 오는 소리. ……
괜찬타. ……괜찬타. ……괜찬타. ……괜찬타. ……
폭으은히 내려오는 눈발속에서는
낯이 붉은 處女아이들도 깃들이어 오는 소리. ……

울고
웃고
수구리고
새파라니 얼어서
運命들이 모두다 안끼어 드는 소리. ……

큰놈에겐 큰눈물 자죽. 작은놈에겐 작은 웃음 흔적.
큰이얘기 작은이얘기들이 오부록이 도란그리며 안끼어 오는
소리……

…(중략)…
끊임없이 내리는 눈발속에서는
山도 山도 靑山도 안끼어 드는 소리. ……

─「내리는 눈발속에서는」에서

눈은 자연의 공간에서 생겨나는 氣象現象이다. 이러한 자연현상이 기호의 체계에 들어와 의미작용을 하게 되면 공간을 구축했던 코드가 전도되거나 해체되어 버린다. 그러므로 같은 공간이라 할지라도 눈이 있

는 경우와 없는 경우에는 그 의미체계가 상당히 달라지게 된다. 이 텍스트에서는 눈이 "수부룩"하게 오고 있는 상황이기에, 그 자체로도 이미 공간의 경계영역이 소멸되어 가고 있음을 나타낸다. 內/外 공간을 매개할 경계도 사라지고 上/下 공간을 분절할 새들과 산들이 사라져 삼원구조의 기호체계가 해체되어 버린다.

새들은 上/下 공간을 분절하여 '하늘(상)-새(매개항)-땅(하)'의 삼원구조 기호체계를 구축한다. 그런데 내려오는 눈발에 의해 까투리, 매추래기 새끼들이 모두 內공간으로 안기어 들고 만다. 수직공간의 삼원구조 체계 중 '새'의 기호가 소멸함으로써 하늘은 하늘대로 땅은 땅대로 분리 해체되고 만다. 上/下 대립이라는 이전의 공간으로 회귀하고 마는 셈이다. 山은 수평공간에서는 內/外 공간을 경계하는 매개항이며, 수직공간에서는 上/下 공간을 분절하는 매개항이다. 그런데 이러한 山마저도 눈에 덮여서 內/外 공간의 차이도 없어지고 上/下 공간의 示差性도 없어지고 있다. 매개항인 山의 소멸로 인하여 수평과 수직의 전체 공간이 해체되고 만다. 그러므로 이 텍스트의 해체 공간은 '새'와 '山'에 의해 이중적으로 해체되고 있다.

수평·수직공간이 해체 되었을 때, 색채 이미지도 해체현상이 일어난다. 外공간에 있던 "낯이 붉은 처녀아이들"의 붉은색, "새파라니 얼어서"의 파란색, "山도 山도 靑山"에서의 초록색이 內공간으로 사라져 버림으로써 색채에 대한 示差性도 소멸되고 만다. 요컨대 백색의 공간만 남는다. 그럼에도 불구하고 해체된 공간 속에서 오히려 인간은 생의 포근함을 느끼게 된다.

눈은 공간을 해체시키지만, 인간과 사물에게 "폭으은히 내려주는" 것으로 內공간에 긍정적인 의미작용을 산출해준다. 시적 화자는 이것을 예의 "괜, 찬, 타"라고 언술한다. 인간과 사물은 요람의 보금자리로 가듯이 모두 "깃들이어" 간다. 이 "깃들이어" 가는 태도에서 삶을 포근하게 껴안으려는 화자의 의지를 읽을 수가 있다. 예의 해체된 공간을 극복하려는 의지는 "오부룩이 도란그리며"라는 언술에 명료하게 드러난다. 사물과 사물의 대립이 아니라, 서로를 따뜻하게 감싸려는 융합의 태도가 담겨 있다. 눈발의 해체 속에서 인간과 사물은 그동안 망각되었던 본래적인 모습을 다시 회복하게 된 것이다.

> 내 戀人은 잠든지 오래다.
> 아마 한 千年쯤 전에….
>
> 그는 어디에서 자고 있는지,
> 그 꿈의 빛만을 나한테 보낸다.
>
> 분홍, 분홍, 연분홍, 분홍,
> 그 봄 꿈의 진달래꽃 빛갈들.
>
> 다홍, 다홍, 또 느티나무 빛,
> 짙은 여름 꿈의 소리나는 빛갈들.
>
> 그리고 인제는 눈이 오누나….
> 눈은 와서 내리 싸이고,
> 우리는 제마닥 뿔뿔히 혼자인데
>
> 아 내곁에 누어있는 여자여.
> 네 손톱속에 떠오르는 초생달에
> 내 戀人의 꿈은 또 한번 비친다.
>
> –「눈 오시는 날」 전문

미당 시에서 특징적인 詩語 가운데 하나는 시간성 부사 '인제(이제)'가 빈번하게 사용되고 있다는 점이다. 이것은 미당이 지금까지 생각해왔던 감정가치를 바꾸게 되는 순간을 나타내 준다. 주지하다시피 "인제"라는 시간성 부사는 이전의 가치를 바꾸거나 전도시켜 새로운 공간을 구축하려는 의도를 나타낸 것이다. 그러므로 시간성 부사 "인제"는 한편으로 이전에 구축된 공간의 연속성을 해체하는 것이고, 다른 한편으로는 새로운 공간을 구축하려는 기호체계인 것이다.

"인제는 눈이 오누나…"에서 시간성 부사 "인제"와 "눈"은 공간을 해체하고 있다. 시간과 공간이 융합하여 이중적인 해체작용을 한다. "눈"은 제2,3,4연에 나오는 빛깔들을 모두 해체시켜 그 의미체계를 전도시켜 버린다. 말하자면 진달래, 느티나무 등의 꽃과 빛을 해체하는 셈이다. 물론 이 텍스트에서 그 꽃과 빛을 은유하는 것은 예의 시적 화자의 죽은 "戀人"이다. 달리 표현하면 시적 화자가 꽃과 나무를 연인으로 의인화하여 대화를 하고 있다는 것이다.

이 연인과 시적 화자를 매개하고 있는 것은 빛(깔)이다. '화자(內)–빛–연인(外)'으로 삼원구조의 공간기호체계를 구축한다. 그래서 화자와 연인은 빛을 통해서 대화를 하게 된다. 이에 따라 빛은 兩項에 긍정적 가치를 부여해준다. 물론 이 兩者 사이에 있는 빛은 어떤 정신적 현상, 영적 성격을 나타내 준다.[198] 그런데 눈이 내림으로 해서 "우리는 제마닥 뿔뿔히 혼자"로 남게 된다. 즉 눈이 내려서 화자와 연인 사이의 통화체계가 단절되고 만 것이다. 눈이 오기 전까지 긍정적 공간이었던 것이 눈이 옴으로 해서 부정적인 가치로 전환되고 만다. 뿐만 아니라 다양한 의미를 전달해주던 분홍, 연분홍, 다홍, 느티나무빛도 모두 사라지게 한다.

이렇게 눈이 공간을 전도시켰지만 시적 화자는 이에 굴하지 않고 다시 눈이 없는 공간을 상상적으로 복원하려고 한다. 그 언술이 바로 "손톱속에 떠오르는 초생달"이다. "초생달"은 "연인의 꿈"을 화자에게 비춰줌으로 해서 다시 '빛(꽃)'과 같은 기호체계를 생성시켜준다. 그러므로 이 텍스트는 처음 "눈"에 의해 그 가치체계가 전도, 해체되었다가 "초생달"에 의해 다시 복원되는 현상을 보여준다.

---

198) 모든 원형 상징 가운데 빛의 상징만큼 널리 알려지고 직접적으로 이해될 수 있는 것은 없다. 빛은 정신적 현상이며, 영적 성격을 상징하는 기호로 쉽게 전환이 된다. Philip Ellis Wheelwright, 앞의 책, p.118~119.

順이네가 사는집 집웅우에선
順이네 아지랑이 피어오르고
福童이가 사는집 집웅우에선
福童이네 아지랑이 피어오르고

누이야 네 繡놓는 방에서는
네 繡놓는 아지랑이.
네 두 눈에 맑은 눈물방울이 고이면
맑은 눈물방울이 고이는 아지랑이 피어 오르고

〈그립다〉 생각하면
〈그립다〉 생각하는 아지랑이.
〈아!〉 하고 또 속으로 소리치면
〈아!〉 하고 또 속으로 소리치는 아지랑이.

―「아지랑이」에서

서술동사의 층위로 보면, 화자가 감성적으로 사물을 보고 있다는 것을 알 수 있다. '섧다, 어지럽다, 흔들리다' 등의 서술어가 바로 그것이다. 이러한 인식의 태도는 근본적으로 "아지랑이"의 속성에 기인한다. 아지랑이는 봄날 복사열에 의해 먼 공중에 아른아른하게 보이는 공기의 현상이다. 아지랑이의 공기현상은 분명한 공간적 거리뿐만 아니라, 시각적 현상에도 혼란을 야기해준다. 이미 아지랑이 자체가 공간의 경계를 몽롱하고 모호하게 하는 공간의 해체적 기능을 지니고 있는 셈이다.

아지랑이는 수평과 수직의 경계영역을 해체한다. 집과 방의 경계영역뿐만 아니라, 존재의 내부와 외부의 경계영역을 침범하기도 한다. 아지랑이는 上/下를 매개하는 지붕의 경계를 해체하고, 內/外를 매개하는 동네, 집, 방 등의 수평적인 격벽을 무너뜨리기도 한다. 심지어 시적 화자가 〈아!〉 하고 소리치면, 아지랑이가 〈아!〉 하고 따라 소리치는 언술주체의 전도현상까지 일으키기도 한다. 요컨대 모든 사물이 아지랑이와 만나면, 시간과 공간에 구애됨 없이 모두 해체하게 된다. 이런 "아지랑이"가 구축한 해체공간에도 의미작용은 발생한다. 그것은 다름 아니라 대립과 분리의 삶을 배제하고 하나로 융합된 삶을 추구하자는 의미이다. 그래서 '순이, 복동이, 그리고 누이'의 삶은 개별화된 삶이 아니라, 하나의 통합된 삶이라는 것을 긍정적으로 보여주고 있다.

> 내 데이트 시간은
> 인제는 순수히 부는 바람에
> 동으로 서으로 굽어 나부끼는
> 가랑나무의 가랑잎이로다.
>
> …(중략)…
>
> 이승과 저승 사이
> 그 갈대의 기념으로
> 내가 세운 절간의 법당에서도
> 아주 몽땅 떠나 와 버린 내 데이트 시간은,
>
> 인제는 그저 부는 바람 쪽
> 푸르른 배때기를
> 드러내고 나부끼는 먼 산 가랑나무 잎사귀로다.
>
> —「내 데이트 시간」에서

바람은 대기현상에서 가장 자유롭게 이동하는 것으로 수직과 수평의 兩項에 작용하여 인간의 심성을 갈라놓기도 하고 통합하기도 한다. 이 텍스트에서 바람은 시간성을 해체하여 화자에게 새로운 시간과 공간을 갖도록 해주고 있다. "인제"라는 시간성 부사는 연속적인 시간을 분절한다. 그래서 '과거-현재(인제)-미래'라는 삼원구조의 기호체계를 구축한다. 바람은 매개적 시간인 현재의 시간성을 해체하여 과거와 미래의 시간을 대립 분리시킨다. 과거의 시간이 비본질적인 시간이었다면, 미래로 가는 시간은 본질적 시간이 된다.

바람이 부는 쪽으로 나부끼는 잎사귀의 존재가 화자에게는 본질적 시간이다. 다시 말하면 순수하게 부는 바람을 따라가는 것이 본질적 시간인 것이다. "데이트"라는 것도 사랑의 마음을 전제로 하여 하나가 되는 만남이다. 이렇듯이 바람과의 만남도 대립이 아니라 바람과 하나가 되는 마음이다. 바람은 스스로 가는 길이 방향이고 공간이다. 바람은 '동, 서'로 불기도 하다가 "그저 부는 바람"이 되기도 한다. 이처럼 사방이 바람의 길인 셈이다.

그래서 화자는 가랑잎과 같은 존재로 바람의 길을 따라 나선다. 이에 화자는 구름과 절간조차 이별해 버리고 무한한 우주의 바람으로 존재하게 된다. 그러므로 이 바람은 인간의 영혼과 우주적 본질을 맺게 하는 통로, 즉 보이지 않는 길을 보여준다.[199] 이처럼 바람은 화자의 존재 내부와 존재 외부의 대립적 시간을 해체시켜, 우주공간의 섭리 속으로 화자를 이끌어 가고 있다.

지금까지 기상현상인 눈, 아지랑이, 바람의 기호체계가 공간을 해체하는 과정을 살펴보았다. 그런데 미당의 텍스트 중에는 독특하게 시 자체의 구조적 체계가 공간을 해체시키는 경우도 있다는 것이다.

(2) 구조적 기호체계

어느날 내가 산수유꽃나무에 말한 비밀은
산수유 꽃속에 피어나 사운대다가…
흔들리다가…
落花하다가…
구름 속으로 기어 들고,

구름은 뭉클리어 배 깔고 앉었다가…

199) G. Bachelard, "Le vent", *L'air et les songe: Essai sur l'imagination du mouvement,* Paris: Librairie José corti, 1943, p.261. 이경희, 앞의 책, p.83. 재인용.

마지못해 일어나서 기어 가다가…
쏟아져 비로 내리어
아직 내모양을 아는이의 어깨위에도 내리다가…

빗방울 속에 상기도 남은
내 비밀의 일곱빛 무지개여
햇빛의 푸리즘 속으로 오르내리며
허리 굽흐리고

나오다가…
숨다가…
나오다가…

—「산수유꽃나무에 말한 비밀」 전문

이 텍스트를 의미론적인 구조로 보면, 上/下공간을 매개하는 것은 시적 화자가 "말한 비밀"이다. 이 비밀의 소리는 '구름(상)—비밀—꽃(하방)'으로 삼원구조의 기호체계를 구축한다. 이 "비밀"은 텍스트의 구조적 원리에 의해 상방공간인 "구름"까지 상승했다가 다시 '땅'으로 하강하고 있다. 이 구조적 원리에 의해, 지상의 "꽃"과 상방공간의 "구름"이 상호 교환되어 의미론적인 가치체계를 역전시킨다. 이러한 上/下 공간의 운동은 '나오다가… / 숨다가… / 나오다가… '로 반복되고 있다. 그러므로 그 가치체계는 역전의 역전을 거듭하게 된다.

逆轉된 공간 속에서 청각적 이미지를 지닌 "비밀"의 가치체계는 시각적 이미지인 "무지개"의 가치체계로 전환한다. 이러한 上/下운동을 공간기호체계로 보면 圓環空間을 구축한다. 圓環空間 속에서 위와 아래, 좌와 우의 개념은 존재하지 않는다. 모든 기호가 해체되어 순환할 뿐이다. 그러나 이와 같은 해체공간은 곧 기호체계가 자동화되어 시에 대한 정보량을 감소시킬 뿐만 아니라, 독자들의 상상력을 제한시킬 위험스런 요소가 있음을 배제할 수는 없다.

미당은 이러한 해체공간을 통해서 단순한 순환의 형식, 윤회의 형식만을 보여주려고 한 것은 아니다. 미당은 인간의 질서를 우주공간의 질서에 통합하려는 의지를 해체공간을 통하여 구축하려고 한 것이다. 통합된 공간 속에서 인간과 자연의 대립은 해체되고 하나의 질서 속에서 융합될 수 있기 때문이다.

> 언제든가 나는 한 송이의 모란꽃으로 피어 있었다.
> 한 예쁜 처녀가 옆에서 나와 마주 보고 살았다.
>
> 그 뒤 어느날
> 모란꽃잎은 떨어져 누워
> 메말라서 재가 되었다가
> 곧 흙하고 한세상이 되었다.
> 그게 이내 처녀도 죽어서
> 그 언저리의 흙 속에 묻혔다.
> 그것이 또 억수의 비가 와서
> 모란꽃이 사위어 된 흙 위의 재들을
> 강물로 쓸고 내려가던 때,
> 땅 속에 괴어 있던 처녀의 피도 따라서
> 강으로 흘렀다.
>
> …(중략)…
>
> 그래 이 마당에
> 現生의 모란꽃이 제일 좋게 핀 날,
> 처녀와 모란꽃은 또 한 번 마주 보고 있다만,
> 허나 벌써 처녀는 모란꽃 속에 있고
> 前날의 모란꽃이 내가 되어 보고 있는 것이다.
>
> –「因緣說話調」에서

이 텍스트에서 화자는 자신의 이야기를 說話調로 이야기하고 있기 때문에 현실적으로 그 긴장감은 다소 떨어진다. 이 텍스트의 서술구조를 보면 '대과거-과거-현재'라는 시간적 구조로 나타난다. 이러한 시간구조는 그대로 텍스트의 공간을 분절하는 기능을 하게 된다. 그래서 '과거'에 해당되는 언술의 기호체계는 '대과거'와 '현재'를 통합해주는 기능으로 작용한다. 예의 분리와 대립이 아니라 화자인 나와 처녀를 융합시켜주는 의미로 기능하는 것이다. 부연하면 나와 처녀가 각기 별개의 공간에서 윤회하다가 마침내 한 공간에서 한 몸으로 융합하게 된다는 것이다. 이 과정을 도식화해 보면 다음과 같다.

A = 나: 모란꽃(대과거)→(재 - 흙 - 강물 - 물고기 - 물새 - 구름 - 새의 추락 - 소나기 - 집안뜰 - 영아)→ 영아의 생육(현재)

B = 처녀: 처녀(대과거)→(죽음 - 흙 - 강물 - 강물의 피 - 구름 - 소나기)→ 모란꽃 속(현재)

A에서는 대과거의 모란꽃이 현재 공간에서는 '嬰兒'의 존재로 윤회되어 나타나고 있으며, B에서는 대과거의 처녀가 현재 공간에서는 모란꽃과 동일한 혹은 모란꽃 속의 존재로 윤회되어 나타나고 있다. 그런데 이러한 A와 B가 이 텍스트의 마지막 연에서는 모두 융합되고 만다. 부연하면 "現生의 모란꽃(처녀)"과 "前날의 모란꽃(나)"이 선조적인 시간성을 해체시키고 한 시공간 속에서 상호 바라보고 있는 것이다.

물론 설화의 공간기호체계이기 때문에 비현실적이긴 하지만, 그 해체된 공간이 주는 의미작용은 앞서 살핀 「산수유꽃나무에 말한 비밀」과 같은 맥락에서 이해될 수 있겠다. 그러나 중요한 것은 공간의 해체작업도 二項對立에 의해 가능하다는 사실이다. 하나의 사물이 다른 의미로 전환하기 위해서 필수적으로 이에 대립하는 사물이 있어야 하기 때문이다. "내가/ 돌이 되면// 돌은/ 연꽃이 되고"(「내가 돌이 되면」)에서 알 수 있듯이, "내"가 무엇이 되려면 "돌"이라는 사물이 있어야 되고, "돌"이 무엇이 되기 위해서는 "연꽃"이 있어야 되는 것처럼 말이다.

(3) 轉倒된 하늘의 기호체계

未堂은 구조적 원리에 의한 해체작업 이외에도, 물이나 거울의 기호작용으로써 上/下공간의 대립을 해체하기도 한다. 이런 해체의 기법은 몇몇 詩篇 들에서 편린적으로 사용되고 있다.

> 왜, 거, 있지 않아, 하늘의 별과 달도 언제나 잘
> 비치는 우리네 똥오줌 항아리.
>
> —「상가수의 소리」에서

> 우리가 일년 내내먹고 마시는 음식들 중에서도 제일
> 맛좋은 풋고추 넣은 칼국수 같은 것은 으레 여기 모여
> 앉아 먹기 망정인 이 하늘을 온전히 두루 잘
> 비치는 房
>
> —「마당房」에서

「상가수의 소리」에서는 "똥오줌 항아리"가 明鏡의 이미지로써 상방공간의 기호체계를 하방공간으로 轉倒시키고 있으며, 「마당房」에서는 明鏡化된 마당으로써 상방공간의 기호체계를 하방공간으로 轉倒시키고 있다. 이렇게 해서 上/下공간의 질서 차이가 상실되고, 上/下의 구별이 없는 해체공간이 구축된다.

2. 수직 · 수평의 결합과 복합 공간

지금까지 徐廷柱 詩의 공간구조를 분석하기 위해 편의상 수직공간과 수평공간을 따로 분리하여 그 의미작용을 살펴보았다. 그러나 텍스트 내의 모든 공간기호가 정확하게 수직과 수평의 공간으로 갈라지는 것은 아니다. 텍스트의 공간구조에서 수직적인 공간이 지배적이더라도 거기에는 다소 간의 수평축의 요소가 있기 마련이고, 수평적인 공간이 우세하더라도 거기에는 수직축의 요소들이 편린적으로 나타나기 때문

이다. 그러므로 엄밀히 말하자면 텍스트의 공간을 분석할 때는 수직과 수평의 공간을 동시에 복합적으로 다 분석해야 하는 것이다. 이렇게 할 경우, 텍스트 공간구조는 그 자체로 하나의 통합된 메시지를 전달할 수 있으며, 세계의 우주상을 보여줄 수 있다.

사실 徐廷柱 詩에서, 수직공간 안에 수평적 요소가 수평공간 안에 수직적 요소가 含有되어 있는 例는 매우 많다. 그러나 분석의 편의를 위해서 공간의 지배소가 압도적으로 기울어지는 어느 한쪽 공간만을 고찰할 수밖에 없었다. 여기서는 그러한 난점을 보완하기 위해 수직과 수평이 결합되는 복합적인 공간의 의미작용을 살펴보기로 한다.

(1) 바다의 기호체계

미당에게 있어서 바다는 땅과 대립되는 수평적인 공간이자 하늘과 대응하는 수직적인 공간으로 나타난다. 수평과 수직의 교차점이 바다 공간인 셈이다. 이에 해당하는 「바다」의 텍스트를 먼저 보기로 한다.

> 귀기우려도 있는것은 역시 바다와 나뿐.
> 밀려왔다 밀려가는 무수한 물결우에 무수한 밤이 往來하나
> 길은 恒時 어데나 있고, 길은 결국 아무데도 없다.
>
> 아— 반딧불만한 등불 하나도 없이
> 우름에 젖은얼굴을 온전한 어둠속에 숨기어가지고… 너는.
> 無言의 海心에 홀로 타오르는
> 한낫 꽃같은 心臟으로 沈沒하라.
>
> …(중략)…
>
> 아라스카로 가라 아니 아라비아로 가라
> 아니 아메리카로 가라 아니 아프리카로
> 가라 아니 沈沒하라. 沈沒하라. 沈沒하라!

오—어지러운 心臟의 무게우에 풀닢처럼 훗날리는 머리칼을 달고
이리도 괴로운 나는 어찌 끝끝내 바다에 그득해야 하는가.

—「바다」에서

먼저 이 텍스트는 소리들을 前景化하고 있는 기호체계를 구축한다. 음소와 음운의 반복적인 소리구조가 등가를 이루며 질서를 만들어낸다. 텍스트에서 반복은 계열적 차원에서 질서화의 실현, 즉 등가에 의한 질서화의 실현으로 나타난다.[200] 제1연 제2행의 두음 음소 /ㅁ/의 연쇄적인 반복과 제2,3,4연의 두음 /아/의 반복은 서로 등가를 이루며 부가적인 의미를 생산해 내고 있다. 특히 제2,3연의 두음 /아/가 제4연에서는 완전한 소리구조로 구축되어 /아/ 음의 반복에서 연상되는 '아라스카, 아라비아, 아메리카, 아프리카'라는 외국 지명을 호명해내면서 이 텍스트의 지시적 공간을 넓혀가고 있다. 또한 이러한 /아/음이 "오—어지러운"에서 /오/음으로 변주되어 시적 화자의 절박한 감정을 잘 나타내주고 있다.

화자가 있는 땅은 "등불"조차 없는 어둠의 세계이며 울음조차 마음대로 울 수 없는 부정적인 공간이다. 그래서 어둠 속에 얼굴을 숨기고 어디론가 몰래 탈주해 나가야 하는 그런 곳이다. "밤과 피에 젖은 國土"에서 탈주해야 할 공간은 수평적인 바다이다. 땅과 대립항을 이루는 바다는 머나 먼 未知의 세계로 탈주할 수 있게 해주는 수평적인 공간이다. 수평적인 바다의 저 너머로 탈주해 가면 '아라스카, 아라비아, 아메리카, 아프리카' 등의 외국 공간이 나오게 된다. 이들 외국의 공간은 "피에 젖은 국토"와 "등불조차 없는" 조국의 땅과 대립한다. 곧 외국으로의 탈주는 피와 어둠의 부정적인 세계를 떠나 밝음과 안정이 있는 이상적인 공간으로 찾아나서는 것을 의미한다. 그러므로 매개항 바다는 땅의 內공간에는 부정적인 가치를 부여하며, 외국 공간에는 긍정적인 가치를

---

200) Yu. Lotman, *Analiz Poetikcheskogo Teksta; Structure Stikh,* 유재천 역, 『시 텍스트의 분석; 시의 구조』, 가나, 1987, p.83.

부여한다.

그렇다고 해서 이 텍스트에 수평적인 공간만 나타나는 것은 아니다. 탈주공간의 수평적인 바다는 上/下운동을 하는 수직공간으로 나타나기도 한다. "꽃같은 心臟으로 沈沒하라"의 수직하강성과 "心臟의 무게우에 풀닢처럼 훗날리는 머리칼을 달고"의 수직상승 작용이 그것이다.

피의 응어리인 "꽃같은 심장"은 '바다로 떨어지는 태양의 등가물'[201]로서 타오르는 불빛의 이미지를 지닌다. "심장"은 저 바다 깊숙이 침몰하여 추락하고 마는 것이 아니라, 바다 속에서 타오르며 상승하고 있다. 즉 바닷물에 의해서 육체성의 피가 증류되면서 가벼워지고 있는 것이다. 예컨대 심장은 불빛으로 타오르면서 바다 위로 상승한다. 그래서 미당의 바다는 "피와 빛으로 海溢"(「門」)한 검푸른 빛으로 나타나기도 한다. 이렇게 "꽃같은 심장"이 불빛으로 상승하게 되면 마침내 풀잎처럼 흩날리는 모습으로 바다 위에 떠오르게 된다.

"풀잎처럼 흩날리는 머리칼"에서 우리는 머리카락을 흩날리게 하는 바람의 動力을 감지할 수 있다. 바람이 없으면 바다도 심장도 상승작용을 할 수가 없다. 「鞦韆詞」에서 '그네'를 수직상방의 '달'까지 밀어올린 것도 바람이며, 파도를 하늘까지 올린 것도 매개항 바람이었다. 꽃같은 심장은 바닷물의 부력에 의해 떠오르고, 이것이 이젠 바람에 의해 바다 위로 뜨는 것이다. 여기서 서술동사 '흩날리다'는 바람에 의해서 머리카락이 뜨고 있는 동적인 모습을 언술한 공간기호체계이다. 이와 같이 침몰과 상승이 대립을 하면서 의미론적 등가성을 이루는 것은 곧 텍스트가 "코드들의 생산적인 교차점"[202]이 되기 때문이다.

수직공간의 바다는 하늘과 상호 교환가치가 가능한 접점에 있다. 바닷물은 하늘의 공기(바람)에 의해 쉽게 수직상승할 수 있다. 그러므로 바다에 뜬 "머리카락"은 바람에 일렁이며 하늘을 향하여 수직상승할 수

---

201) 이어령, 「피의 해체와 변형 과정; 서정주의 〈자화상〉」, 『詩 다시 읽기』, 문학사상사, 1995, p.338.

202) Vincent Jouve, 하태완 역, 『롤랑바르트』, 민음사, 1995, p.66.

있는 것이다. 이때 심장의 붉은 피는 물기를 지닌 바닷물에 의해서 물로 분리가 된다. 그래서 또한 바닷물에 의해 상승해 나갈 수 있게 된다. 미당의 시 텍스트에서 육체성을 띤 피는 바다에 침몰하였다가 물로 분리되며 가벼워진다. 달리 말해서 바다는 육체성, 물질성을 정신성으로 변화시키는 공간이 되는 것이다. 매개항 바다는 땅과 대립하여 수평적인 外공간으로 탈주하게 하는 탈주로가 되는 동시에 바다 속에 있는 심장의 피를 물로 분리하여 하늘로 상승시키는 의미작용도 산출한다.

> 잔치는 끝났드라. 마지막 앉어서 국밥들을 마시고
> 빠알안 불 사루고,
> 재를 남기고,
>
> 포장을 거드면 저무는 하늘.
> 이러서서 主人에게 인사를 하자
>
> 결국은 조금ㅅ식 醉해가지고
> 우리 모두다 도라가는 사람들.
>
> 목아지여
> 목아지여
> 목아지여
> 목아지여
>
> 멀리 서 있는 바다ㅅ물에선
> 亂打하여 떠러지는 나의 鍾ㅅ소리.
>
> —「행진곡」 전문

잔치는 일상적 시간을 분절하는 공간기호체계이다. 일상적 시간이 연속된 세속의 공간이라면, 잔치의 시간은 분절화된 시간으로써 성스러운 공간, 축제의 공간이다. 일상적 시간의 기호체계가 하강적인 의미를 나타낸다면, 잔치의 시간은 수직상승하는 공간기호 의미를 나타낸다. 마찬가지로 종교적인 맥락에서도 잔치는 축제 동안의 인간 행위를 그 이전 혹은 그 이후의 행위와 구별 짓는 근원적이고 거룩한 시간의 회복으로 보고 있다.[203)]

그러나 "잔치가 끝나면" 성스러운 공간, 상승하는 공간에서 세속의 공간, 하강하는 공간으로 다시 돌아가야 한다. 예의 잔치의 끝은 불을 사르고 재를 남기는 하방의 공간기호체계가 강화되는 것이다. 그러므로 "저무는 하늘"이라는 자연현상을 기호현상으로 적용해 보면, '밝음/어둠, 집단/개인, 만남/헤어짐, 상승/하강, 축제/일상, 聖/俗' 등의 대립적 의미를 나타내게 된다.

"우리 모두다 도라가는 사람들"에서 잔치의 끝은 일상적 공간인 각자의 집으로 복귀하는 것이 된다. 일상적 삶으로 복귀하는 사람들의 걸음은 무겁고 하강적일 수밖에 없다. 신체공간 기호인 "목아지"를 '머리'와 비교해 보면 하방적 공간기호체계에 속한다. 이때 "목아지"는 성스런 잔치공간에서 일탈된 세속적 의미의 비천한 육체성을 상기시킨다. 그래서 화자는 이런 비천한 육체를 이끌고 일상적 공간인 집으로 돌아가지 않는다. 오히려 거주공간인 집과 대립되는 바다로 가는 것이다. 수평축에서 바다로의 이동은 집의 內공간에 부정적인 의미작용을 산출하게 해준다. 그런 만큼 "불 사루고", "저무는 하늘", "醉해가지고"의 언술은 모두 일상적 공간인 집에 부정적 가치를 부여하는 공간기호 체계로 작용한다. 이런 부정적 가치체계가 화자로 하여금 外공간인 바다로 수평적인 이동을 하게 하는 것이다.

화자는 비속한 일상적인 삶에서 탈주하기 위해 外공간의 바다로 간다. 바닷가에서 화자의 의식은 난타하는 종소리처럼 침몰하게 된다. "저무는 하늘"의 시각적 이미지와 "종소리"의 청각적 이미지가 복합되어 이 텍스트의 공간을 動的으로 만들면서 수직 하강하는 공간기호체계

---

203) Mircea Eliade, *The Sacred and The Profane*, 이동하 역, 『聖과 俗』, 학민사, 1994, p.76.

를 구축하기에 이른다.

이때 땅과 대립하는 바다는 하늘과 수직축을 이루는 기호체계를 보여준다. 우선 그 과정을 보면, 난타하며 떨어지는 종소리(화자의 세속적 의식 상징)는 바다 속으로 가라앉는다. 그러나 바다는 그것을 소멸시키지 않고 새로운 신성한 의식으로 재생시켜준다. 그러면서 그 의식은 "꽃같은 심장"(「바다」)을 만나 새로운 몸으로 다시 떠오르게 된다. 곧 수직상승하는 몸이 된다. 이처럼 바다는 분열된 화자의 의식을 정화해주고 재생해주는 공간이 되고 있다. 따라서 수평축에서의 매개항인 바다는 집의 內공간에는 부정적인 의미작용을 산출해주고, 수직축에서는 재생된 그의 의식을 하늘로 상승하게 해주는 긍정적인 의미작용을 산출해준다.

(2) 언덕 · 집의 기호체계

> 열대여섯살짜리 少年이 芍藥꽃을 한아름 自轉車뒤에다 실어 끌고 李朝의 낡은 먹기와집 골목길을 지내가면서 軟鷄같은 소리로 꽃사라고 웨치오. 세계에서 제일 잘 물디려진 玉色의 공기 속에 그 소리의 脈이 담기오. 뒤에서 꽃을 찾는 아주머니가 白紙의 窓을 열고 꽃장수 꽃장수 일루와요 불러도 통 못알아듣고 꽃사려 꽃사려 少年은 그냥 열심히 웨치고만 가오. 먹기와집들이 다 끝나는 언덕위에 올라서선 芍藥꽃 앞자리에 넹큼 올라타서 방울을 울리며 내달아 가오.
>
> ―「漢陽好日」 전문

"낡은 먹기와 집"과 "언덕위"를 매개하는 것은 골목길이다. 골목길은 마을의 內공간에서 마을 밖의 外공간으로 나가는 것을 매개하며, 동시에 上/下의 공간을 연결하는 사다리처럼 하방공간인 마을과 상방공간인 언덕을 수직축으로 매개하기도 한다. 그러므로 소년이 언덕 위를 오르고 있는 행위는 外공간으로의 이동을 나타내는 동시에, 수직상승하는 공간적 의미를 나타낸 것이다. 골목길을 이동하는 존재는 다름 아닌 자전거에 뒤에 한 아름의 작약꽃을 실은 소년이다.

주지하다시피 소년은 꽃을 파는 존재이다. 그러므로 꽃을 사라고 외치는 소년의 소리는 분명히 육체적 노동의 商행위를 나타내는 언술이다. 예의 이때의 목소리는 商행위에 필요한 도구적 언어가 되는 셈이다. 그런 만큼 평지에서 언덕까지 오르는 '골목길'은 소년에게 부정적 가치를 부여한다. 하지만 이와 같은 공간기호체계는 소년의 "뒤에서" 말을 건네는 아주머니에 의해 逆轉되고 만다. 商행위가 되려면 꽃을 팔아야 하는데, "앞서간" 소년은 "불러도 통 못 알아듣고" 소리만 외치고 지나간다. 여기서 아주머니와 소년은 대립항을 이룬다. 아주머니는 소년에 비해 하방공간(세속) 쪽에 위치하는 것이 되고 소년은 상방공간(신성)에 위치하는 것이 된다.

소년과 아주머니 사이에 행해지는 의사소통은 東問西答이다. 아주머니는 말을 도구적 기능으로 하지만, 소년의 언어는 軟鷄같은 소리로 '소리 그 자체'만을 주술적으로 외친다. 처음부터 소년의 소리는 꽃을 팔고자 하는 행위가 아니었던 것이다. 옥색의 공기 속에 그 소리의 신비한 脈을 담고자 하려는 것이었다. 색 중에서 옥색은 하늘색을 닮아가는 것으로 상승적인 의미를 나타낸다. 때문에 소년의 소리는 옥색과 결합하여 하늘로 상승하는 신비의 소리로 전환된다.

소년은 옥색 공기에 담긴 소리에 실려 새(軟鷄)가 되려고 한다.[204] 그 새가 되어 비상하려는 起點은 다름 아닌 "언덕 위"이다. 수평축에서 언덕은 이쪽과 저쪽을 분절하는 경계영역의 기호체계로 기능하지만, 수직축에서는 上/下공간을 매개하는 기호체계로 기능한다. 商행위가 목적이었을 때는 부정적 가치로 작용하던 골목길이 이렇게 비상하고자 할 때는 긍정적 의미로 작용하게 된다. 하방공간에 속하는 아주머니는 꽃을 목적으로 하고 있지만, 이와 달리 소년은 꽃과 상관없이 '상방의 우주로

---

204) 김화영, 『미당 서정주의 시에 대하여』, 민음사, 1984, p.122.

의 침투'[205])를 위해 언덕을 올랐던 것이다.

언덕 아래로 자전거를 타고 방울소리 울리며 빠른 속도로 내려가는 소년의 모습은 새처럼 비상하는 모습이다. 방울소리의 수직 상승적 의미와 날개를 달아주면 새처럼 날아갈 것 같은 자전거의 속도, 그리고 하늘을 닮아가는 옥색의 공기에 의해 소년은 상승하는 기호 그 자체가 된다. 그래서 매개항 "언덕"은 골목의 外공간과 수직축의 상방공간에는 긍정적인 의미를 부여하고 있다.

> 가난하고 외롭고 이즈러진 사람들이
> 웅크리고 땅보며 오고 가는 이 골목.
> 서럽지도 아니한 푸른 하늘이
> 홑니불 처럼 이골목을 덮어.
> 하이연 박꽃 집웅에 피고
>
> 이골목은 금시라도 날러 갈듯이
> 구석 구석 쓸쓸함이 물밀듯 사뭇처서.
> 바람 불면 흔들리는 오막사리뿐이다.
>
> ―「골목」에서

골목은 집 안과 바깥을 이어주는 왕래의 공간으로 수평적인 기호체계에 속한다. 집 안에 있던 사람들은 골목을 통하여 바깥으로 나가기도 하고, 또한 바깥의 가치체계를 집 안으로 끌어들이기도 한다. 이 골목을 오가는 사람들은 "가난하고 외롭고 이즈러진 사람들"로 모두 힘든 생활을 영위하고 있다. "웅크리고 땅만" 보는 왜소한 사람들의 모습을 읽을 수가 있다. 이러한 힘든 삶의 생활은 골목 밖의 공간에서 영향을 받은 것이다. 가난한 사람들에게 골목 밖은 부정적인 공간이다. 바깥의 부정적 가치가 골목을 통해서 집 안까지 영향을 줄 때, 집조차 낮게 웅

205) Mircea Eliade, *Traité d'histoire des religions*, 이재실 역, 『종교사 개론』, 까치, 1994, p.120~21.

크릴 수밖에 없다.

수평축에서 이렇게 부정적 가치를 지닌 집이 수직축에서는 긍정적인 가치로 전환된다. 수평공간에서 內/外를 경계하던 집이 수직축에서는 上/下공간을 매개하는 기호체계가 된다. 집은 땅과 하늘을 매개하여 三元構造의 기호체계를 구축하면서, 땅에는 부정적인 의미를 부여하고 천상에는 긍정적인 의미를 부여한다.

골목 지붕에는 푸른 하늘이 "홑이불처럼" 덮고 있어서 집은 지상에 속하는 것이 아니라, 하늘에 존재하는 것으로 묘사된다. 푸른 하늘에 의해 수직상승한 집은 홑이불을 덮고 자는 아늑한 휴식의 공간으로 탈바꿈하고 있다. "하이연 박꽃 집웅에 피고"에서 박꽃이 피는 것도 수직상승적인 작용을 의미한다. 그래서 홑이불과 지붕 전체를 덮고 피어나는 박꽃의 결합으로 인해 낮게 웅크리고 있던 집은 더욱 상승하는 공간기호체계를 구축한다. "날러 갈듯이", "물밀듯", "흔들리는"의 시적 언술에서 집이 상승하는 動態的인 모습을 읽을 수 있다. 이처럼 집은 수평공간의 바깥에는 부정적인 의미를, 수직공간의 상방에는 긍정적인 의미를 부여하고 있다.

(3) 山 · 보리밭의 기호체계

가을 푸른 날
미닫이에 와 닿는 바람에
날씨 보러 뜰에 내리다 쏟히는 재채기

어디서
누가
내 말을 하나?

어디서 누가 내말을 하여
어늬 꽃이 알아듣고 전해 보냈나?

문득 우러른 西山 허리엔
구름 개여 놋낱으로 쪼이는 양지
옛사랑 물결 짓던
근네의 흔적.

―「재채기」에서

방 안에 있는 화자에게 직접적인 영향을 주고 있는 것은 “미닫이에 와 닿는 바람”이다. 外공간에 있는 바람은 화자로 하여금 미닫이를 열게 하고 “날씨 보러 뜰”로 내려가게 한다. 안에서 바깥으로의 화자의 수평적 이동은 “재채기”를 불러일으킨다. 방 안과 대립하는 뜰은 가을의 푸른빛이 지배하고 있는 공간이다. 바깥이 맑은 푸른빛의 공간이라면, 적어도 방 안은 이와 대립되는 탁하고 어두운 공간이다. 재채기는 바로 이러한 빛과 어둠의 대립에서 생긴 것이며, 재채기를 함으로써 화자는 방 안의 부정적인 가치체계에서 완전히 벗어나게 된다. 이와 같이 바람은 방 안에 부정적인 의미작용을 산출해 주면서, 화자로 하여금 바깥으로 나가게 하고 있다.

바깥뜰에 선 화자의 시선은 “西山”을 향하고 있다. 화자가 방 안에 있을 동안, 西山은 구름으로 가려져 있는 공간이었다. 구름으로 가려진 西山은 수직적 높이를 상실한 것으로 수평축에 속하는 하방공간의 기호의미를 지니게 된다. 그러나 “구름이 개여 놋낱으로 쪼이는 양지”가 되면서 西山은 天空을 향해 비상하는 수직상승의 기호체계로 전환한다. 뿐만 아니라, 西山은 “옛사랑 물결짓던/ 근네의 흔적”이 있는 과거의 시공간까지 재생시켜준다. 과거의 흔적 속에서 ‘그네’는 푸른 하늘을 향해 비상하고 있기 때문에, 西山의 수직상승은 이중적으로 강화되고 있다. “아침 山골에 새로 나와 밀리는 밀물살 같던/ 우리들의 어린 날,/ 거기에 매어 띄웠던 그네(鞦韆)의 그리움”(「편지」에서)이 화자의 가슴 속에서 다시 살아나고 있다. 이 옛사랑은 세속적인 그리움이 아니다. 이것은 푸른 하늘을 향해 수직상승하려는 순수한 마음을 지닌 사랑을 의미한다.

이 텍스트의 기호형식은 방 안에서 바깥으로 이동하는 수평축과 땅에서 하늘로 시선이 올라가는 수직축의 결합이다. 이러한 기호형식은 푸른 하늘의 날씨를 보는 계절적 의미를 넘어서, 이제 지상에서 찾을 수 없는 옛사랑의 순수함을 다시 재생해주는 의미작용을 한다. 이처럼 西山이 이쪽과 저쪽을 경계하는 수평축에 속할 때는 부정적인 의미(구름에 덮여진 山)로 작용하지만, 上/下를 매개할 때는 '사랑의 그네'를 보게 해주는 긍정적인 의미로 작용한다. 「재채기」의 "西山"처럼, 「문둥이」에서는 수평과 수직축의 결합이 "보리밭"에서 생기고 있다.

> 해와 하늘 빛이
> 문둥이는 서러워
>
> 보리밭에 달 뜨면
> 애기 하나 먹고
>
> 꽃처럼 붉은 우름을 밤새 우렀다
>
> ―「문둥이」 전문

수평적인 공간 텍스트에서 집과 對極을 이루는 것은 들판, 바다이지만, 그것이 하나의 의미론적 공간의 單位가 되기 위해서는 그 연속성이 단절되어야 한다. 「문둥이」에서 주거공간과 대립되는 들판은 "보리밭"에 의해 그 연속성이 단절되고 있다. 수평축에서 주거공간과 대립하는 보리밭은 外공간을 차지하게 되고, 동시에 보리밭 아닌 다른 공간과 변별성을 지닌다.

문둥이는 病때문에 비정상적인 인간의 모습을 하고 있다. 그래서 밤인데도 불구하고 주거공간으로 돌아가지 못하고 있다. 세속적 의미에서, 문둥이는 자기의 病때문에 주거공간의 삶에서 소외되고 있는 것이다. 그러므로 문둥이에게 있어서 外공간인 "보리밭"은 소외의 공간, 거주할 수 없는 공간, 삶의 부정적 공간이 된다.

그러나 수평축에서의 보리밭이 달에 의해 수직축의 공간을 형성하자, 그 보리밭의 공간적 의미도 달라지고 만다. 물론 해와 달은 땅과 대립하는 천상적 기호이지만 그것이 하방 공간, 즉 지상에 작용하는 의미는 변별적이다. 낮의 해는 그 밝은 빛으로 하여금 문둥이의 실체를 적나라하게 드러내게 만들기 때문에 부정적인 의미로 작용한다. 하지만 밤의 달은 "애기 하나 먹"을 수 있을 만큼 문둥이의 실체를 은밀하게 감춰줌으로 해서 긍정적인 의미로 작용한다. 뿐만 아니라 달빛은 문둥이의 존재를 천상으로 상승하게 만들어준다. "보리밭에 달 뜨면"에서 '뜨다'라는 동사는 하방공간에서 상방공간으로 상승하는 기호의미를 나타낸다. 더불어 그 달빛에 의해서 하방공간에 속하던 보리밭 또한 상승하기 시작한다. 달과 같이 있는 보리밭은 "풀의 어머니인 달"[206]이 직접 키우기 때문에 상방공간에서 자라는 것과 같다. 더욱이 보리밭은 씨앗들의 發芽와 상승으로 보리밭 전체를 하늘로 밀어 올리는 의미작용을 한다. 또한 보리의 초록색이 천상의 요소인 하늘의 푸른색과 동위소를 이룬다. 예의 이런 것들은 모두 상승의 의미로 작용한다.

그래서 '달밤의 보리밭'은 수직상승하는 공간이면서 세속과 차단된 '祭儀를 위한 신성한 공간'으로 나타난다. 세속적인 때가 묻지 않은 '無垢한 아이'를 먹고 난 다음 재생된 삶을 살 수 있는 공간이기 때문이다. "그어디 보리밭에 자빠졌다가/ 눈도 코도 相思夢도 다 없어진후// … / 나도 또한 나라나서 공중에 푸를리라"(「멈둘레꽃」에서)처럼, 보리밭은 지상의 육체적, 물질적 가치를 정화하고 재생시켜 수직상방의 세계로 올려주는 작용을 한다. 마찬가지로 "붉은 울음"으로 상징되는 문둥이의 피는 '달이 뜬 보리밭' 공간에서 정화·재생되고 있다. 그래서 그 존재론적 가치도 소외되는 지상적 시공간을 떠나 천상적인 영원한 삶을 지향하게 된다.

---

206) Mircea Eliade, 앞의 책, p.60.

Ⅵ. 결　론

지금까지 기호론적 방법을 적용하여 未堂 徐廷柱 시의 공간기호체계와 그 의미작용의 체계를 분석해 보았다. 기호론적 방법 중에서도 이항대립의 원리와 매개항의 기능을 중심으로 시 텍스트의 공간을 분석하였다. 시 텍스트를 분석한 결과 다음과 같은 결론을 얻을 수 있었다.

제Ⅱ장에서는 기본적인 검토 작업으로서 미당 시 텍스트의 發火點과 그 기호체계를 설정해 보았다. 미당 시 텍스트의 발화점은 다름 아닌 존재 내부에서 생성된 피와 존재 외부에서 생성된 이슬의 융합에서 시작되었다. 곧 인간과 자연의 대립과 모순의 경계 위에서 출발하였던 것이다. 이러한 미당 언어에 대한 발화점의 첫 자리에 놓이는 텍스트는 다름 아닌 「自畵像」과 「花蛇」이다. 그래서 본 논문에서는 이 두 작품을 공간기호체계를 분석하는 기본적인 모델로 삼았다. 그리고 이 두 텍스트를 기본 모델로 하여 이항대립 체계 및 매개항의 기능을 분석했다. 미당은 이 두 텍스트를 통해서 앞으로 지향해 가야할 두 축의 공간을 마련할 수 있었다. 그 두 축은 수직 공간에서는 '하늘'이 되며, 수평 공간에서는 外공간인 '바다'가 된다.

제Ⅲ장에서는 上/下공간을 중재하는 매개항의 기호체계를 분석해 보았다. 이 兩項을 매개하는 기호로는 山과 房 · 줄과 배설물 · 꽃 · 새 · 눈썹 등이 있는데, 이들의 의미작용은 다음과 같이 나타나고 있다.

①'山과 房'은 天과 地의 공간을 분절하는 매개항이다. 산의 매개항은 먼저 飛翔하는 산과 하강하는 산으로 나타난다. 산의 비상은 하방공간의 세속적이고 부정적 삶의 가치를 정화하여 천상의 세계로 초월하게 하는 의미작용을 산출한다. 이에 비해 하강하거나 눕는 산은 가난한 지상의 삶을 포용하는 모성적 이미지로써 하방공간에 긍정적 가치를 부여한다. 산의 변형인 '첨성대'는 관능적이고 육체적인 지상의 피를 순화시켜 상방공간으로 올려주는 신성한 공간으로써 세속적인 지상에 긍정

적인 의미작용을 산출해준다.

上/下공간을 매개하는 '방'은 지상적 삶을 강요하는 육욕적인 피나 삶의 부정적 가치를 깨끗한 물이나 옥색으로 정화하여 하늘로 상승하도록 해준다. 이 중에서 '별저'의 방은 원혼을 재생하여 지상에 긍정적 가치를 부여해 주는 것으로 드러난다. 이에 비해 '석굴암'의 방은 선덕여왕 시대의 서라벌 공간을 재생해주는 긍정적인 의미작용을 한다. 부연하면 석굴암은 화자가 살고 있는 현재의 시간을 부정하고 과거 속에 묻혀버린 신라시대 천년의 시간에는 긍정적인 가치를 부여한다. 이들 방의 공통적인 것은 지상의 부정한 가치를 정화해주는 종교적 공간・초월의 공간으로 의미작용을 한다는 점이다.

②미당은 매개항 '줄'을 사용하여 지하와 천상의 공간을 자유롭게 왕래한다. 텍스트에서 줄을 타고 수직상승하는 기호체계일 때는 긍정적 가치로 기능하고, 줄을 타고 수직하강할 때는 부정적 가치로 기능한다. 그러므로 上/下왕래를 하는 줄은 부정적 가치와 긍정적 가치를 지닌 兩義的인 매개항이 된다. 예의 하방공간으로의 추락은 현실적 삶에 대한 좌절과 표류 의식으로 나타나고, 상방공간으로의 초월은 현실에 대한 극복 의지 및 순수 욕망을 지향하는 것으로 나타난다. 이 중에서 '잉아・연실・전화・광맥'은 上/下공간에 긍정적 가치를 주면서 지상과 천상을 융합해준다.

미당의 시에서 上/下공간을 매개하는 기능으로 '배설물'이 있다. 똥오줌의 배설물은 저급한 민중의 삶을 천상의 체계 속으로 융합시켜 주는 긍정적 가치로 작용한다. 인간은 정신으로서가 아니라 물질적인 배설물을 통하여 우주와 교섭하며 생명력과 창조력을 발휘하게 된다. 이러한 물질화된 삶의 원리와 역전의 공간이 바로 카니발의 공간이 된다.

③매개항 '꽃'은 절망적이고 부정적인 수평축의 삶을 수직축으로 전환시켜 삶의 회복과 理想을 갖게 해주고 있다. 그러니까 꽃은 땅에서 하늘로 수직상승하려는 비상의 起點을 마련하고 있는 셈이다. 꽃의 기호체계가 하늘로 수직상승하면 과거의 어둠과 혼란, 마비된 이성과 감

각으로부터 벗어나 生에 대한 에너지를 충전시키는 의미작용을 한다.

④수직축을 매개하는 '닭 · 거북이 · 鶴'의 기호체계는 관능적 · 육체적인 무거운 피를 정화하기 위하여 수직으로 飛翔을 시도하지만 이들의 초월적 의지는 좌절되고 만다. 그래서 이들 매개항은 하방공간에 부정적 가치를 부여한다. 이것은 미당 자신이 아직도 피에 이끌리는 육체적 · 관능적 삶에서 완전히 벗어나지 못하고 있음을 나타내 준다. 이렇게 지상을 떠나 상방공간으로 초월하지 못할 때 미당의 텍스트 공간에서는 恨의 의미작용이 생성된다. 반면에 '피'의 기호체계와 일정한 거리를 지닌 뻐꾸기와 기러기는 화자에게 긍정적 가치를 부여해준다. 뻐꾸기는 울음소리로 시적 화자를 수직상승하게 하고, 기러기는 고향 마을 위를 빙빙 돌면서 추억 속의 그리운 어머니를 포근하게 만나게 해준다.

⑤'눈썹 · 피 · 손톱'은 배설물처럼 하나의 물질로써 우주와 교섭하고 있다. 예의 지상에서의 눈썹과 피는 육체를 구속하는 것으로 부정적인 의미작용을 한다. 하지만 눈썹과 피가 차츰 상승하여 하늘에 심어지거나 푸른색으로 바뀌면 상방공간에 긍정적인 의미작용을 산출해 준다. 특히 매개항인 '눈썹'에 의해 하늘은 불모의 공간에서 비옥한 공간으로, 남성적 이미지에서 大地母神의 여성적 이미지로 전환하게 된다. 이러한 매개항에 의하여 미당은 물질적 공간에서 정신적 공간인 하늘로 초월하게 되고, 동물성의 피에서 식물성의 물로 존재 전환을 이루게 된다. 이에 비해서 손톱은 上/下 양항에 대해서 긍정적 가치를 부여해준다. 예의 손톱은 과거와 현재, 전생과 이승의 공간을 통합해주는 우주적 순환 원리로 작용한다.

제Ⅳ장에서는 수평공간의 매개항 기호체계를 분석해 보았다. 수평축을 분절하고 경계하는 것으로 '길 · 벽 · 문 · 창 · 집 · 海溢 · 몸 · 금가락지 · 굴헝' 등이 있다.

① 매개항인 '길'은 문화적 의미를 지닌 집의 內공간과 자연공간인 들판, 바다를 매개한다. 外공간으로 이동하는 것은 거주공간의 부정적 가치 때문이다. 거주공간은 性的 본능이 억압된 곳이며, 또 위협적인 동시

에 세속적인 가치로 얼룩진 곳이다. 이와 대립되는 들판은 性的 본능을 회복시켜줄 뿐만 아니라, 피의 動力을 순화·재생해주기도 한다. 특히 피의 動力이 순화·재생될 때에는 들판이 새로운 길을 모색하는 존재 성찰의 명상적·실존적 공간으로 나타난다.

수평적인 바다공간은 인생길의 은유로 나타난다. 바닷길은 旣知의 세속공간에서 未知의 우주공간으로 나가게 한다. 이것은 애련, 인정 등의 세속적 가치에서 벗어나 새로운 가치와 삶의 모험을 추구하는 것을 의미한다. 이렇게 미당은 집→들판→바다의 공간으로 탈주하여 바다의 물과 하늘의 바람(공기)이 접하는 경계영역에 존재한다. 결국 매개항 '길'은 주거공간에는 부정적인 의미를, 들판·바다에는 긍정적인 의미를 부여해준다.

② 수평축에서 매개항 '벽'은 內공간에 부정적 가치를 부여해 준다. 미당의 시 텍스트에서 벽이 外공간으로 열리지 않을 때는 죽음 내지 절망감이라는 의미작용을 생성한다. 이러한 요인은 미당이 처한 당대 현실의 좌절의식에서 기인한 것이다. 미당의 시 텍스트에서 門이 열리면 세속적이고 물질적인 세계로부터 정신적이고 理想的인 세계로 나가게 된다. 문과 달리 '窓'의 매개항은 비록 닫혀 있더라도 그 투명성 때문에 안과 밖의 상호가치를 교환하게 해준다. 그래서 바깥에 일어나고 있는 현상이 안에 있는 화자에게 영향을 주게 된다. 화자는 이 영향으로 피의 動力이 사라진 순수한 삶을 찾기 위해 새로운 여행을 떠난다.

③ 미당에게서 피가 순화되고 나이가 들면서 '집'은 추억과 친밀함의 공간으로 구축된다. 수평축에서 이러한 집의 內공간은 추억을 되새기는 명상적 공간으로 긍정적 가치를 지닌다. 性의 욕망을 억제하던 집, 혼돈과 유희의 공간이었던 집이 外공간의 침입과 위협 속에서도 꾸준하게 성장했기 때문이다. 그래서 집의 內공간은 사랑과 애정이 솟는 신성한 공간으로, 후박꽃나무가 방안에 자라는 자연적 공간으로 긍정적인 의미를 산출해낸다.

④ 매개항 '海溢'은 외할머니와 외할아버지를 靈魂으로 만나게 해주면

서 內공간을 초현실적인 신화의 공간으로 만든다. 그리고 우주공간의 리듬을 가장 잘 따르는 신비체로서의 '알뫼'와 '한물宅'은 마을과 우주의 공간을 매개한다. 이런 신비체에 의해서 마을 안에 있는 사람들은 우주 공간의 비밀을 터득해 나간다. 「외할머니의 뒤안 툇마루」와 「마당房」은 인간의 행위와 동작에 의해 內/外의 공간이 분절된다. 이때 內공간은 신성한 공간, 주술의 공간으로서 천상의 가치체계와 융합하는 의미작용을 한다.

⑤ '금가락지와 항아리'는 圓環이미지로써 이쪽(內)/저쪽(外)을 분절한다. 이 매개항들은 이쪽(內)의 물질적, 육체적 가치를 消去하고, 그 대신에 無에 해당하는 하늘이나 바다를 끼우고 채움으로써 지상적 가치를 천상적 가치로 전환하고 있다. 그래서 이쪽(內)에서 저쪽(外)으로 통과한 세계는 우주적 공간, 윤회하는 투명한 無의 공간으로 나타난다. 이에 비해 '굴헝'은 수평·수직의 중심 좌표로써 과거·현재·미래의 시간을 통합하는 신성한 공간으로 의미작용을 한다.

제Ⅴ장에서는 수직과 수평공간의 상호작용에 대해서 분석해 보았다. 해체공간을 만들고 있는 것은 자연현상물인 '눈·아지랑이·바람'의 기호체계이다. 이들 매개항은 공간의 경계영역을 소멸하게 하여 上/下, 內/外의 구별이 없는 해체공간을 구축한다. 해체된 공간은 인간과 사물의 본래적인 모습을 찾게 해주며, 또한 인간의 삶을 통합하여 우주공간으로 이끌어가게 해준다. 그리고 시 텍스트 자체의 구조적 원리가 공간을 해체할 때는 순환과 윤회의 형식으로 나타난다. 이런 형식은 有限者인 인간을 우주적 질서원리로 포용하려는 의미를 담고 있다.

수직·수평의 결합공간에서는 매개항이 上/下, 內/外의 두 축에 모두 작용하여 多義的인 의미를 생성해낸다. 그러므로 결합공간에서 매개항은 수평과 수직의 意味素를 함께 지닌 兩義性의 기호체계가 되는 것이다. 수평축에서의 땅과 대립하는 바다는 외국이나 저 너머의 미지세계로 이동하는 길로 나타난다. 반면에 수직축에서는 上/下운동을 하여 피를 물로 분리하거나 세속적 삶을 정화하여 하늘로 상승시켜 주는 의미작용을 한다. 이때 바다는 外공간으로 이동하는 행위와 상방공간으로 지향하는 대상에는 긍정적인 가치를 부여한다. 마찬가지로 언덕·집·山·보리밭도 兩義性을 지닌 매개항으로서 수평축의 內공간에는 부정적 의미를, 수직축의 外공간에는 긍정적인 의미를 부여한다. 총체적 공간으로 볼 때, 미당은 外공간으로 끊임없이 이동하고 있으며 동시에 하늘의 공간으로 초월하려는 의지를 나타내고 있다.

이상과 같은 수직·수평·해체·결합공간의 기호체계를 통합해 보면, 未堂의 시 텍스트 공간기호체계는 세 가지 특성을 나타낸다.

첫째, 통합적 공간에서 수평축은 수직축으로 흡수된다는 점이다. 미당은 매개항을 통하여 수평공간인 들판, 바다로 간다. 그러나 종국에는 바다를 통하여 하늘로 상승하는 기호체계를 구축한다. 이뿐만 아니라 산을 통하여 지상적 삶을 떠나 천상적 삶을 지향하는 기호체계를 구축한다. 이것은 물질과 육체가 지배하는 지상의 부정적 가치체계를 영원하고 순수한 하늘의 긍정적 가치체계, 곧 우주적 가치체계로 전환하려는 욕망을 보여주는 것이 된다. 미당이 유난히 강조한 옥색과 푸른색도 이를 성취하기 위한 기호체계였다.

둘째, 미당의 공간의식이 수직축의 정점인 영원한 하늘로 초월해 간다는 점이다. 물론 그렇다고 해서 하방공간인 지상과 완전히 대립하거나 분리되지는 않는다. 미당은 천상적 기호체계와 이에 대립하는 지상적 기호체계를 대립·분절된 상태로 두지 않고 이를 순환시키는 우주적 기호체계를 구축하고 있기 때문이다. 그래서 지상과 천상은 우주 원리를 따라 순환하며 상호교섭하기도 한다. 따라서 미당의 통합적인 시 텍스트의 공간기호체계는 '땅↔바다↔하늘'의 순환적인 삼원구조를 구축하게 되고 그 의미작용도 우주 순환의 리듬을 따르게 된다.

셋째, 인간과 자연을 통합하여 대립이 없는 삶의 지고한 원리를 추구하고 있다는 점이다. 미당은 인간의 몸을 변환시키거나 해체시켜 자연의 몸과 합일할 수 있는 공간기호체계를 구축해 왔다. 미당에 의하면 인간의 몸은 자연의 원리를 그대로 내재한 神秘體, 곧 우주적인 몸이다.

미당의 동양적인 無의 정신과 윤회사상은 이러한 공간기호체계에서 생성된 것이다. 종합하면 未堂의 시 텍스트는 하나의 圓形空間을 구축하고 있으며, 未堂은 그러한 圓形空間의 중심 좌표에 좌정하여 우주공간의 삶을 시적으로 향유하고 있다.

| 제 2 장 |

「映山紅」의 구조와 기호론적 讀解

|제 2 장| 「映山紅」의 구조와 기호론적 讀解

Ⅰ. 시 텍스트의 공간적 독해

시는 언어기호를 매체로 해서 구축되는 문학의 한 독특한 양식이다. 시인은 언어기호를 매체로 해서 그의 시적 체험을 세계에 표출한다. 그러나 시에서 사용되는 언어기호는 대상을 있는 그대로 전달하는 지시적 기능이 아니라, 그 대상을 언어기호로 재창조해서 독자로 하여금 그 대상의 본질을 있는 그대로 느끼게끔 유도하는 데 있다. 시라는 장르가 문학예술에 있어서 독특한 양식을 갖는 이유도 바로 이러한 언어기호의 기능에 의한 차이로 나타난다.

야콥슨에 의하면 시적 기능이란 언어기호, 즉 메시지가 화자나 청자를 지향하지 않고 메시지 그 자체를 지향하는 것을 의미한다. 다시 말하면 언어기호들이 메시지를 구조화하는 그 관계적 질서와 형식(網)을 지향하는 것을 의미한다. 예의 이런 구성이 되면 그 언어기호, 곧 메시지는 미적 기능으로 변환하게 된다.[1] 그러므로 언어기호가 화자와 청

---

1) 시적 기능에 대한 경험적인 언어학적 기준은 무엇일까? 특히 한 편의 시작품에 내재하는 필수불가결한 자질은 무엇일까? 이 질문에 대한 해답을 위해서는 언어 행위에 이용되는 두 가지 근본적인 배열 방식, 즉 선택과 결합을 상기하지 않으면 안 된다. 바로 이 지점에서 시적 기능이 탄생한다. 시적 기능은 다름 아닌 "등가의 원리를 선택의 축에서 결합의 축으로 투사"하는 것이 된다. 다시 말하면 등가성이 배열의 구성 요소로 승격될 때 시적 기능이 나타나는 것이다. Roman Jakobson, 신문수 편역 「언어학과 시학」, 『문학 속의 언어학』, 文學과知性社, 1989, p.61.

자의 의사소통을 위한 수단적 도구로 사용되면, 그것은 시적 기능에서 벗어나게 된다. 말할 것도 없이 언어기호가 메시지를 전달하는 수단을 벗어나 텍스트 내부 그 자체를 위해 미학적으로 사용될 때에는 바로 시적 기능이 되는 것이다. 물론 이때의 언어기호들은 텍스트 내의 표현된 기호로써 여러 기호적 요소들과 복잡한 관계를 갖는다. 이런 점에서 문학작품은 작가가 전달한 의미체를 보여주는 것이 아니라 언어기호가 구성한 하나의 기호체, 상징체를 보여주는 것이 된다.

주지하다시피 한 편의 시를 읽는 것은 언어적 요소들의 상관관계에 유념하면서 계기적 관계의 그물을 파악하는 일이 된다. 그러므로 시적 언어를 분석하려면, 텍스트를 형성하고 있는 언어기호의 체계성, 조직 원리 등을 하나의 자율적 체계 속에서 파악해야 한다. 부연하면 독자들 스스로가 다양한 언어로 표현된 텍스트 내의 관계적 망과 구조적 회로를 통해서 그 의미를 산출해내야 한다는 것이다. 물론 여기서 관계의 망과 구조적 회로는 독자의 시각에 따라 다양한 형태를 갖는다. 결국, 하나의 시 텍스트는 그 속에 구현된 언어들의 부분과 부분의 관계, 다시 그 부분들이 전체에 봉사하는 관계 등을 중심으로 분석되어야 한다는 결론에 이른다.

텍스트 언어학은 시인의 정신세계 속에서 현실세계가 어떻게 언어기호의 구조적 체계로 대치되는가 하는 언어구성 원리에 관심을 둘 수밖에 없다. 그래서 시적 발화의 언술행위는 텍스트의 표층체계와 심층체계의 상호 관계 속에서 다양한 의미를 생산하게 만든다. 하나의 텍스트가 '의미 있다'는 것은 텍스트 구성체 내의 단위나 그들의 상호관계가 미적으로 결합되어 있다는 것을 지시한다. 이처럼 우리가 텍스트를 "기호체계 내지 의미작용 체계의 言說에 의한 現示"[2]로 간주하게 되면, 거기에는 자연스럽게 문학기호론이 끼어들어가게 된다. 예의 기호론적 연구자들은 먼저 문학텍스트를 구축하고 있는 언어학적 테두리의 특성

2) 蘇斗永, 「문학의 記號論的 분석」, 『記號學』, 도서출판 인간사랑, 1993, p.253.

을 밝히고자 한다. 곧이어 문학텍스트 내의 '언어-언어'의 이차적인 의미작용을 밝혀내고자 한다.

지금까지 논의된 기호론적인 이론을•바탕으로 서정주 시인의 「映山紅」의 시 텍스트를 분석하고자 한다. 필자가 「영산홍」 한 편을 분석 대상으로 택한 이유는, 그동안 많은 論者들이 서정주 시를 분석해 왔었음에도 불구하고 유독 「영산홍」 작품은 거의 언급하지 않았기 때문이다. 물론 서정주 시인의 대표 작품이 많다 보니 그와 같은 현상이 초래될 수도 있었을 것이다. 하지만 「영산홍」은 서정주 시의 여느 다른 작품과 비교해 보아도 그 질이 떨어지거나 미적 감동이 적은 것은 아니다. 오히려 「영산홍」은 서정주 시세계의 중요한 한 부분을 차지할 만큼 시적 언어의 구성이라든가 의미생산이 다양하게 생성되고 있다는 점이다.

예외적으로 유일하게 심재기는 「映山紅」에 깊은 관심을 가지고 언어학적 토대 위에서 여러 가지 층위로 나누어 이 텍스트를 분석한 바 있다.[3] 그는 어린 아이들이 즐기고 놀던 말장난(音相的인 측면), 곧 언어유희[4]라는 관점에서 단어의 연쇄, 同音의 反復, 고쳐쓰기 등으로 나누어 언어 구조를 일차적으로 분석했다. 그런 다음 이차적으로는 '언어-언어'가 갖는 重義性에 착안하여 音相과 意味의 변증법적 交合 관계 및 심화된 意味도 분석했다. 기호론적인 측면에서 보면 매우 신선하고 유익한 논문이었다. 물론 단점이 전혀 없었던 것은 아니다. 언어유희와

---

3) 沈在箕, 「"映山紅"의 시문법적 구성분석」, ≪언어≫, 제1권 제2호, 1976.

4) 여기서 언어유희라는 것은 "언어를 위한 언어"의 가능을 확인하고 제시하는 것을 말한다. "言語를 爲한 言語"의 가능성은 언어가 그 자체의 內的 行動에 의해 자체의 구조를 분해하고 융합하는 原動力을 具備하였음을 뜻한다. 시에서 언어유희를 행사하기 위하여는 가장 기초적인 것이 律格이나 단어의 연쇄라 볼 수 있다. 심재기는 어린이들의 말장난, 예컨대 "A:기차 B:기차는 길어 A:긴 것은 바나나 B:바나나는 맛있어"라는 단어 연속을 언어유희라 보고 「映山紅」의 첫 연에서 시작된 '山'의 어휘가 모티브가 되어 연속적으로 반복되는 구조로 본다. 이러한 표층 구조를 바탕으로 하여 그는 同音反復을 찾아낸다. '자'音 'ㅅ'音素, '노'音의 공통 반복, 'ㅂ'과 'ㅅ'音素의 交替반복의 복잡한 구조를 파악해 내고 있다. 심재기, 위의 책, pp.3~7.참조.

중의성에만 초점을 맞추다보니 정작 구조 체계 및 그 의미작용을 밝혀내는 데에는 한계가 있었다.

본고에서는 그러한 후속적 논의를 위해 「映山紅」의 구조체계 및 의미작용을 기호론적으로 분석하고자 한다.

Ⅱ. 표층구조의 분석 체계

먼저 논의의 전개를 위하여 「映山紅」 전문을 인용하기로 한다. 본고에 인용된 「映山紅」은 『未堂 徐廷柱 詩全集1』(民音社, 1991)에 수록된 것임을 밝혀둔다.

영산홍 꽃 잎에는
山이 어리고

山자락에 낮잠 든
슬픈 小室宅

小室宅 툇마루에
놓인 놋요강

山 넘어 바다는
보름 살이 때

소금 발이 쓰려서
우는 갈매기

―「映山紅」 전문

작품을 해석하고 감상하고자 하는 독자에게 있어서 가장 먼저 눈에 들어오는 것은 작품의 외형적 구조라고 할 수 있다. 이것은 육안으로 볼 수 있는 형태적인 것으로써 기호표현인 시니피앙의 평면적이고 물리적인 차원을 의미한다. 그래서 먼저 독자는 이러한 가시적 형태의 기호표현인 텍스트를 읽으며 거기에 나타난 단어의 일상적이고 지시적인 의미를 파악하게 된다. 말하자면 모방적 수준에 해당하는 독서를 하는 셈이다. 따라서 텍스트라는 대상은 참된 의미에 있어서 기호의 차원으로 부각되지 못하고 기껏해야 미메시스 차원에 놓여진다. 모방의 수준으로부터 보다 높은 의미의 수준으로 기호가 통합될 때 비로소 記號化過程이 생기게 되는데, 예의 모방적 수동적 독서인 일차적인 독서에서는 그러한 기호화과정인 의미작용이 일어나지 않는다. 이에 따라 일차적인 독서에서는 텍스트의 첫 구절에서부터 마지막 구절까지 그 표현된 내용을 읽어보는 것으로써 일단 독서행위를 완료하게 된다. 물론 이때에 독자들은 텍스트에 나타난 각 연의 구성과 각 행에 나타난 시어들의 배치구도를 지각할 수 있다. 만약에 시의 특성이라 할 수 있는 작품 속의 非文法性을 지각하지 못한 독자가 있다면, 그 독자는 일차적인 독서에서 감각적이고 경험적인 수준에서의 시어의 의미, 곧 시어의 축어적 의미를 파악한 것이 된다. 예의 텍스트 속의 비문법성을 지각하는 독서를 발견적 독서라고 명명할 수 있을 것이다.

이 지점에서 리파테르가 명명한 '發見的 讀書[5]' 차원에서 「映山紅」의

---

5) 記號化 과정은 실제로 독자의 마음속에서 일어난다. 그리고 그것은 再讀의 결과로 생겨난다. 우리가 詩의 記號學을 이해하자면, 독서의 두 수준 내지 단계를 세심하게 구분해야 한다. 리파테르는 독서의 과정을 두 단계로 나눈다. 첫 단계는 '發見的 讀書'요 두 번째 단계는 '遡及的 讀書'가 그것이다. 여기서 '발견적 독서'라 함은 텍스트를 처음부터 끝까지 읽고 났을 때 가해지는 최초의 해석을 말한다. 독자의 독서 능력과 문학적 역량에 따라 얼마간의 차이가 나겠지만, 여하튼 이때에 텍스트에 나타난 뜻을 이해하는 단계가 된다. 적어도 이 단계에서는 전적인 모방에서 벗어나 알기 쉬운 비유적 표현을 이해하고 몇 文法下에서 빈 공간에 약간의 의미를 채우기도 할 수 있다. Michael Riffaterre, 「문학비평과 기호학」, 朴喆熙・金時泰 공저, 『文學의 理論과 方法』, 二友出版社, 1984, p.172.

표층구조를 살펴보도록 하자. 먼저 이 텍스트의 시각적 형태를 보면, 모두 5연으로 나누어져 있으며, 각 연을 이루고 있는 행의 배열은 단조롭게 모두 2행으로 구성되어 있다. 주지하다시피 이렇게 모두 획일적으로 2행씩으로 이루어진 각 연의 반복적인 형태구조이기 때문에, 우리는 그것을 통해서 어느 연이 더 많은 시적 의미를 담보하고 있는지를 분간하기 어렵다. 예를 들어, 각 연이 한결같이 2행으로 이루어지다가 갑자기 어느 한 연이 그 단조로운 균형성을 깨뜨리고 1행이나 3,4행으로 돌출된 구성을 했다면 어떻게 될까. 아마도 우리는 육안으로 돌출된 그 연의 의미 비중이 다른 연의 비중과 다를 것 같다는 인식을 은연중 하게 될 것이다. 이것을 도식으로 표시하면 시각적으로 분명히 그 차이점을 볼 수 있다.

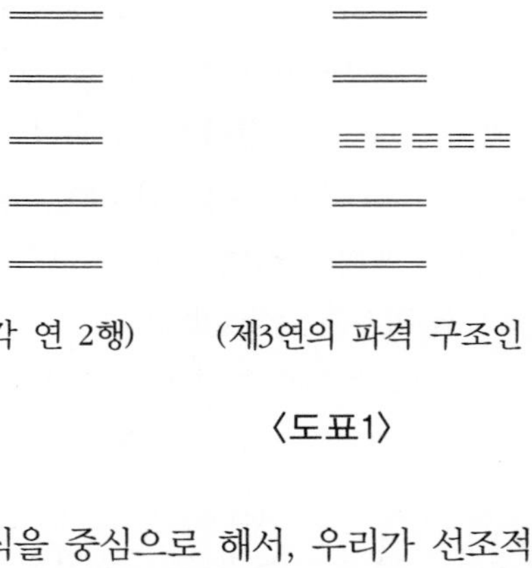

═══	═══
═══	═══
═══	═════
═══	═══
═══	═══
(각 연 2행)	(제3연의 파격 구조인 3행)

〈도표1〉

이러한 도식을 중심으로 해서, 우리가 선조적인 독서를 해나간다면 그 과정에서 분명히 어떤 운율을 감지할 수 있을 것이다. 만약에 운율을 감지하지 못했다면 각 행에 나타난 글자 수만 헤아려 보아도 금방 알 수 있을 것이다.

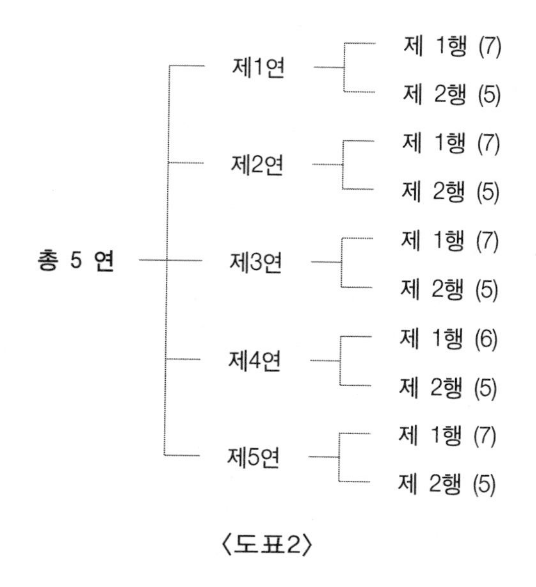

〈도표2〉

〈도표2〉를 보면, 이 텍스트의 운율이 外形的인 7・5조의 韻律로 구성되어 있음이 드러난다. 물론 제4연의 제1행이 6字로 그 형태를 달리 하나, 이것은 일종의 파격 行이라고 일차적으로 보아 넘길 수도 있을 것이다. 이렇게 보면, 이 텍스트는 시인이 의도적으로 치밀하게 작품을 구성했다는 눈치를 챌 수 있다. 각 연이 2행씩 통일적으로 구성되었다는 점, 7・5조의 짜임새 있는 韻律로 소리의 효과를 높이고 있다는 점이 현저하게 드러난다.

또한 漢字語의 쓰임새를 볼 수도 있다. 시 제목에는 「映山紅」으로 漢字로 표기가 되어 있지만, 제1연의 첫 행에서는 한글로 "영산홍"을 표기하고 있다. 그리고 제1,2,3,4연에서는 모두 漢字語가 사용되고 있지만 맨 마지막 5연에서는 漢字語 사용이 없다는 것을 볼 수 있다. 예의 그 漢字語는 다름 아닌 "山"과 "小室宅"이다. 이 두 한자어는 반복 사용되고 있다. "山"의 어휘는 제1,2,4에 반복되면서 각 행의 첫 음절에 오고 있다. 반면에 "小室宅"의 어휘는 제2,3연에 반복되지만 휴지를 사이에 두고 서로 연쇄적으로 작용한다. 이러한 문법적 반복은 언어학적 자동화의 상태에서 텍스트의 어떤 요소들을 끌어낸다. 그들은 주의를 끌기 시작하는 것이다. 예술 텍스트 속에서는 인지할 수 있는 모든 것은 필연적으로 의미심장하다. 그것은 어떤 의미론적 적하를 반드시 매개한다. 그래서 두드러진 문법적 요소들은 필연적으로 의미론화될 수밖에 없다.[6)]

마찬가지로 "山"과 "小室宅"은 시적 의미의 중핵을 파생시키는 중요한 시적 어휘로 떠오른다. 이러한 시적 어휘는 "갈매기"와 상관관계를 맺으면서 뭔가 심상치 않은 "小室宅"의 정황을 매개해 준다. 통사적 구조의 의미를 기술해 보면 다음과 같다.

제1연: 영산홍 꽃잎에는 산이 어린다.
제2연: 산자락에 슬픈 소실댁이 낮잠 들었다.
제3연: 소실댁 툇마루에 놋요강 놓였다.
제4연: 산 넘어 바다는 보름 살이 때이다.
제5연: 소금 발이 쓰린 갈매기가 운다.

이와 같이 통사적 구조의 표면적 의미로 보면 분명히 "슬픈 소실댁"과 "우는 갈매기"가 서로 상관관계를 지니면서 의미를 확대해 나간다. 그리고 제1연에서 3연까지는 "山"을 매개로 하여 "슬픈 소실댁"의 정황이 중심을 이루다가 제4연에 와서는 공간적 이동이 중심을 이룬다. 이것은 의미의 전환을 암시한다. 그것은 다름 아니라 "산"과 대비되는 "바다"로 공간 이동이 생기면서 "소실댁"의 정황이 "갈매기"의 정황으로 전환된다는 점이다. 이것을 동심원적 구조로 나타내면 다음과 같다.

---

6) Iu. Lotman, 유재천 옮김, 「예술 텍스트의 계열축의 요소들과 차원들」, 『예술 텍스트의 구조』, 고려원, 1991, p.236.

A=1～3연

B=4～5연

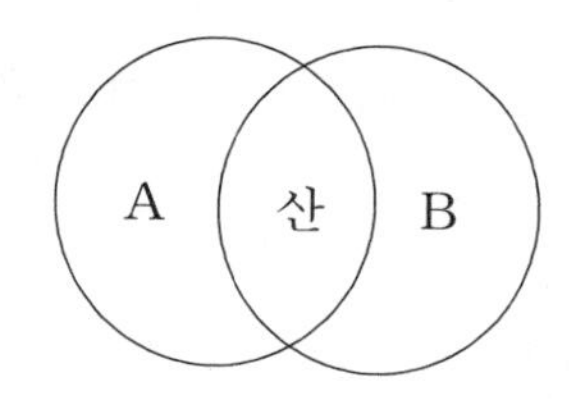

圓A=소실댁, 圓B=갈매기

〈도표3〉

도표에서 "산"을 매개로 하여 1～3연과 4～5연이 각기 다른 공간을 나타내고 있다. 이와 같은 구도는 앞에서 논의된 여러 가지 층위를 종합해 보아도 분명히 일치함을 들어낸다. 운율에서도 제4연부터 파격을 이루고 있다는 점(6・5조), 漢字語의 쓰임에서도 "山"과 "小室宅"이 연쇄 반복을 이루다가 제4연에 와서는 "山"만 매개로 쓰이면서 연쇄 반복이 소멸되었다는 점이다. 이렇게 보면 시 텍스트의 의미 구조는 크게 둘로 나뉘어 서로 대립하는 구조임이 밝혀진다. A(=1～3연), B(=4～5연)의 대립 구조가 의미를 생산하고 있음을 알 게 된다.

그러나 이와 같은 표층구조에 대한 분석은 독자의 심리적 요소를 감안하더라도 거의 비슷하게 인식할 수 있는 객관적 사실의 제시에 지나지 않는다. 아직까지 시적 언어가 구조 내에서 기호의 세계로 부상하기 이전의 단계라 어떤 의미작용이나 가치판단을 기대할 수 없는 시점이다. 시적 언어가 하나의 자율적 체계 속에서 서로 부분과 전체라는 상관관계 속에서 융화되고 대립될 때 시 텍스트는 유기체적 동적구조로 많은 의미 기호를 생산하게 된다. 물론 표면적 구조분석이 시간만 허비하는 쓸데없는 일만은 아니다. 이러한 과정을 거치지 않고는 심층구조가 갖는 의미작용에 접근할 수 없기 때문이다. 유용하다고 할 수 있는 제1차적인 표층구조 분석체계를 바탕으로 심층구조의 분석체계를 살펴보도록 하자.

Ⅲ. 기호론적 독해

독자는 텍스트를 읽어 나가면서 인접한 요소를 서로 떼어 놓기도 하고 멀리 있는 것을 가까이 모아 놓기도 하는 공간적 독서를 통해 텍스트의 내면 공간을 재창조한다. 그러니까 독자는 처음부터 끝까지 읽어 나가는 동안에, 재검토를 하고 수정을 하고 지난 것과 비교를 해보는 것이다. 요컨대 독자는 構造的 讀解를 하는 것이다. 이러한 과정은 리파테르가 말한 '遡及的 讀書[7]'의 차원이라 말할 수 있다. 텍스트는 사실상 하나의 구조의 變奏 내지 轉調이고, 하나의 구조에 대한 이 지속적인 관계가 의미를 구성한다. 이러한 구조적 독해는 표층구조 체계를 뛰어 넘어서 이루어짐으로 우리는 이것을 '심층 구조의 기호론적 독해'라고 명명할 수 있겠다. 먼저 이 텍스트에 현현된 전경화 요소들을 살펴보기로 하자.

1. 전경화의 요소

시는 널리 알려진 대로 언어의 정상적 규범을 파괴하고 그러한 규범에서 이탈함으로써 독특한 언어의 규범을 보여준다. 시의 언어가 이렇게 정상적 규범에서 이탈하는 것을 슈클로브스키는 "낯설게 하기"로, 무카좀프스키는 "前景化"라고 부른다. 하지만 이러한 개념들은 나름대로의 규범을 지니고 있기 때문에 의미론적 층위에서 언어의 전체적인 재조직에 결정적 영향을 미친다. 텍스트 안에서의 체계적인 전경화는 여러 요소의 상관관계로 이루어지는데, 계층의 가장 높은 곳에 위치하는 요소를 이른바 지배소라고 부른다. 따라서 지배소는 작품의 역동적 구조를 이루는 데 기여하며, 시 작품에 통일성을 부여한다.[8]

---

7) 리파테르, 앞의 책, p.173.
8) 宋孝燮, 「프라그 언어학파와 구조주의 비평」, 申東旭 편, 『文藝批評論』, 고려

「映山紅」의 경우 두드러진 전경화의 자질로 소리 구조를 들 수 있다. 각 연이 2행으로 조직되어 전체 5연으로 완성된 이 텍스트의 리듬의 구조, 곧 소리 구조를 음절수를 중심으로 살펴보자. 앞서 논의한 7・5조의 음수율은 이 텍스트의 표층 구조의 리듬으로써 의미작용에는 관여하나, 지각의 자동화로 인해 단조로운 느낌만을 줄 뿐이다. 또한 7・5조의 음수율은 우리 시가의 고유한 리듬이 아니고 일본에서 도입된 리듬이기 때문에 그대로의 차용 또한 문제성을 파생시키기 마련이다. 이러한 7・5조가 현대시에서 많이 채용되었던 이유는 7・5조의 변형으로써 전통 리듬인 3음보 내지 4음보의 율격이 될 수 있기 때문이다. 주지하다시피 표층적인 구조로 보면, 「映山紅」은 7・5조의 외형적인 음수율로 구성되어 있다. 그러므로 이것을 7・5조의 변형으로 전환시킬 수 있다. 말하자면 4음보 중심의 3・4 또는 4・3의 음수율로 전환시킬 수 있다. 이것이 바로 음수율의 낯설게 하기이다.

행 \ 연	1	2	3	4	5
1	3·4	4·3	3·4	3·3	4·3
2	2·3	2·3	2·3	2·3	2·3

〈도표4〉

여기서 주목해야 할 점은 각 연의 첫 행이다. 각 연의 둘째 행은 2・3조의 연속으로 변형없이 그로 사용되지만, 첫 행은 이와 다르다. 각 연의 첫 행의 음절수를 보면 소리구조의 리듬 잇기가 된다. 제1연의 첫 행의 둘째 음보가 제2연의 첫 행 첫 음보의 음절수로 교체 반복되는 리듬 잇기를 나타낸다. 교체 반복의 순서는 (제1연: 3・4)→(제2연: 4・3)→(제3연: 3・4)→(제4연: 3・3)→(제5연: 4・3)로 된다. 그런데 제4,5연에 와서는 리듬 잇기가 또다시 변형된다. 제3연의 4음절의 리듬이 제

원, 1985, p.378.

4연으로 갈 때에 3음절 리듬으로 변형하고, 제4연의 3음절의 리듬이 제5연으로 갈 때에는 다시 4음절 수의 리듬으로 변형하고 있다는 사실이다. 이렇게 보면 제1~3연의 소리 구조와 제 4~5연의 소리 구조가 변형에 의해 조직적으로 대립한다. 또한 제4연은 3·3조의 음수율로 3·4(제3연)와 4·3조(제5연)의 변형이라는 갑작스러운 전경화로 인하여 의미의 수렴과 확산의 결을 수반한 매개연이 되는 것이다.

동어반복의 차원에서도 보면, 제1~3연까지의 반복이 제4~5연까지의 반복과 서로 대립한다. 단어나 음소의 반복 차원의 경우, 제1연에서 제3연까지는 "山"과 "小室宅"의 단어가 반복된다. 이와 달리 同一行 內에서 단어의 첫 음절에서 반복되는 同音들을 처리하고 있는 경우를 들 수 있다. "山자락에 낮잠 든"에서 '자락'과 '잠'에 공통되는 '자', "슬픈 小室宅"에서 '슬픈'과 '小室'에 공통되는 'ㅅ', "놓인 놋요강"에서 '놓'과 '놋'에 공통되는 '노'이다. 이렇게 제1연에서 제3연까지 각 행 내에서 반복되는 '자', 'ㅅ', '노'음은 연이어지는 행 속에서 同音의 반복을 수행한다. 이와 같은 音相의 반복적인 행위는 우리에게 부드러운 느낌을 줄 뿐만 아니라 대상에 대한 의미생성에도 자연스럽게 영향을 미친다. 다시 말해서 音相의 반복은 소리 효과와 더불어 의미에 대한 복합적 구조 내지는 심상을 떠올려주는 역할을 한다는 점이다. 그런데 이 중에서 'ㅅ'과 '노'의 반복은 단어의 첫 음절에 위치하고 있기 때문에 강한 악센트를 받게 된다. 이에 따라 자연스럽게 소리와 의미의 효과가 크게 나타날 수 있다. 하지만 '자'는 단어의 둘째 음절에 위치하여 상대적으로 반복효과가 다소 떨어진다고 하겠다. 이것은 "山자락"과 "낮잠"이 모두 '山-', '낮-'을 接頭辭로 취급할 수 있는 복합어이기 때문에 의미의 중심을 이루는 제2음절에 공통음의 반복을 허용한 것[9]이라고 볼 수 있다.

그러나 이러한 반복 현상은 제4연과 제5연에 있어서는 좀더 복잡하게 상호 교체되는 연쇄의 구조로 나타난다.

---

9) 심재기, 위의 책, p.6.

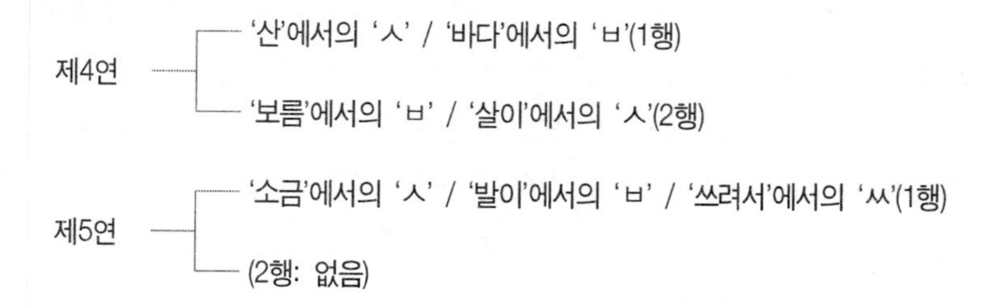

이렇게 제4,5연에서는 'ㅅ'과 'ㅂ' 音素의 반복만이 행해지다가 제5연의 제1행 마지막 음절에서는 'ㅆ'의 音素로 귀착되고 있다. 제4연 첫 행 '산'에서 'ㅅ'을 모태로 하여, 즉 'ㅅ→ㅂ→ㅂ→ㅅ→ㅅ→ㅂ→ㅆ'으로 반복 교체되면서 소리의 구조 뿐만 아니라 의미공간을 동적으로 만들어 주고 있다. 여기서 'ㅆ'으로의 변형 음소는 'ㅅ' 음소와 'ㅂ' 음소의 순환 반복 과정에서 드러난 복합적인 의미를 마지막으로 강조하는 음소 기호로 봐야 할 것이다. 일상적인 발화가 무질서하다면 시적 언어는 이처럼 음소적 차원을 포함하여 특수한 방식으로 질서화 된다는 것이 자명해진다. 음소는 어휘적 단위를 토대로만 독자들에게 제시된다. 그러므로 음소의 질서화는 어떤 양식으로든지 모여진 단어들로 전이하게 된다.

예의 텍스트의 음운론적 조직화는 직접적인 의미론적 의의를 갖는 것이며, 자동성을 확립하려는 경향과 위반 하려는 경향 속에서 긴장감을 부여하기도 한다. 따라서 그 텍스트의 음운론적 조직화는 의미론적 조직화의 성격을 갖는 초-언어적 결합을 형성한다.[10] 이런 시각에서 본다면 제4,5연에서의 'ㅅ-ㅂ'의 반복 교체 현상이 가져다주는 의미는 어떤 것이 될까? 심재기는 '산'과 '바다'가 의미상의 對稱을 이루듯이 音相에 있어서도 語頭音 /ㅅ/, /ㅂ/으로 대칭을 이룬다고 한다. 그러면서 이것이 "보름 살이"에서는 /ㅂ/, /ㅅ/으로 바뀌게 되는데, 이때에 소실댁이 時間上 과거로 거슬러 올라가게 하는 暗示的 효과를 낸다고 한다.

10) Iu.Lotman, 유재천 역, 『詩 텍스트의 분석;詩의 구조』, 도서출판 가나, 1987, p.118.

뿐만 아니라 이것이 제5연에 와서는 潮水와 같은 海波의 音相的 實現을 구사한다고 언급한다.[11] 그런데 여기서 話者라는 시점에서 살펴보면 또 다른 의미가 생성되지 않을까하는 의문이 들기도 한다. 이런 의문을 풀기 위해서는 이 텍스트를 의미론적 공간으로 재구성할 수 있는 작업이 선행되어야 한다. 텍스트의 의미론적 구조를 재구성하고 나서 이에 대한 언급이 있어야 하겠다.

2. 意味論 再構

지금까지 논의된 바에 따르면, 「영산홍」 텍스트는 형태구조상이든 의미구조상이든 제1연에서 제3연까지가 하나의 의미구조로 묶이고, 제4연에서 제5연까지가 또 다른 하나의 의미구조로 묶인다. 마찬가지로 시제 개념, 이미지의 개념으로 분석해도 똑 같은 결과를 가져 온다.

제1연에서 제3연까지는 시제 상으로 과거로 거슬러 올라가고 있으며, 심상으로는 시각적 이미지만이 두드러지고 있다. 그래서 정태적인 공간을 보여준다. 예의 제1연에서 동사 '어리다'는 현재의 상태를 서술하지만, 제2연에서의 "낮잠 든"의 '들다'는 과거로 가는 상태임을 서술해준다. 마찬가지로 '산이 어린다', '낮잠 든 소실댁을 본다', '툇마루에 놓인 놋요강을 본다' 등에 구현된 이미지는 시각적 이미지이다. 그 이미지의 형태는 거의 정태적인 모습임을 상기시킨다.

반면에 제4연에서 제5연까지는 시제 상으로 현재를 나타낸다. '바다는 보름 살이 때이다', '발이 쓰려서 울다'에서 "때"와 "우는"은 거의 현재

11) 심재기는 이와 같은 ㅅ-ㅂ, ㅂ-ㅅ의 뒤바뀐 반복이 하염없이 바다를 생각하고 있는 동시에, 과거로 줄달음 치고 있는 소실댁의 머릿속에 문득 오늘이 보름날 만조 때임을 깨닫게 해주는 순간이라고 말한다. 그리고 제4연에서 潮水처럼 밀려 왔다가 밀려간 ㅅ-ㅂ, ㅂ-ㅅ의 반복 음상이 다시 한 번 제5연의 '소금 발'에서 ㅅ-ㅂ으로 이어진다는 것이다. 이러한 사실을 두고 그는 潮水가 갯벌을 훑으며 밀려가고 밀려오는 海波의 음상적 실현이고 지난 세월의 추억이 海波처럼 밀려오고 밀려간다는 것으로 보고 있다. 심재기, 앞의 책, p.14.

의 시간성을 내포하고 있다. 심상으로는 또한 "보름 살이 때"라는 시각적 이미지와 "우는 갈매기"에서의 청각적 이미지가 동시에 나타나고 있다. 그래서 "보름 살이 때"의 동태적 시각 이미지와 "우는 갈매기"에서의 청각적 이미지가 융합되어 복합적인 의미공간을 만들어준다.

이와 같이 분명하게 제1~3연(A)과 4~5연(B)이 대립하고 있다. 다만 대립구조가 "산"을 매개로 할 뿐, A와 B는 각기 서로 다른 공간과 의미를 산출해내고 있다. A와 B의 대립 구도가 A=B와 같은 의미적 등가를 이룬다고 한다면 왜 A는 3연씩으로 구성되고 B는 2연씩으로 구성되었을까 하는 의문을 제기할 수 있다. 그리고 제4연의 첫 행 첫 음절에 아무런 이유 없이 "산"의 어휘가 돌출하게 되었을까 하는 상상도 할 수 있다.

우리는 바로 이 지점에서 화자의 개념을 떠올리지 않을 수 없다. 시적 화자를 염두에 둘 때 시적 화자와 발화에 참여하고 있는 청자를 필연적으로 상정하지 않을 수 없다. 말하자면 함축적 화자의 개념은 필연적으로 함축적 청자의 개념을 발생시킨다. 그런데 이 작품에서는 외형상 화자와 청자가 명시되어 있지 않다. 작품에 화자도 청자도 표면에 나타나지 않을 경우 그것은 "메시지 지향, 곧 화제 지향의 형식"[12]이 된다. 함축적 화자가 함축적 청자에게 화제에 대한 자기의 태도를 표현할 뿐이다. 여기서 문제되는 것은 제1연에서 제3연까지 화자에 의해 묘사된 소실댁의 화제가 끝나는 데에 있다. 다시 말하면 제4,5연에서는 소실댁 정황과 아무런 관련이 없는 듯이 보이는 시적 언술만이 외면적으로 나타난다는 점이다. 이 경우 제4,5연의 시적 발화에 참여하고 있는 주체와 객체는 누구일까. 함축적 화자일까. 함축적 청자일까. 소실댁일까. 만약에 소실댁이 현상적 청자가 되어 바다를 본다면 제4,5연의 의미구조는 소실댁의 과거를 반추하는 시간임과 동시에, 조수가 밀려오고 밀려가는 海波의 모습을 연상할 수 있을 것이다. 반면에 함축적 화자와

12) 金埈五, 「퍼스나」, 『詩論』, 文章社, 1984, p.210.

함축적 청자가 시적 발화에 참여하고 있다면 제4,5연은 소실댁의 정황을 대비시키는 현재의 시간이 될 것이다. 결론부터 먼저 이야기 한다면 함축적 화자와 함축적 청자가 시적 발화에 참여하고 있다는 것이다.

제1연에서 제2연에 걸쳐 반복되는 "山"이 제4연에 한번만 "山"이 나왔던 점을 상기하면, 제4연 앞에 "山"이 들어 있는 어느 한 연이 생략되었을 것이라는 추측을 할 수도 있다. 음소의 반복에서도 우리는 이러한 것을 찾아볼 수 있다. 제4연 첫 행에서 'ㅅ'을 모태로 하여 즉 "ㅅ→ㅂ→ㅂ→ㅅ→ㅅ→ㅂ→ㅆ"으로 반복 교체 되었다. 여기서도 제4연 앞에 "山"이 들어간 어떠한 연이 있다면 "ㅅ→ㅅ→ㅂ→ㅂ→ㅅ→ㅅ→ㅂ→ㅆ"으로 반복 구조가 치밀하게 되었을 것이라는 점이다. 또한 의미 구조상으로 제1~3연과 제4~5연이 대립하고 있는데, 제4~5연이 또 다른 하나의 연을 갖게 된다면 각기 3연씩으로써 의미상 대등한 위치에 놓이게 될 것이다. 필자가 보기에는 바로 제1연의 문장 구조가 제4연 앞에 생략되었다고 본다. 이렇게 문장 구조가 생략된 이유는 지나치게 기계적인 반복구조가 오히려 의미를 단조롭게 해줄 가능성이 있기 때문에 의도적으로 낯설게 한 것으로 볼 수 있다.

「映山紅」과 함께 시집 『冬天』에 실려 있는 「내가 돌이 되면」이라는 작품을 상호텍스트성으로 놓고 보면 그 구조가 더욱 분명해질 것이다.

내가
돌이 되면

돌은
연꽃이 되고

연꽃은
호수가 되고

내가

호수가 되면

호수는
연꽃이 되고

연꽃은
돌이 되고

―「내가 돌이 되면」 전문

이 작품은 각 연이 모두 2행으로 조직된 총 6연의 구조를 드러내고 있다. 시적 화자인 '나'를 중심으로 한 언술 행위로 보면 제1～3연이 하나의 의미구조로 묶여지고 제 4～6연이 또 하나의 의미구조로 묶여진다. 그리고 제1~3연에 나타난 "되면-되고-되고"의 서술 동사가 제4~6연에 걸쳐 그대로 다시 "되면-되고-되고"로 반복되고 있다. 또한 제1연의 2행 첫 어절인 "돌"을 정점으로 "돌 → 돌 → 연꽃 → 연꽃"으로 반복이 각 행의 첫 어절에 바로 이어지지만, 제4연에서는 중단되고 있다. 다시 제4연 2행부터는 첫 어절 "호수"를 정점으로 해서 "호수 → 호수 → 연꽃 → 연꽃"으로 역반복의 순환구조로 진행 되고 있다. 이처럼 「내가 돌이 되면」의 공간구조는 지금까지 살펴본 「영산홍」의 공간구조와 거의 동일하다는 것을 확인할 수 있다. 물론 「내가 돌이 되면」에서는 분명한 시적 자아인 "내"가 나타남으로써 제1연과 제4연이 대립하고 제2연과 제6연이 대립하고 제3연과 제5연이 대립한다. 예컨대 각 연이 독자적인 의미구조를 지닌 채 모두 서로 대립하고 있는 것이다. 주지하다시피 「영산홍」에서는 시적 화자 '나'가 숨어 있다. 그래서 차이가 있다면 아마도 화자의 현상적 존재 유무일 것이다. 이 지점에서 「내가 돌이 되면」의 배열 형태 및 소리 구조를 참작해서 「映山紅」의 배열 형태를 재구성해보면 다음과 같다.

영산홍 꽃 잎에는
山이 어리고

山자락에 낮잠 든
슬픈 小室宅

小室宅 툇마루에
놓인 놋요강

영산홍 꽃 잎에는 山이 어리고

山 넘어 바다는
보름 살이 때

소금 발이 쓰려서
우는 갈매기

「映山紅」을 재구성 하게 되면 각 연이 2행으로 된 총 6연의 구조가 된다. 제1~3연이 하나의 의미구조로 엮이고, 제4~6연이 또 다른 하나의 의미구조로 묶여 서로 대립하는 구조가 된다. 제1연과 제4연이 반복연으로써 대응하고 제2연과 제6연이 삶의 개별자로서의 인간 기호인 '소실댁'과 바다에 존재하는 갈매기의 기호가 대응한다. 제3연과 제5연은 '집'이라는 공간과 '바다'라는 공간으로 대응한다. 이와 같이 「映山紅」의 각 연은 제각기 의미를 지니는 연으로써 이 텍스트의 의미생산에 등가로써 참여하고 있는 것이다.

재구성된 「映山紅」은 함축적 화자와 함축적 청자만이 발화에 참여하고 있다. 그러므로 제4,5,6연은 소실댁이 '소실댁의 과거'를 반추해 내기보다는 소실댁의 현실과 관련된 화자의 경험적 측면을 '산과 바다'라는 공간을 통하여 표출하고 있는 것이다. 즉 'ㅅ→ㅅ→ㅂ→ㅂ→ㅅ→ㅅ→ㅂ→ㅆ'의 음소 반복 및 마지막의 'ㅆ'음으로 강조된 변형 리듬은 화자와 청자의 언술 행위 속에서 '소실댁의 정황'과 '갈매기의 정황'을 상호 관련시켜주는 음상적 매개 기능을 한다. 모든 발화는 반드시 상대방을 전제로 하여 이루어지지만, 그 상대방은 화자의 앞에 존재할 필요는 없다. 발화의 대상인 청자는 실제로 발화가 이루어지는 시간과 공간에 현존해 있는 어느 한 개인이 아닐 수도 있기 때문이다.

「영산홍」의 청자가 "소실댁"이 아닌 것으로 볼 경우, 이 텍스트에는 실제 청자가 없다고 봐야 한다. 바흐친의 말대로 "만약 실제 청자가 없을 경우에는 청자는 화자가 속해 있는 사회집단을 흔히 대표하는 사람으로 추정할 수 있"[13]는 것이다. 즉 이 경우에는 청자는 화자와 같은 사회집단의 구성원이거나 아니면 긴밀한 사회적 유대에 의해 화자와 관련되어 있는 사람들이다. 그러므로 「영산홍」에 있어서 화자와 청자는 "소실댁"이라는 어느 여인과 밀접하게 관련된 어떤 계층에 소속된 사람들이 된다. 부연하면 소실댁과 같은 처지에 놓여 있는 부류의 사람들도 청자가 될 수 있는 것이다.

3. 의미론적 층위

기호론적 관심의 초점은 언어체계의 구조를 밝히고, 의미를 생산하는 略號(code)의 기능을 살피는 일이다. 텍스트에 사용된 언어는 現前과 非現前 관계[14]로 다양하게 얽혀 있음으로 의미체계를 알기 위해서는 텍스트 내의 단위 요소들의 상호관계를 끊임없이 탐구해야만 한다. 이런 탐구는 곧, 언어 행위의 두 가지 근본적인 배열방식인 수평적 차원의 통합체와 수직적 차원의 계열체를 중심으로 관계의 망을 살피는 일

---

13) 金旭東, 『대화적 상상력-바흐친의 문학이론』, 文學과 知性社, 1991. p.136.
14) 現前은 텍스트 안에 나타난 언어 요소들 사이의 관계이고, 非現前은 텍스트에 나타난 언어적 요소들과 대립되는 부재하는 언어적 요소들의 관계를 말한다.

이 된다. 본고에서는 시 언어의 선택적 측면과 결합적 측면을 바탕으로 해서 「映山紅」이 지니고 있는 의미론적 특성을 살펴보기로 한다.

> 영산홍 꽃 잎에는
> 山이 어리고

제1연에서 주목해야 할 사실은 서술 동사인 '어리다'에 있다. '어리다'라는 언술 행위에 의해서 '영산홍'이라는 언어기호는 실제적인 하나의 식물적인 아름다운 꽃을 지시하기보다는 기호작용으로서 '거울화'의 이미지를 생성해내게 된다. 이러한 사실은 이 시의 제목인 「映山紅」 자체에 이미 내재하고 있기도 하다. 「映山紅」의 漢字를 하나하나 해석하면 「映」자가 지시하는 '비추다, 어리다'의 뜻과, 「山」자가 지시하는 '산', 「紅」자가 지시하는 '붉다'로 나타나기 때문이다. 그러나 '어리다'의 거울화 작용은 단순히 모든 사물을 반사 또는 반영해 주는 수용적 이미지만을 나타내지는 않는다. 다시 말해서 외부에 존재하는 사물만의 형태를 그대로 비춰주는 '거울'과는 다르다는 점이다. 거울화의 기능을 하는 "영산홍"은 사물의 외형을 그대로 비춰줄 뿐만 아니라 사물에 내재된 그 의미까지 드러내 보여 준다는 사실이다.

그래서 "영산홍"이라는 어휘는 꽃에 대한 명칭을 말하는 동시에 "산"이라는 존재를 보여주는 이중적인 의미의 기호로 작용한다. 이에 따라 "영산홍"은 꽃 이름이라는 기호의 단일한 세계에서 벗어나 '꽃과 산'이라는 복합적 기호로 태어난다. 그러므로 제1연은 '영'자 '산'자 '홍'자의 의미를 풀어서 이 텍스트의 의미망을 구축해가려는 모티프를 제공해준다. '영'자의 해석인 '어림', '산'자의 반복인 "山", '홍'자의 환유인 "붉은 꽃 잎"으로 낯설게 하기를 하면서 그 시적 모티프를 제공해주고 있다. 낯설게 하기는 이에 그치지 않는다. 제목에서는 한자어로 "映山紅"이지만 제1연에서는 한글 표기로 "영산홍"으로 바꾸어 이중적인 낯설게 하기를 시도하고 있다.

그런데 여기서 제1연은 "영산홍"의 반복구조에만 그치지 않는다. 심층적인 의미에 있어서는 시간과 공간에 대한 기호들의 조직으로 전이된다. 먼저 "꽃 잎"의 계열체를 보면 '붉은 꽃 잎', '하얀 꽃 잎', '파란 꽃 잎' 등의 색깔에 따른 다양한 꽃잎을 연상해 볼 수 있다. 여기서의 꽃잎은 예의 '붉은 꽃 잎'이다. 다만 이 텍스트에서는 "紅"자가 뜻하는 '붉은'이라는 색깔 어휘를 생략하고 있을 뿐이다. 보다시피 '붉다'라는 것은 여타의 색깔과 대비된다. 붉은 색은 대체로 熱, 열정, 열렬, 활력으로 나타나고 정지나 강한 자극 등을 상징한다.[15] 열정과 강한 자극 등의 이미지는 제2연에 나온 "소실댁"과 대비되어 "소실댁"이 젊음을 가지고 있음을 드러낸다. 또한 바슐라르가 "모든 꽃들은 불꽃, 빛이 되기를 바라고 있는 불꽃"[16]이라고 한 것을 상기한다면, 이 텍스트 속의 "영산홍"은 하나의 붉은 불꽃으로서 태양과 같은 것이다. 태양이 낮을 밝혀 주듯이 "영산홍"은 소실댁의 어둔 산자락의 공간을 밝혀 주고 있다. 그래서 밤과 대립되는 "낮" 시간이 이 텍스트의 공간에 나타난다. "낮" 시간이 아니면, 꽃잎에 '山이 어릴 수' 없다.

제1연의 공간은 영산홍의 공간이 아니라, 영산홍이 내밀히 보여주는 산의 공간이다. "山"도 계열체로 보면 '들, 집, 사람 … ' 등등과 대비된다. 만약에 '들'의 기호가 쓰였다면 이것은 수평적 공간으로서 勞動의 정도를 나타낼 수도 있고, '집'이 쓰였다면 인간이 사는 속세의 모습 정도를 나타낼 수도 있다. 그러므로 여기서 "山"은 수직상방 공간을 나타내는 공간적 기호로써 세속적 의미와 대비되는 원초적이고 순수한 의미를 내재하고 있다.

山자락에 낮잠 든
슬픈 小室宅

15) 蔡洙永, 『韓國現代詩의 色彩意識硏究』, 集文堂, 1987, p.85.
16) Gaston Bachelard, 閔憙植 역, 『초의 불꽃』, 三省出版社, 1987, p.165.

그래서 제2연에서는 자연스럽게 "山"이라는 공간에 잠든 "소실댁"이 출현한다. 예의 제1연보다는 시간과 공간이 매우 구체적으로 나타나고 있다. '山'과 '자락'의 결합으로 형성된 "山자락"은 소실댁의 거주 공간과 속세 공간을 대립시켜주는 의미로 작용한다. 1차적인 언어기호로 보면 "山자락"을 덮고 자는 이불로 비유할 수 있겠지만, 2차적인 언어기호로 보면, '산' 안의 공간과 '산' 밖의 공간을 분리하는 공간기호로 작용한다는 사실이다. 그것을 가능케 하는 것은 "자락"의 기호이다. 예를 들면 '치맛자락', '옷자락'에서와 같이 "자락"은 옷감으로 몸을 감싸는 의미를 담고 있다. 그래서 자연스럽게 안과 밖의 공간을 분절하는 기호로 작용한다. 따라서 수직상방 공간을 나타내는 '山'이 '자락'과 결합하여 이제는 산 밖의 공간과 대립하는 공간으로 나타난다.

이런 공간에 소실댁이 낮잠을 들었을 때, 그 "낮잠"의 의미는 무엇일까. 낮잠은 밤잠과 대립된다. 인간 생활에서 밤에 자는 잠이 정상적이고 규칙적이고 습관적인 행위라면, 분명히 낮잠은 비정상적이고 순간적이고 일시적인 수면 행위에 지나지 않는다. 이렇게 되면 소실댁의 "낮잠"은 비정상적이고 순간적이고 일시적인 것으로 될 수밖에 없다. 그러나 "낮잠 든"과 제3연의 "툇마루"를 대응시키면 소실댁의 "낮잠"의 의미뿐만 아니라, 어째서 슬픈 것인가 하는 그 의미까지 감지할 수 있게 된다.

"툇마루"는 원마루에 잇대어 붙인 마루로써, 원마루에 비하면 구석진 안쪽 공간을 차지한다. 달리 표현하면 뒷전으로 밀려난 공간이다. 뒷전으로 밀려난 공간에 놋요강이 있다. 놋요강은 소실댁의 생활용품으로써 현실적인 삶의 모습을 보여주는 기호라고 볼 수 있다. 놋요강이 툇마루에 있다는 사실은 놋요강으로 대변되는 소실댁의 삶이 원마루 밖으로 밀려나 소외되어 있다는 것을 의미한다. 이것은 순간적이고 일시적인 현상이 아니라 소실댁의 집이 존재하는 한 지속적이고 일상적인 것으로 나타난다. 그러므로 소실댁에 있어서 "툇마루"에의 삶은 비정상적이고 비인간적인 삶의 방식이 된다. 그러므로 소실댁의 "낮잠"은 비정상적인 비인간적인 "툇마루"의 공간을 벗어나려는 탈피의 기호가 되는 셈이다. "낮잠 든"에서 서술 동사 '들다'가 "툇마루"에서 파생된 '밀려나다'와 대립관계를 맺으면서 그 의미를 더욱 심화시켜 준다. 즉 "낮잠"이라는 소실댁의 행위는 수면으로서의 휴식 행위가 아니라, 본질적이고 원초적인 공간으로서의 산에 몰입하여 비정상적인 툇마루 공간을 잊고자 하는 욕망에 기인한 것이다. 그러므로 소실댁에 있어서의 "낮잠"은 오히려 정상적이고 본질적인 것에의 추구가 되는 것이다.

소실댁이 슬픈 이유도 바로 긍정적인 "山"의 공간과 부정적인 "툇마루"의 공간을 다함께 소유하고 있다는 사실에 기인한다. "낮잠"은 "山"의 공간을 향유하지만, 결국 '밤잠'은 "툇마루"의 공간으로 복원된다. 소실댁은 어느 한 공간만을 향유하지 못한 채 "산"과 "툇마루"의 공간을 오가는 매개항 존재로 슬퍼질 수밖에 없는 것이다. "山(긍정)-소실댁(매개항)-툇마루(부정)"로 소실댁은 수평적 공간을 분할하는 언어기호인 셈이다. 이 시의 지배소에 해당되는 소실댁은 "중간자로서의 고뇌를 상징"[17]하는 것으로 "낮잠"을 통해서 그 슬픔을 잊고자 한다.

> 小室宅 툇마루에
> 놓인 놋요강

제3연에서의 "놋요강"은 구석의 공간을 표상하면서 침묵과 고독, 정지라는 의미 공간을 표출한다. "놋요강"은 툇마루와 상관관계를 지니고 있기 때문에 집안의 구석이나, 방안의 구석진 자리에 놓이게 된다. 밝은 장소보다는 어둡고 그늘진 외진 공간을 차지할 뿐이다. 더욱이 밤시간이 아닌 낮 시간에는 더욱 그렇다. 그러므로 구석은 대부분 많은 측면에 있어서 삶을 거부하고, 삶을 제한하고 삶을 숨기기도 하는 곳이다. 이때에 구석은 세계의 부정이 된다.[18] 구석에 있었던 시간들은 침

17) 柳謹助, 「詩의 이미지 形成理論」, 柳謹助 編著, 『韓國現代詩特講』, 집문당, 1992. p.435.
18) Gaston Bachelard, 郭光秀 옮김, 『空間의 詩學』, 民音社, 1993, p.282.

묵이요, 생각이 쌓인 침묵이 우리들에게 기억될 뿐이다. "놋요강"은 침묵의 공간으로서 소실댁의 지난 삶의 기억뿐만 아니라, 현재의 삶까지도 대변한다. 그것은 현실세계에 대한 부정이요 삶에 대한 거부이기도 하다. "놋요강"은 그 형태적인 무게도 지니고 있으면서 쉽게 깨어지지도 않는다. 또한 광물적 기호의 특성으로써 견고하고 투명한 거울화의 이미지를 그려주기도 한다. 그러므로 소실댁이 안고 있는 슬픔은 쉽게 사라지거나 깨어지는 것이 아니다. 투명한 놋거울(놋요강)을 통하여 자신의 존재를 하염없이 쳐다보아야 하는 슬픔이다. 놋요강을 닦으면 닦을수록 더 투명해지는 것처럼, 소실댁의 슬픔도 걷어내면 걷어낼수록 그 슬픔의 빛깔은 더욱 무거워 질뿐이다. 더욱이 이 텍스트에서 영산홍 꽃잎의 밝음과 투명한 빛이 구석진 자리에 놓여 있는 놋요강과 대비되어 그 슬픔의 강도는 더 짙기만 하다.

山 넘어 바다는
보름 살이 때

제4연은 공간의 의미론적 전환을 시도하고 있는 연이다. 제3연까지는 수직 상방을 지시하는 "山"의 공간기호가 중심이었지만, 제4연에 와서는 "山"과 "바다"의 공간기호를 대비시켜 중층적인 공간구조로 전환하고 있다. 시점의 전환은 인식의 전환을 내포하면서 의미론적 전환을 수반하게 된다.[19] 시적 화자가 인식한 의미론적 공간은 "보름 살이 때"라는 시공간성의 발견에 있다. 여기서 "때"가 환기시켜주는 시간성은 평면적인 의미로서의 시간성이 아니다. 여기서의 "때"는 시간을 공간으로 바꿔주는 기능을 하기에 그러하다.

"보름 살이 때"를 물고기가 많이 잡히는 밀물 때의 보름 시기나, '15일간'이라는 시간 주기로 보거나 간에, 이것은 시간성을 평면적으로 보는

---

19) 김승희, 「반영과 차단의 문법」, 이승훈 엮음, 『한국문학과 구조주의』, 문학과 비평사, 1988, p.148.

측면에 지나지 않는다. "보름 살이 때"를 바다와 연관시켜 공간기호론으로 보면, '밀물 때'를 지시하던 시간성이 공간성으로 전환하게 된다는 것을 알게 된다. "보름"이 되기 때문에 밀물이 이는 것이 사실이지만, 그것을 가능하게 하는 것은 다름 아닌 '달'이다. 달의 순환적인 운동이 바로 밀물을 만들고 있는 것이다. 예의 달은 바닷물의 조수간만의 주기성을 담당하는 주체이다. 바다의 원리는 바다 자체에 있는 것이 아니라, 바로 달의 순환 원리에 있다.

달의 가득함은 바닷물의 솟아오름으로 나타나고 달의 비움은 바닷물의 가라앉음으로 나타난다. 그래서 달은 "인간에게 인간 고유의 조건을 제시해 주며, 어떤 의미에서 인간은 달의 생애를 통해서 스스로를 보고 재발견"[20]하게 된다. 그래서 달이 지배하고 있는 영원회귀의 질서를 인간은 본받을 수밖에 없는 것이다. 이런 점에서 "바다"가 현상적으로 드러내고 있는 "보름 살이"는 다름 아닌 하늘 높이 둥근달이 떠 있거나 뜨고 있다는 공간성에 대한 인식을 나타내준다. 이러한 달에 대한 공간적인 인식은 현실적이고 세속적인 자아의 탈을 벗고자 하는 "슬픈 소실댁"의 본질적 자아를 드러나게 해준다. 이런 점에서 보면, 제4연의 "山"은 매개항의 역할로 전이되고 만다. "山"은 "소실댁(지상)–산(매개항)–바다(수면)"의 수평공간을 분할하는 매개항 뿐만 아니라, 수직 공간을 "바다(수면)–산(매개항)–달(공중)"로 분할하는 이중 매개항 구실을 한다. 따라서 제4연은 "山"에 의해서 수평과 수직공간이 함께 공존하는 중층적인 의미 공간으로 나타난다.

소금 발이 쓰려서
우는 갈매기

제5연에서 의미 공간을 함축해 주는 것은 "우는 갈매기"이다. "갈매

---

20) Mircea Eliade, 이재실 옮김, 「달과 달의 신비학」, 『종교사 개론』, 도서출판 까치, 1993, p.181.

기"는 바다라는 공간을 중심으로 하여 공간 사이를 자유롭게 넘나들 수 있는 존재이다. 예의 "바다"와 "마을"을 상호 연결해주는 수평적 공간의 매개항이기도 하다. 또한 수직공간에서도 하늘에 뜬 달과 지상(≡바다)의 兩項을 연결해주는 매개항이기도 하다. 그러나 이러한 매개항으로서의 "갈매기"는 언제나 중간자에 지나지 않는다. 갈매기는 지상의 삶에도 관여하지만 전적으로 지상에 살지도 못하고, 상방성의 세계에도 관여하지만 완전히 상방성의 세계에도 살지 못한다. 갈매기는 이 兩項을 넘나드는 자유로운 존재지만 결국에는 모순적인 존재자로 남아 있을 수밖에 없다.

마찬가지로 "소실댁"도 매개항으로 보면 본질적인 공간인 "산"과 얼룩진 속세의 "집"을 넘나들지만 그 어느 쪽에도 속하지 않은 중간자이다. 兩項을 연결하는 "소실댁"의 기호도 결국은 모순적 존재임이 드러난다. 이렇게 볼 때 매개항으로서의 "소실댁"과 "갈매기"는 서로 동위소적 의미를 지니는 기호로 작용한다. 그러므로 "우는 갈매기"는 곧 "슬픈 소실댁"과 같은 의미공간에 속한다. 더욱이 '슬프다'라는 서술 동사의 감정 가치가 '울다'라는 구체적인 감정의 표현 행위를 통하여 표출됨으로써 그 의미는 더욱 확산되고 있는 것이다. 또한 소실댁의 삶이 바다와 관계된 슬픔임도 암시적으로 파악할 수 있겠다.

"갈매기"와 "소실댁"의 동위소적 의미가 견고해 졌을 때, 제1행의 "소금 발"이라는 의미는 쉽게 밝혀진다. '소금'은 바다라는 전체 공간을 환기시키면서, 동시에 바다와 관련된 소실댁의 생활을 환유적으로 표현하고 있다. 그리고 "소금발"에서 "발"은 발로 움직여 살아가는 소실댁의 '삶의 모습'을 상징하는 환유이기도 하다. 이것은 본래적인 삶과 영원회귀를 꿈꾸게 해주는 하늘의 둥근 달과 대비되어 더욱 가슴 쓰린 소실댁의 정서를 표출해 주고 있다. 환유의 힘은 이처럼 어떤 대상이 현실체와 직접 연관되어 있어 현실적 효과를 일으킬 뿐만 아니라, 기호 사용자로 하여금 환유의 나머지 부분을 메우도록 유도한다.[21]

이 텍스트 공간 속에서 "소실댁"에게는 지상에 존재하는 툇마루의 집도 바다도 모두 부정적인 의미공간이다. 바다와 관계된 삶이 지상에서의 삶과 동일 선상에 놓여 있기 때문이다. 지상이 그저 "슬픈" 공간이라면 바다는 구체적으로 슬픔이 표출되는 "우는 공간"이기도 하다. "소실댁"의 슬픔은 바로 본질적이고 영원한 세계인 "山"과 "달"의 공간을 지향하고자 하는 데서 근본적으로 파생된 것이다.

이와 같이 소실댁이 슬픈 것은 산과 바다, 달이라는 공간에 대한 인식에서 비롯된 것이며, 이러한 모티브를 제공해 준 것이 바로 영산홍 꽃잎이다. 이것을 알기 쉽게 동심원적 구조로 나타내면 다음과 같다.

A = 소실댁(≡갈매기)

B = 산, 바다(≡달)

C = 영산홍

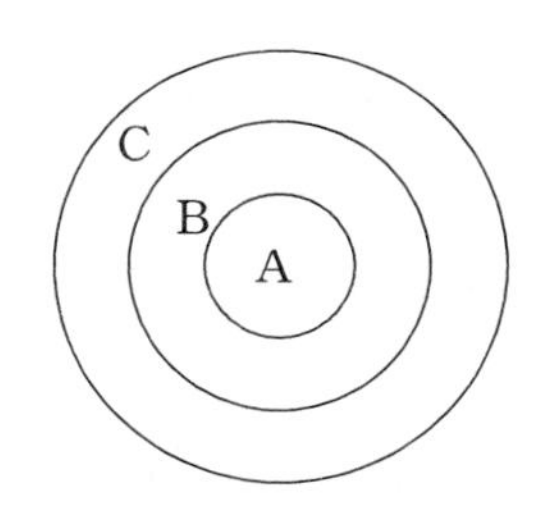

〈도표5〉

이 도표에서 C는 A·B의 공간을 전체적으로 감싸고 있다. 이 텍스트에서 C가 A·B의 공간을 감싸고 있기 때문에 전적으로 영산홍의 꽃을 묘사하기 위해 A·B가 소재로써 쓰인 것처럼 파악된다. 그러나 동심원이란 언제나 바깥 원이 중심을 지향한다. 왜냐하면 동심원의 구조에서는 바깥 원들이 언제나 중심에서 번져나가기 때문이다.[22] 그래서 번져나가면서도 중심을 지향하게 된다. 이렇게 볼 때, 오히려 C는 동심원의 중심인 A를 계기로 해서 자연스럽게 소재로써 사용되어졌을 뿐이다. 이때에 A로부터 인식된 공간으로서의 B는 A와 C를 간접적으로 연결해주면서 상호 긴장관계를 갖도록 매개적 역할을 해준다. 앞서 논의된 표

21) 김경용, 「현실의 축조」, 『기호학이란 무엇인가』, 民音社, 1994, p.76.
22) 이승훈, 「김소월의 "진달래꽃" 분석」, 이승훈 엮음, 『한국문학과 구조주의』, 문학과 비평사, 1988, p.84.

층 구조에서는 "산"을 매개로 하여 각기 다른 공간을 형성하던 것이 심층적인 의미 공간에서는 이처럼 변형되어 복합공간을 형성하게 해준다. 그러므로 이 텍스트의 의미는 표층구조와 심층구조의 대립과 긴장 속에서 생성 되고 있는 것이 된다.

Ⅳ. 결 론

「영산홍」의 시를 평면적인 차원에서 보면 극히 단조로움을 면할 길이 없다. 그러나 우리가 공간적 독서를 할 경우, 치밀하고 복잡한 구조체계를 지각할 수 있을 것이다. 표층 구조의 분석이 평면적 차원으로써 객관적인 사실을 제시한다면, 심층 구조의 분석은 기호화 작용으로서 입체적인 의미 공간을 파악하는 일이 된다.

「영산홍」의 심층 구조에서 두드러진 특징은 전경화의 요소이다. 제1연부터 4음보 중심의 음수율이 규칙적인 리듬 잇기의 반복을 이루다가 제4연부터 변형된 리듬 잇기의 소리 구조가 된다는 점이다. 또한 음소반복에 있어서도 특수한 방식으로 질서화하여 자동성을 탈피하면서 의미를 확산해 가고 있다. 그 구체적인 자질이 /ㅅ/, /ㅂ/ 음소의 반복 교체 현상이었다.

이러한 /ㅅ/, /ㅂ/의 반복 교체 현상이 주는 의미를 알아보기 위해서 話者 시점으로 이 텍스트를 재구성해 보았다. 재구성한 텍스트에 있어서 'ㅅ → ㅅ → ㅂ → ㅂ → ㅅ → ㅅ → ㅂ → ㅆ'의 음소 반복은 '소실댁의 정황'과 '갈매기의 정황'을 등가 관계로 강화해주는 기능을 한다는 것이다. 이와 같은 논지를 바탕으로 각 연에 나타난 의미 공간을 구체적으로 요약하면 다음과 같다.

제1연에서는 '영산홍'의 글자 자체가 내재한 의미, 곧 '映'자, '山'자, '紅'자의 의미를 풀어서 텍스트를 구조화하고 있다. 그런데 이러한 구조화에 의해 '영산홍'이라는 꽃은 내재적인 사물을 밖으로 드러내 보여주는 거울화의 기능을 하게 된다. 거울을 통해 나타난 '산'은 속세와 대립되는 공간으로 나타나고 있다.

제2연에서는 부정적인 툇마루 공간을 잊고자 하는 소실댁의 행위가 '낮잠'으로 나타난다. 이것은 순수하고 원초적인 공간에 대한 지향의식을 나타낸다. 제3연에서는 소실댁의 슬픔의 강도를 구석진 공간에 있는 '놋요강'의 기호(소외의 기호)를 통해 드러내고 있다.

제4연에서는 '山'과 대비되는 '바다'의 "보름 살이 때"를 통하여 달에 대한 공간성을 인식하게 된다. 소실댁은 그 인식을 통하여 부정적이고 세속적인 공간을 떠나 수직 상방성의 세계를 지향하려고 한다. 이런 점에서 제4연은 중층적인 공간구조를 갖는다.

제5연에서는 '소실댁'과 등가인 '갈매기'를 통하여 슬픈 감정을 직접 청각적 이미지인 소리로 표출하고 있다. 소실댁의 슬픔은 바다 생활과도 관련을 맺고 있는 것으로 보이는데, 그것을 "소금 발"이라는 환유적 기호를 통해 간접적으로 드러내주고 있다. 예의 지금까지 살펴본 것처럼 이 텍스트의 공간 기호는 표층구조와 심층구조의 대립과 긴장 속에서 그 입체적인 의미를 세밀하면서도 다양하게 생성해내고 있다.

| 제 3 장 |

『山詩』의 공간구조와 의미작용

|제 3 장| 『山詩』의 공간구조와 의미작용

Ⅰ. 인간 · 자연 · 우주를 매개하는 '산'

서정주 문학에 대한 논의는 다양하게 전개되고 있다. 연구자들은 역사 전기적 비평, 신화적 비평, 형식주의 비평, 구조주의 비평, 기호론적 비평, 페미니즘 비평 등, 다양한 이론을 동원하여 그의 시적 정신과 시 텍스트의 구조 및 의미를 밝혀내는데 주력해 오고 있다. 뿐만 아니라 그 외연을 넓혀 그의 문학을 근대성과 관련시켜 그 문학적 정체를 밝혀 내려는 작업도 이루어지고 있다. 이렇게 다양한 폭과 깊이를 지닌 연구 방법은 서정주 문학의 근원적인 비밀을 탐색해 내는데 큰 기여를 하고 있음은 분명한 사실이다.

하지만 그럼에도 불구하고 연구자들이 대상으로 삼는 텍스트의 폭이 거의 한정되고 있다는 점에서 하나의 문제로 지적될 수 있다. 요컨대 기존의 논의를 보면, 대부분 『山詩』 이전의 텍스트를 주된 대상으로 하여 그의 문학적 세계를 해명해 오고 있다. 말하자면 서정주 문학의 전성기에 해당하는 작품들을 대상으로 하여 그의 문학적 세계를 탐색해 온 것이다. 그러나 연구자들의 눈길을 끈 전성기 시대의 문제 작품을 중심으로 그의 문학적 세계를 단언하는 데에는 무리가 있다. 서정주 문학의 총체성을 논의하기 위해서는 통시적 고찰이 필요하기 때문이다. 이런 점에서 거의 연구자들의 시선을 집중시키지 못한 그의 말기의 시집들[1], 가령 『산시』(제13시집, 민음사, 1991), 『늙은 떠돌이의 詩』(제14시집, 민음사, 1993), 『80소년 떠돌이의 詩』(제15시집, 시와시학사,

1997) 등의 시집들을 집중 조명할 필요가 있다고 본다. 비록 그 주제나 소재, 형식과 내용, 시적 장치와 기법 면에서 그 이전에 비해 다소 그 시적 신선도와 긴장이 떨어지는 것이 사실이지만,[2] 그래도 老詩人의 시적 정신이 갈무리되고 있다는 점에서 눈여겨보아야 할 것이다.

그래서 이 글에서는 전초 작업의 일환으로서 먼저 『山詩』만을 대상으로 하여 시 텍스트의 구조와 시적 의미작용을 탐색하고자 한다. 『山詩』는 기행시의 성격을 지닌 것으로서 세계에 편재해 있는 각국의 산을 대상으로 한 시집이다. 예의 이 시집을 떠받치고 있는 주된 상상력은 각국의 신화, 전설, 민담 등에서 차용한 소재들이다. 물론 이러한 소재들이 새로운 것은 아니다. 이미 『新羅抄』, 『질마재 神話』 등에서 차용한 바가 있다. 『山詩』의 상상적 구조가 이 시집들과 어느 정도 공통적인 요소를 지니는 것은 여기에 기인한다. 그렇다고 해서 『山詩』로서의 독창성이 없다는 말은 아니다. 왜냐하면 시적 공간과 대상이 이전의 시집들과 분명히 다르기 때문이다. '신라'나 '질마재' 공간은 민족적인 것이고, '각국의 산들'은 세계적인 것이다. 전자가 민족적인 특수성을 지닌다면, 후자는 세계적인 보편성을 지닌다.

서정주가 『山詩』로 나간 것은 민족적 특수성을 세계적인 보편성으로 전환하려는 시적 욕망에 기인한다. 그는 『산시』를 통해서 인간과 자연, 인간과 신, 인간과 우주와의 근원적인 관계를 모색하면서 그것을 삶의 보편적 원리로 삼고자 한다. 구체적으로 그러한 것의 의미를 탐색해 보도록 하자. 예의 『山詩』는 연작시로 구성되어 있다. 따라서 시 텍스트

1) 본고에서 언급한 '말기'라는 용어는 서정주의 시적 세계를 시대별로 정치하게 분류하여 사용한 것은 아니다. 다만, 서정주의 '후기시'라는 범주가 너무 넓어 그것을 편의상 좀 더 세분화하여 사용한 용어이다. 막연하게 후기시라고 하면, 『山詩』 이전에 나온 몇몇 시집까지 그 대상으로 생각할 수 있기 때문이다.

2) 이러한 것은 이미 『山詩』에서부터 지적받고 있다. "사실 서정주의 13권의 시집 중에서 『山詩』야말로 어떤 면에서 보면 가장 특색이 없는 시집일는지 모른다. 왜냐하면 그가 평소에 지켜오던 어투라든지, 시적 발상법이라든지 하는 것들이 그대로 잘 지켜져 있기 때문이다" 강우식, 「不調和 사이의 調和- 未堂 徐廷柱의 『山詩』를 중심으로」, ≪시현실≫, 2003. 12, p.60.

하나하나는 그 자체로서 독자성을 지니기도 하지만, 보다 큰 텍스트인 『山詩』의 일부분을 구성하는 작은 텍스트이기도 하다. 그래서 본 논문에서는 상호 텍스트를 넘나들며 시 텍스트를 탐색하기로 한다.

Ⅱ. 산과 인간의 상동적 구조와 상승적인 삶의 세계

산은 지상과 천상을 연결하는 매개항의 기호이다. 산은 그 높이에 의해 山頂은 천상에 속해 있으면서도 그 뿌리는 지상에 두고 있다. 따라서 산정은 지상적 가치와 천상적 가치가 만나는 교점이 된다. 천상적 세계가 무한성, 영원성, 신성성 등의 의미를 산출하고 있다면, 이에 대립하는 지상적 세계는 유한성, 순간성, 세속성 등의 의미를 산출한다. 그래서 산정은 '무한성, 영원성, 신성성'과 '유한성, 순간성, 세속성'의 의미를 동시에 지닌 兩義的 記號가 된다.

서정주는 이러한 산의 기호체계를 통해서 천상의 가치를 지상의 가치로 전환시켜 인간적인 삶의 한계를 극복하고 영원한 삶의 시간을 향유하려는 시적 욕망을 보여주고 있다. 그는 그러한 전환을 가능하도록 하기 위해 산을 의인화하고 있으며, 동시에 그 산에 거처하는 인물로는 인간의 차원과 다른 神仙, 女神, 仙女 등의 초월적 존재를 등장시키고 있다. 이렇게 그가 산을 의인화하고 있다는 것은 산을 인간적 가치로 본다는 뜻이며, 거기에 초월적 존재를 등장시키고 있다는 것은 산을 신화적 가치로 본다는 뜻이기도 하다. 그러므로 산은 인간인 동시에 신적 존재인 기호체계가 되는 것이다.

인간의 신체를 기호론적으로 보면, '머리(상)/허리(중앙)/다리(하)'로 분절된다. 이때 '머리'를 물질적인 층위에서 보면 '높이'를 의미하는 기호로서 '다리'와 대립하지만, 정신적인 층위에서 보면 허리와 다리의 육체성에 대립하는 '정신성'의 의미를 산출한다. 따라서 '머리'는 높이를 지닌 동시에 정신성을 산출하는 기호이다. 『山詩』에서 의인화된 山 역시 인간의 신체처럼 '머리/허리/다리'로 분절되고 있다. 그래서 인간과 산이 相同的 構造를 갖게 된다. 그러면 이러한 산이 산출하는 의미는 어떤 것일까. 구체적으로 다음의 시 텍스트를 통해 그 상동적 구조와 그 의미를 탐색해 보도록 하자.

나의 아랫도리는 역시나 좀 더워서
할수없이 흔들어대는 재즈이기도 하지만,
가운데께는 그래도 클래식이고,
그리고 보게
눈에 사철 하이얗게 덮인
윗도리만큼은
그래도 훤칠한 聖歌일세 聖歌야.

—「킬리만자로山의 自己紹介」 일부[3]

이 텍스트에서 킬리만자로山은 인간처럼 의인화되어 자기를 소개하고 있다. 그래서 킬리만자로山은 인간의 신체처럼 '윗도리(상)/가운데 부분(중)/아랫도리(하)'로 분절하여 자기 신체를 텍스트화 한다. '윗도리'를 물질적인 층위에서 보면, '높이'를 의미하는 기호로서 '가운데'와 '아랫도리'에 대립한다. 또 정신적인 층위에서 보아도 육체성인 '가운데'와 '아랫도리'에 대립하는 기호로 작용한다. 이에 따라 '날씨'와 '음악'의 기호들도 그에 맞게 구조화되고 있다. 높이와 정신을 산출하는 윗도리는 '겨울, 聖歌'와 짝을 맺고, 낮음과 육체성을 산출하는 아랫도리는 '여름, 재즈'와 짝을 맺고 있다. 말할 것도 없이 '가운데'는 이 兩項의 의미를 모두 지닌 '겨울+여름, 클래식'과 짝을 맺고 있다. 물론 '클래식' 또한 재즈와 성가를 융합한 음악 형식이 된다.

3) 이 글에서 인용하는 시 텍스트는 서정주, 『미당 서정주 시전집 2』(민음사, 1991)에서 하기로 한다. 이하 인용 각주는 생략함.

'겨울, 聖歌'와 짝을 맺고 있는 윗도리는 수식어 "훤칠한"이 시사하듯이 수직 상방성을 나타내는 기호로서 신성성과 초월성의 의미를 산출한다. 윗도리는 하늘과 가장 가까운 것으로 성스러운 힘과 초월성을 표상해 주기 때문이다.[4] 그래서 윗도리의 정신성은 구체적으로 신성성, 초월성의 의미로 전이된다. '겨울과 聖歌' 역시 마찬가지이다. 성가[5]는 神과 聖人을 찬양하는 신성한 노래이다. 눈으로 덮인 '겨울' 역시 인간이 일상적인 거처를 할 수 없는 초월성의 공간이다. 말하자면 神만이 거처할 수 있는 공간이다. 이에 비해 '여름, 재즈'와 짝을 맺고 있는 아랫도리는 수직 하방성을 나타내는 기호로서 세속성과 인간성의 의미를 산출한다. 지상과 가장 밀착하고 있기 때문이다. '여름, 재즈' 역시 마찬가지이다. 여름은 인간의 활동성을, 재즈는 그러한 활동성을 구체화 해주는 기호이다. 따라서 아랫도리의 육체성은 인간성과 세속성의 의미로 전이된다. 예의 '가운데'는 이 兩項의 가치를 지닌 兩義的 空間이다.

小宇宙인 인간의 신체를 확대하면 "킬리만자로山"이 된다. 이러한 산은 인간보다 큰 우주인 셈이다. 인간과 상동적 구조를 지닌 "킬리만자로山"이 하강하게 되면 세속성을 띠게 되고 상승하게 되면 신성성을 띠게 된다. 이 텍스트에서는 화자의 언술과 시선이 하방에서 상방으로 수직 상승하는 구조를 보여주고 있다. 이렇게 보면, 서정주는 '산'을 통하여 '육체성, 세속성, 지상'보다는 '정신성, 신성성, 천상'을 지향하고자 한다.

---

4) 윗도리는 수직 상방을 향한 높이를 지니고 있다. 그리고 '높이'는 신성한 가치를 표현한다. 다시 말해서 성스러운 힘으로 충만해 있다. 정도의 차이는 있겠지만 하늘에 가까운 것은 모두 초월성에 참가한다. 때문에 초인간적인 것과 동일시된다. 따라서 '상승'은 차원의 단절, 피안으로의 이행, 俗의 공간 및 인간 조건의 초월이다. 미르치아 엘리아데, 이재실 옮김, 『종교사 개론』, 까치, 1994, p.110.

5) 윗도리(山頂)를 聖歌로 비유하여 종교적 신성을 환기시킨 것처럼, 未堂은 다른 텍스트에서도 그렇게 산정을 종교적 공간으로 환기하기도 한다. 가령, "흰 바위의 山봉우리들은/두루 聖堂이 되니"(— 〈텍사스 山들의 構成-美國 山詩 · 18〉 일부)에서 "聖堂"이 바로 그 예이다.

그 누군가/흰 머리로 신선이 되시어/영원한 새 청춘으로/하늘을 맡아 일어서시니

모자는/그 흰 머리털 모자가 역시나 좋겠다고/본받아 나서는 아들 딸도 있었지.

함경도라 맑은 물에/물신선 노릇이 더 좋겠다고/구름을 머리에 쓰고 다니는/여인네도 생겼지.

민족의 장래가 잘되자면/좋은 자손을 배야만 되겠다고/지성드리는 탑이/만 개나 생겨나면서./아저씨 아저씨 멱서리아저씨도/승냥이 떼들도/그건 두루 다 찬성이었지.

제주도에서 누군가가/하늘의 은하수하고 친하게 지낸다고 하자/그런 멋들어진 일을 해보는 게 좋다고/지리산이 한마디 하는 바람에./미묘한 향내가 싸아하게/평안도에서 일어나면서.

함경도 쪽에서는/열여덟 살 된 어머니께서/세 살짜리 두 쌍둥이를 데리고/너무나도 좋다고/하늘로 하늘로 날아올랐지.

설악산에는/단풍보다 더 고운 눈발이 치고./금강산 뼈다귀들은/물론 힘이 더 생겨났었지.

–「한국의 山詩」 전문

마찬가지로 한국의 산도 "킬리만자로山"처럼 인간의 신체를 확대한 이미지로 구축되고 있다. 한국의 산은 "흰 머리"된 "神仙"의 모습으로 현현하고 있다. 더욱이 "일어서시니"의 동작성 서술어에 의해 신선의 머리가 수직의 "하늘"을 향하여 우뚝 서는 듯한 역동성을 보여준다. 따라서 신선의 흰머리는 육체성과 대립하는 정신성, 곧 신성성의 의미를 환기하는 기호이다. 뿐만 아니라 그 신선이 "하늘을 맡아" 사는 존재이기에, 그는 천상적 가치를 그대로 지닌 존재가 된다. "영원한 새 청춘"

이라는 언술에서 알 수 있듯이, 그의 몸은 늘 청춘으로 재생되기에 영원한 시간, 영원한 삶을 향유할 수 있다.6)

그래서 신선이 쓰고 있는 "모자"도 하늘에 속해 있다. 그 "모자"는 구름과 동일한 의미작용을 하는 기호라고 할 수 있다. 이미 하늘에 속한 "흰 머리털 모자"의 코드를 "구름"의 코드로 변환할 수 있기 때문이다. 상호 등가성을 지닌 셈이다. 이런 점에서 "흰 머리털"은 세속에서 말하는 추함과 애착의 기호가 아니라 신성함과 무욕의 기호이다. 물론 신선의 흰머리에서 하방공간으로 내려오면 그러한 기호론적 힘은 약해지고 세속적인 힘이 강화된다. 하지만 이 텍스트에서 머리와 대립하는 발, 곧 지상에 내려오더라도 천상적 가치가 약해지지 않는다. 지상의 아들딸들과 여인네들이 "흰 머리털 모자가 역시나 좋겠다고" 하며 이를 본받고 있기 때문이다. 심지어 "두 쌍둥이"를 데리고 "하늘로" 날아간 "어머니"도 있을 지경이다. 이렇게 지상의 인간이 신선의 태도를 지속적으로 재연함으로써 지상은 성화되게 된다.7) 다시 말해서 천상적 가치로 세속적 가치를 정화시키면서 상승적인 삶을 만들어 가고 있는 것이다. 그래서 여인들이 신선처럼 "구름을 머리에 쓰고" 다니며 '물신선' 노릇도 할 수 있게 된다. 이처럼 인간 행위와 신선의 행위가 상동적 구조를 이룰 때, 지상은 기호론적으로 말해서 곧 천상이 되는 셈이다.

제주도에 있는 산, 함경도에 있는 산, 지리산, 금강산 할 것 없이 한국의 산들은 그 머리를 "하늘의 은하수"에 두고 "친하게" 지내고 있다. 그래서 한국의 산들은 '초월성, 신성성, 영원성'의 의미를 산출한다. "하늘의 은하수"는 인간이 도달하기 어려운 곳으로서 神만이 거처하는 공간이니까 말이다. 그리고 신선이 된 산은 "민족의 장래"를 맡아보는 존재이기도 하다. 민족의 장래는 '생명의 연속성'과 관련이 있다. 생명이

---

6) 신화적 시간은 계절의 변화처럼 소멸과 재생을 주기적으로 반복하는 순환운동의 리듬을 가진다. 그래서 자연의 순환적인 과정과 동일시되기도 한다. N 프라이, 임철규 역, 「원형비평: 신화의 이론」, 『비평의 해부』, 한길사, 1986, pp.220~227. 참조.

7) 멀치아 엘리아데, 이동하 역, 『聖과 俗-종교의 본질』, 학민사, 1994, p.88. 참조.

란 측면에서는 인간이나 동물이나 모두 마찬가지이다. 그래서 '멱서리 아저씨와 승냥이들'도 '흰 머리털 신선'에게 '지성' 드리는 것이 좋다고 모두 찬성하고 있다. 지성이란 다른 것이 아니다. 말하자면, 생명의 유한성을 극복하기 위해서 영생을 사는 신선의 행위를 본받으려는 마음이다.

이와 같은 인간의 사유와 구조는 보편성을 띤다. 다음의 詩도 예외는 아니다.

> 히말라야 山사람의 運命은/아직도 옛날 그대로/하늘에서 드리우고 있는/산 동아줄에 매달려 있다./그리고 이 동아줄의 마음속에는/아조 밝은 눈이 있어/초롱초롱하시다.
>
> 그러니 꿈에라도/불 꺼진 잿더미 곁에는 가지 마라./날리는 잿가루에 눈이 멀면/네 동아줄 속의 눈도 멀어 뻐린다.
>
> 그리고/죽은 쥐나 죽은 여우를/오래 쳐다보지 마라./네 맑은 숨결이/죽은 그것들 숨구먹으로
> 모조리 빨려들어가 뻐리면/어떻게 하겠니?
>
> 그래서/네 하늘의 동아줄도 그만/폭삭 다 삭어서/동강 끊어져 뻐리면/그걸 어떻게 하겠니?
>
> －「히말라야 山사람의 運命」 전문

산과 하늘 사이의 연결과 단절은 인간의 운명을 결정하는 가장 근원적인 것이다. 이 텍스트에서 그 매개항 기능을 하는 것은 바로 "하늘에서 드리우고 있는" "산 동아줄"이다. 이 동아줄에 의해 산과 하늘은 兩項의 가치를 상호 교환할 수 있다. "아직도 옛날 그대로"에서 알 수 있듯이, "산 동아줄"의 매개 기능은 세월의 흐름에도 불변적 기능을 하고 있다. 이는 영생에 대한 인간의 근원적인 욕망의 표현이라고 할 수 있다.

그리고 산정과 하늘을 매개하는 "동아줄"은 신성한 것이다. 산과 천상을 매개하는 신선이 신성성을 지니고 있듯이 말이다.[8] 이 점에서 보면, 동아줄과 신선은 등가에 놓이는 동시에 상동적 구조까지 갖게 된다. 동아줄이 의인화되어 신선처럼 "아조 밝은 눈"과 "맑은 숨결"을 지닌 기호로 변환된 것도 이에 연유한다.

동아줄의 "밝은 눈"과 "맑은 숨결"은 신선의 몸을 환유하는 기호이다. "산 사람"은 이러한 신선의 몸을 통해서 그러한 '눈'과 '숨결'을 부여받을 수 있다. 그래서 그 동아줄이 없으면 인간은 천상계와 단절되어 생명의 유한성을 극복할 수 없게 된다. 문제는 그러한 운명을 궁극적으로 결정하는 것은 인간에게 달려 있다는 점이다. 인간이 어떻게 하느냐에 따라 동아줄이 존재할 수도 있고 소멸하여 사라질 수도 있다. 그것을 존재하도록 하기 위해서는 스스로 금기 사항을 지켜야 한다. 그 금기는 바로 부정적인 사물을 보지 않는 것이다. "불 꺼진 잿더미 곁에 가지 마라." 와 "죽은 쥐나 죽은 여우를/오래 쳐다보지 마라."가 그 금기 사항이다.[9] 이는 곧 지상의 세속적인 공간을 보고 살기보다는 천상의 영원한 하늘을 보며 살아야 한다는 뜻을 담고 있다. 이처럼 서정주 시인은 『山詩』를 통하여 인간과 산의 상동적인 삶의 구조를 건축하고 있으며, 이를 통하여 상승적인 영원한 삶을 추구하고자 한다.

---

8) 천상과 지상을 매개하는 것으로 새, 사다리, 사원, 줄 등이 있는데, 이들은 모두 신성성을 지니게 된다. 이것들이 세계의 축과 관련되면서 인간이 도달할 수 없는 초월성의 공간까지 닿아 있기 때문이다. 멀치아 엘리아데, 위의 책, pp.34~35. 참조.

9) 금기는 고통을 수반한다. 그 고통을 견디는 시간이 곧 세속의 욕망을 정화하는 제의적 시간이다. 제의를 하기 전에 금기 사항이 주어지는 것도 여기에 기인한다. 김열규, 「광야」의 씨앗(Ⅰ)-神話와 陸史」, 『한국문학사』, 탐구당, 1992, pp.444~445. 참조.

Ⅲ. 성적 욕망의 교환 구조와 여성의 의미

『山詩』의 구조적 특징 중의 하나는 대화적 기법이다. 서정주는 여러 神들과의 대화적 기법을 통하여 시 텍스트를 건축하고 있다. 이렇게 신들과 직접 대화를 한다는 것은 곧 서정주 자신이 주술사로서의 능력을 지녔다는 얘기가 된다. 물론 실재로서가 아니라 기호론적 현상으로서 말이다. 그래서 텍스트 공간에서는 신선과 동격에 위치하는 자리를 확보한다. 부연하면, 그 정도로 세속을 완전히 떠나 탈속의 경지에 이르렀음을 말해주는 것이다. 주술사로서의 서정주는 이제 山頂과 하늘이 교섭하는 경계공간에 위치하여 신들의 욕망까지 조망하게 된다. 그 욕망의 구조 또한 인간적 삶을 이해하는 하나의 단서가 되고 있다.

> 라트무스 山자락의 羊치기 청년 엔디미온을/달의 女神 씨레네가 사랑해/그가 밤에 잠들어 있으면/그 머리맡에 다가와서/그 눈뚜껑과 입술에 입을 맞추고/또 맞추고, 맞추고,/그러다간 그 자는 얼굴이 너무나도 그리워서/드디어/그녀의 아버지인 神長 제우스에게 졸라/그 엔디미온을 항시 잠들어 있는 神으로 만들고,/그녀는 밤마다 그 자는 얼굴에 입을 맞추러/하늘에 떠온다는 그리스의 그 이야기가
>
> …(중략)…/그 山의 主神 푀부스 아폴로는/…(중략)…/그의 舊式 기타 뤼라만을 둥둥거리고 있었고,/그의 졸개 아홉 명의 詩神 중에는/내게 반가운 얼굴을 보이는 자도 있긴 있었으나/그들의 그 너무나도 고혹적인 살의 아름다움 때문에/거기 묻혀 그 소리는/내게는 또 잘 들리지 않았네.
>
> -「그리스의 파르나소스山과 나의 對應-달과, 라트무스 山자락에 잠들어 있는 羊치기 靑年 엔디미온의 사랑에 대해서」 일부

이 텍스트의 구조는 지상적 가치와 천상적 가치를 대립의 축으로 하여 전개되고 있다. 물론 그 대립을 중재하는 것은 '산'이다. 지상과 천상의 兩項에는 양치기 청년 엔디미온과 달의 여신 씨레네가 위치하고 있다. 그래서 '인간/신'의 대립을 구축한다. 그 기호작용으로는 '비천함/고귀함, 유한자/영생자, 세속/탈속, 남/여, 하방/상방, 세속성/신성성' 등의 의미를 산출하고 있다. 그러나 이러한 대립은 달의 여신 씨레네에 의해 해체되고 만다. 그것을 가능케 하고 있는 것이 예의 육체적 사랑이다. 엔디미온을 짝사랑하는 씨레네가 "그 눈뚜껑과 입술에 입을 맞추고/또 맞추고, 맞추고" 하는 행위는 바로 육체성을 향한 열렬한 사랑이다. 정신적인 사랑이 아니라 뜨거운 피가 충동하는 육체성의 사랑인 것이다.

하지만 문제는 그러한 인간과 신의 사랑이 근원적인 한계를 지니고 있다는 데에 그 비극이 있다. 그것은 바로 인간과 신이 하나의 육체성으로 합일될 수 없다는 점이다. 그 육체성으로 합일되기 위해서는 인간이 신으로 변신하든지 신이 인간으로 변신해야 한다. 인간이 신으로 변신하기 위해서는 죽어서 재생되는 몸이 되어야 하고 신 역시 죽어서 인간으로 재생해야 한다. 그러나 이것도 근원적인 것은 아니다. 가령, 「印度의 名山 난다데비에서 어느 仙女님이 속삭이신 이야기」에서 보면, 난다데비산의 여신이 천상에서 춤추는 제 임무를 소홀히 하는 바람에 "뻣뻣한 송장이 되어 쓰러져 누워/하느님이 주시는 벌로 이 세상에 넘겨져서/어떤 王의 따님으로 태어"나게 된다. 여기에서 알 수 있듯이, 신이 인간으로 재생되기 위해서는 죽는 과정을 거쳐야 한다. 물론 왕의 딸인 인간으로 재생되었음에도 불구하고 그녀는 지상의 인간과 결혼하기를 거부한다. 王女는 무의식중에도 "자기가 어느 하늘에서 무얼 하고 살았는지" "너무나도 그립"고 궁금했기 때문이다. 결국 王女는 "그 生前의 기억"을 찾게 되자 또 "그 자리에서 그만 王女는 죽고,/하늘의 그 춤의 仙女"로 "다시 살아"나게 된다. 예의 이것 역시 죽음의 과정을 거치고 있다.

그렇다고 해서 인간계와 신계의 영역이 완전히 단절되어 있는 것은 아니다. 兩界의 교섭이 가능하지만 단지 합일될 수 없을 뿐이다. 예를 들면, 인간이 "뱀의 머리 위에" 난 "벼슬"을 "藥으로 베어 먹으면" 신처럼 "새들과 짐승들이 하는 말을/잘 알아듣"는 신적 능력을 지닐 수 있다. 하지만 그 신적 능력 때문에 "사람들의 생각을 돌보지 않게 돼서" "사람 세상에서/오래 살 수도 없"게 된다. 말하자면 인성과 신성을 동시에 具有할 수 없는 것이다. 마찬가지로 시간적 차원에서도 동일하다. "여기 時間 一年은/人間 세상의 約 1280年이나 되고/또 여기서는 영 늙는 일도 없"는(-「핀란드의 할티아山의 密語」에서) 그러한 神界의 시간을 인간이 동시에 구유할 수 없는 일이다.

그래서 달의 여신 씨레네는 청년 엔디미온을 "항시 잠들어 있는 神"으로 만들어 神的 세계로 받아들인다. 하지만, 그것이 '잠의 神'이기에 性을 통한 육체적 합일을 성취할 수는 없다. 그렇다고 해서 씨레네가 오로지 육체적 합일만을 욕망한 것은 아니다. 그 이면에는 신과 인간의 성적 교환이라는 욕망이 숨어 있다. 즉 이러한 교환구조에 의해 신과 인간 사이에 놓인 근원적인 단절을 극복하려고 한 것이다. 부연하면 신은 인간의 육체성을 통하여 인성을, 인간은 신의 육체성을 통하여 신성을 교환하고 受肉하고자 하는 욕망을 보여주고 있다. 이를 좀 더 확장하면 천지의 융합에 대한 욕망이다. 서정주가 "山의 主神 푀부스 아폴로"와 대화를 하다가 "그의 졸개" "詩神 중에"서 "고혹적인 살의 아름다움"을 지닌 자를 보면서 성의 유혹을 느끼고 있는 것도 예외는 아니다. 이는 인간이 신을 사랑하는 욕망의 교환구조에 해당한다. 이렇듯이 피와 살을 지닌 존재의 육체적 사랑은 신과 인간의 신분적 차이를 초월할 정도로 강력한 욕망을 지닌다. 피의 자장을 지닌 花蛇와 善德女王의 육체성을 두루 거쳐 冬天의 하늘까지 올라서야 겨우 피의 자장을 정제할 수 있었던 서정주에게, 피를 지닌 육체성의 話頭는 소멸하지 않고 노년기에 이르러서도 詩의 에너지가 되고 있다.

> 태평양 바다가 고요하게 맑아진 날에는
> 오아후 섬의 푸우카레나山의 山神女가 나와서

웬일인지, 뜸북뜸북 논에서 우는
뜸북이의 다홍빛 벼슬만을 보고 있다.
항시 열일곱짜리 토실한 얼굴로
사랑니 갓으로는 옛날 유행의
금이빨이도 죄끔 묻혀 가지고 웃으며
〈그립다〉고 이심전심의 텔레파시로
마음속으로만 혼자 살포시 중얼거리고 있다.
물논의 벼포기 사이에서 우는
뜸북이의 벼슬에 불이 댕겨서
자꾸자꾸 더 붉어져만 갈 때에는……

—「하와이州, 오아후 섬의 푸우카레나山의 山神女의 詩—美國 山詩·2」 전문

이 텍스트 역시 피의 육체성을 다시 그리워하는 '푸우카레나山의 山神女'의 내면세계를 기호화하고 있다. 산신녀의 내면세계는 "뜸북이의 다홍빛 벼슬"을 통해 잘 드러나고 있다. 여기서 "다홍빛 벼슬"은 육체성인 '피'의 상징이다. 신체의 공간구조로 볼 때, 벼슬은 머리에 붙어 있는 부분으로써 다리와 대립하는 상방공간으로서 정신성을 의미한다. 그런데 이 자리에 육체성의 피를 상징하는 다홍빛이 묻어 있다. 따라서 "다홍빛 벼슬"은 정신성과 육체성을 지닌 兩義的 기호가 되는 셈이다. 이는 서정주의 초기시 「雄鷄(下)」에 나오는 "닭의 벼슬"과 같은 구조에 해당한다고 볼 수 있다.10) 이와 같이 피의 세계가 얼마나 강력한지 탈속의 공간에서도 그 위력을 떨치고 있다. 그러나 탈속공간에서의 未堂은 "항시 열일곱짜리 토실한 얼굴"로 육체적 사랑을 그리워하는 산신녀를 부정하지는 않는다. "이심전심의 텔레파시"에서 알 수 있듯이, 미당은 山神女가 욕망하는 육체적 사랑을 긍정하고 있다.

"뜸북이"의 '우는 소리'는 육체적 억압에 대한 저항의 기표이다. 그것

10) '닭 벼슬'이 상징화는 '피'의 기호가 어떻게 해체되고 순환하는지에 대한 내용은 이어령, 「피의 해체와 변형과정-서정주의 〈자화상〉」, 『詩 다시 읽기』, 문학사상사, 1995, pp.335~345.를 참조할 것.

은 구체적으로 "벼슬에 불이 댕겨서" "자꾸자꾸 더 붉어져" 가는 것으로 나타난다. 이는 곧 性에 대한 육체성의 담보가 실존의 조건임을 말해주는 것이다. 서정주가 산신녀의 사랑을 긍정하는 이유도 여기에 있다. 이렇게 볼 때 『山詩』는 단지 세속의 일탈을 욕망하고 있다기보다는 그 일탈을 통해서 인간 실존의 보편성을 탐구하려는 욕망을 보여주고 있다. 부연하면 대립적인 정신성과 육체성의 갈등을 어떻게 합일해 나갈 수 있는가하는 실존의 문제로서 말이다. 이 텍스트에서 "……"로 종결되고 있는 것도 그러한 문제가 인간의 영원한 과제임을 말해주는 기호체계이다. 다만 『山詩』에서의 육체성이 그 이전의 시집과 다른 점은 그것이 객관적 대상으로 기호화되고 있다는 점이다.[11] 이것이 바로 보편성을 획득하는 계기로 작용하고 있다.

미당의 성적 욕망의 교환구조와 성에 대한 객관적인 思惟는 '나(남성)-선녀(여성)'라는 코드로 변환되어 시 텍스트를 지속적으로 산출하는 기호체계로 작용한다. 물론 '나'와 '선녀'를 매개하는 '主神'과의 대화를 통해서 이루어지고 있기 때문에 그것 또한 객관적 대상이 됨은 물론이다. 서정주의 여성 편향성은 그의 시 텍스트를 건축하는 주된 주제중의 하나인데, 『山詩』에서도 예외는 아니다. 다만, 지상의 여성적 코드가 『山詩』에서는 '선녀' 혹은 '여신'의 코드로 변환되어 나타나고 있다는 점이 다를 뿐이다. 그렇다면 그 변환된 코드의 차이와 여성에 대한 그의 인식은 어떤 것일까.

> 내가/〈여기 女子들은/토실토실 탐스럽고 실팍해서 좋군〉/이렇게 마악 생각하고 있으려니까,

---

11) 미당은 『山詩』의 서문에서 "그 山들이 소속해 있는 나라들의 神話와 傳說과 民話들을 밉지 않게 깔기에 주력했고, 거기 불가불 어리어 나는 각기의 思想性에 대해서도 내 主見을 되도록 줄이고"(민음사, 1991)자 했다고 언술하고 있다. 이렇게 "내 主見"을 줄인다는 것은 시적 대상과 거리를 두면서 이를 최대한 객관화하려는 의도를 나타낸다.

이곳의 主峰 그리테르틴덴 쪽에서 누가/「우리 山엔 이쁜 仙女〈트롤〉이 많이 사네만은/하나 얻어 보시는 것이 어떻겠나?」/하고 소리를 보내 왔다.

그러고는 이어서 말씀하시기를/「여기 트롤 仙女들은/이쁘기도 쎄게는 이쁘려니와/힘들이 장사여서/무쇠를 주무르기도 묵 주무르듯 하지만/옛부터의 좋은 습관으로/남편 말씀만큼은 썩 잘 순종한다네./다만 그 엉덩이에/꼬리를 아직도 하나씩 달고 있네만/어떤가? 그까짓거야/비단 치마로 잘 가려서/숨기고 다니게 하면 되지 않겠나?」/하시는 것이었다.

—「노르웨이의 그리테르틴덴山 쪽에서」 일부

이 텍스트는 主峰 그리테르틴덴과의 대화를 통해서 '선녀 〈트롤〉에 대한 이야기'를 구조화하고 있다. 화자인 '나'와 '主峰'과의 대화를 통해서 알 수 있는 것은 먼저 상호간의 의견이 대립 없이 소통되고 있다는 점이다. 그리고 또한 兩者 모두 선녀와 대립하는 남성이라는 사실이다. '내'가 마음으로 생각한 "여기 女子들은/토실토실 탐스럽고 실팍해서 좋"다는 '나의 생각'을 '주봉'이 미리 알고 "이쁜 仙女 〈트롤〉"을 "하나 얻어 보시는 것이 어떻겠"냐고 묻는 대화가 바로 그것이다. '나'와 '주봉'은 남성으로서 선녀, 곧 여성에 대한 성적 소유욕을 동일하게 보여주고 있다.

선녀에 대한 기호체계를 보면, '이쁘다', '장사이다', '순종하다', '꼬리가 있다' 등이다. 그리고 그 의미작용으로는 '이쁘다'의 '여성성, 육체성', '장사이다'의 '남성성, 주술성', '순종하다'의 '여성성, 복종성', '꼬리가 있다'[12]의 '동물성, 저급성' 등을 산출하고 있다. 물론 이러한 의미는 남성

---

12) 선녀의 몸에 '꼬리'가 달린 것을 단순하게 '해학적이며 기괴한 모습'으로 볼 수도 있다.(정문선, 「혼돈의 공간과 창조의 에너지–제13시집 『山詩』를 중심으로」, 김학동 외, 『서정주 연구』, 새문사, 2005, p.382.), 하지만 이는 외형상의 이미지에 집착한 결과로 보인다. 이 텍스트의 구조에서 '꼬리'를 '이쁜 얼굴'과 대립시켜보면, '예쁨/추함'이 된다. 예쁨은 드러내고자 하는 욕망이

이 여성에게 부여한 주관적인 것이다. 그런데 여기서 보면, '꼬리가 있다'는 언술 이외에는 모두 긍정적인 의미를 부여하고 있다. 부연하면, 남성의 성적 욕망을 충족시켜주는 부분은 모두 긍정성을 부여받고 있는 셈이다. 그렇다면 어떻게 해서 '꼬리'가 부정성을 띠는 것일까. '꼬리'는 얼굴에 비해 '동물성, 저급성'의 의미작용을 하기도 하지만, 비정상적인 신체의 일부이기에 가리고 싶은 부분이다. 드러내지 못하고 가린다는 것은 본 모습을 감추는 이중의 인격과도 같다. 이를 좀 더 확대하면 다중성의 인격이 된다. 이렇게 보면, 선녀는 성적 대상으로서 남성들을 만족시켜주기는 하지만, 다른 한편으로 그 다중적인 성격 때문에 남성들에게 믿지 못할 부정의 존재로 여겨지게 된다.

물론 이 텍스트에서 서정주는 세속적인 여성과 대립하는 선녀들의 주술성을 '성적 농담'으로 가시화하고 있지만, 그 이면에는 여성을 성적 대상으로 소유하려는 남성중심주의의 사고를 보여준다. 앞서 살핀 '꼬리 달린 선녀'와 마찬가지로 '色女의 선녀'도 격하된 존재로 취급되고 있음은 물론이다. "잠시라면 몰라도/오래 함께 살기는 아마 어려울걸세./왜냐면 말씀야/이 山의 비라들이 쇠약해서 눈이 침침해지면/눈 밝은 사내들의 눈기운을 빼다가 말이야"(-「유고의 山색시 〈비라〉에 대해서-유고슬라비아의 山 트리글랍과의 對話」 일부)에서 알 수 있듯이, 선녀 '비라'들은 "사내들의 눈기운을 빼"어가는 色女이다. 물론 이 텍스트의 전체 구조는 세속의 인물인 '사내'와 탈속의 인물인 '비라'와의 성적 결합을 금기하는 것으로 되어 있다. 그리고 이러한 '금기'는 트리글랍산이 인간에 의해 세속화될 수 없는 신성한 공간이라는 것을 시사해 준다. 다시 말해서 세속적인 인간의 욕망을 제어해 주는 신성한 산으로서 말이다. 그럼에도 불구하고 선녀 '비라'에 대한 미당의 무의식은 '色女로서의 선녀'로 작용하고 있음이 드러난다.

이렇게 『山詩』에서의 여성적 존재들, 가령 선녀, 여신 등은 性을 매개

되고 추함은 감추고자 하는 욕망이 된다. 이러한 상반된 성격, 곧 이중성을 드러내기 위해 '꼬리'가 사용되고 있다.

로 하여 구조화되고 있다. 그리고 그 性은 주로 세속적 인간과 천상적 인물을 매개해 주는 기호로 작용한다. 이런 점에서 『산시』는 여성에 대한 미당의 무의식적 사유를 잘 드러내주는 텍스트라고 할 수 있다. 하지만 미당의 여성에 대한 사유는 정체성 혼란을 겪고 있음이 드러난다. 한편으로는 여성을 성적 대상으로서 인식하기도 하지만, 다른 한편으로는 절대적 생명성(모성)을 지닌 존재로 인식하고 있기 때문이다.

이 난다데비山 위의 하늘에서는
아조 신나게 춤을 추는
이쁜 仙女가 살고 있었는데요.
이 仙女가 춤을 추면은
이 세상 수풀의 나뭇잎 꽃잎들도
그 가락에 맞추어 너울거렸고
새들의 목청도 거기 어울려
어여쁜 울음소릴 자아내었고,
사람들의 가슴속에 잠기어 있던
신바람도 제일로 열리었지요.

－「印度의 名山 난다데비에서 어느 仙女님이 속삭이신 이야기」 일부

이 텍스트에서 "난다데비山"의 '이쁜 仙女'는 지상적 삶에 절대적 영향을 미치는 존재이다. 그녀가 신나게 추는 춤은 생명을 불러일으키는 리듬이 되어 세상의 모든 존재들을 향하여 투사된다. 그녀가 춤을 추면, 그 가락에 맞추어 나뭇잎, 꽃잎, 새, 사람 등 세상의 모든 사물들이 자기 존재를 확산시키는 생명의 시간들을 향유할 수 있다. 그러므로 가락을 만들어내는 선녀의 춤은 생명의 시간을 창조해내는 우주적 리듬이다.[13] 때문에 그 우주적 리듬을 타지 못하면 '신바람'을 잃어버린 존재

13) 미당이 이런 여성에게 끌리는 것은 여성이 자연인으로서의 속성을 많이 가지고 있기 때문에 그러하다.(정효구, 「서정주 시에 나타난 여성 편향성」, 『20세기 한국시의 정신과 방법』, 시와시학사, 1995, p.127.) 여기서 자연인으로

로서 죽음의 시간을 맞게 되는 것이다. 이런 점에서 선녀는 모유를 수유하는 여성처럼 세상의 모든 만물들에게 생명의 기운을 수유하는 만물의 어머니인 셈이다. 말하자면 모성성을 실현하는 선녀인 것이다.[14] 마찬가지로 선녀의 환유적 공간인 산 또한 모성적 이미지를 지닌 여성으로서 나타나게 된다. 이와 같이 미당은 '선녀들'에 대한 兩價的 태도를 보여주고 있다. 요컨대 미당에게 여성(선녀)은 성적 소유물인 동시에 세상의 생명을 영원하게 다스리는 신성한 존재이기도 하다.

Ⅳ. 연기설의 기법구조와 역사적 동일체로서의 산

『산시』에서 볼 수 있는 또 다른 구조 중의 하나는 인간과 사물들의 구분이 해체되고 있다는 점이다. 다시 말해서 인간이 사물이 되고 사물이 인간이 되는 그런 텍스트의 구조를 구축하고 있다. 때문에 시 텍스트 공간 안에서 인간과 사물은 그 고유한 의미를 상실한 채 단지 하나의 동등한 기호로서 작용하게 된다. 이렇게 인간과 사물, 생물과 무생물을 구분하지 않고 우주공간에 하나의 동등한 기호로서 참여하게 하는 것은 정신과 물질이 동일한 실재라는 유기체적 세계관을 환기시키기에 충분하다.[15] 그래서 텍스트 공간에 있는 모든 기호들은 거의 '되다'라는 서술어를 통해 자유자재로 기호론적 변신을 한다.

서의 속성이라는 것은 곧 우주적 리듬을 의미한다고 볼 수 있다.

14) 김점용은 '모성 환상'이라는 주제로 서정주의 여성적 의미를 분석하고 있는데, 『山詩』에 나오는 여성들(산)은 주로 '모성의 신성화 과정'과 깊은 연관이 있는 것으로 본다. 김점용, 「지향대상으로서의 '모성 환상'」, 『미당 서정주 시적 환상과 미의식』, 국학자료원, 2003, pp.184~191. 참조.

15) 손진은, 「서정주 근작시 연구-시집 『80소년 떠돌이의 詩』를 중심으로」, 『서정주 시의 시간과 미학』, 새미, 2003, pp.217~219. 참조.

딸기밭과 딸기들과
외로운 스코트卿은
너무나도 외로워서
다이아몬드가 되어 박히고

…중략…
소나무 밑
修女院의 院長修女께서는
그만
고 예쁜 山딸기 다 되시었네.

—「오리간州 山들의 詩—美國 山詩·4」 일부

이 텍스트에서 알 수 있듯이, 딸기밭, 딸기, 스코트卿, 다이아몬드, 원장수녀, 山딸기 등은 상호 연관성이 없는 별개의 존재들이다. 그런데도 불구하고 식물과 인간이 동일하게 '다이아몬드'라는 무정물이 되기도 하고, 또한 인간이 '山딸기'라는 식물이 되기도 한다. 말하자면 인간의 사물화, 사물의 사물화가 시인의 상상력 속에서 자유롭게 전개되고 있다. 'A가 B로 되다'라는 이러한 시적 구조의 틀은 합리성과 논리성을 초월한 상태가 될 수밖에 없다.

그렇다면 이러한 시적 구조를 어떻게 설명할 수가 있을까. 그것은 다름 아니라 불교의 연기윤회설에 의해 가능해진다. 연기설에 의하면 사물의 자성, 곧 고유한 본체를 부정한다. 그 본체를 인정할 경우 사물에 대한 차별적 분별이 생기기 때문이다. 따라서 연기설은 분별이 없는 '空' 사상을 실현하는 원리로 작용한다.[16] 이에 따라 고유한 본체가 없는 사물A는 논리나 합리를 초월해 사물B,C,D 등으로 얼마든지 변신해 갈 수 있다. 서정주는 이러한 윤회연기설의 기법을 차용해 『산시』의 시 텍스

16) 이형기, 「현대시와 선시」, 이원섭·최순열 편, 『현대문학과 선시』, 불지사, 1992, pp.37~42. 참조.

트를 건축하고 있다.

하늘에서 立札해 온
禁斷의 샘물 가에서
전나무가 觀相을 보니

廢墟의 悲劇 프리스튼君이
장차는 시원한 샘물이 되겠고,
크레어몬트孃은
큰 소나무가 되겠고,

인디언 出身의 秀才
쿠야마카君과
才媛 찬제룰라孃은
마침내 틀림없이
天體望遠鏡이 되겠네.

—「캘리포니아 山들의 動向—美國 山詩・9」 일부

이 텍스트에서 전나무는 "하늘에서 立札해온" 宇宙木으로서 신성성을 지니고 있다. 더욱이 천상의 가치를 직접 所與받은 전나무이기에 그 신성성은 더욱 강화될 수밖에 없다. 이렇게 우주목인 전나무는 세계의 중심으로서 우주의 버팀목 작용하면서 불멸의 생을 보여주게 된다.[17] 이에 따라 이곳은 聖所로서 신의 거처가 되기도 한다. 이와 마찬가지로 "禁斷의 샘물" 또한 신성성을 지닌 것으로서 우주론적 가치를 실현하고 있다. 물은 존재를 발아시키는 생명의 근원이다. 더불어 물은 하늘의

17) 종교적 차원에서 나무는 宇宙木으로서 불멸의 生을 상징한다. 나무가 이러한 상징성을 지니게 된 것은 우주가 표명하는 것처럼 무한하게 주기적 재생을 하기 때문이며, 또한 초월성을 나타내는 수직성과 더불어 생명의 성스러운 힘을 내포하고 있기 때문이다. 미르치아 엘리아데, 이재실 옮김, 「식물, 재생의 상징과 제의」, 『종교사 개론』, 까치, 1994, pp.255~260. 참조.

영역을 투영한 존재로서 영원성과 함께 치유력을 소유하고 있다.[18] 이렇게 우주목과 우주수가 결합된 이 공간은 천신이 거처하여 생명을 창조·재생·치유하는 영원한 시간을 표명한다.

이렇게 해서 전나무는 지상적 인간의 삶을 자유자재로 재생·창조해낼 수 있다. 전나무는 세상의 모든 존재가 우주를 구성하는 유기체로 보고 있다. 그래서 어떤 존재라도 배제하지 않는다. 다만, 존재들을 재생, 창조할 때 '관상'에 따라 한다는 점이 특이할 뿐이다. 관상은 논리나 논증보다는 경험적 직관적으로 존재를 인식하는 것이다. 그래서 초감각적이며 초월적이다. 마찬가지로 연기설도 그러하다. 이로 미루어 보면 관상은 연기설과 상통하는 면이 있다. 전나무가 '프리스튼君은 샘물이 되고, 크레어몬트孃은 소나무가 되고, 쿠야마카君 등은 천체망원경이 되겠다'고 말한 것은 그러한 思惟의 소산이다.

옛날에
東獨의 브록켄山에 가는 사람은
짙은 안개 속에
자기의 良心의 본얼굴이
거울 속에서처럼 잘 솟아나는 걸 보았지요.

그래서
깨끗하게 살기를 좋아하던
어떤 사람은
여기서 그 맑은 本心의 얼굴을 비쳐보고 있다가
하느님의 도움으로
휘크텔게비르게 山脈에 가서
눈에 덮여 하이얀 한 山봉우리가 되었고,

또 한 사람은

18) 위의 책, pp.185~189. 참조.

自然과 人心을 구경하고 떠도는 게 좋아서
그 얼굴로
放浪者의 수풀 속에
神仙다히 이름도 없는 한 山으로 남았고,

또 한 사람은
이건 아조 自己뿐인 고집불통이었는데
그 본얼굴이 브록켄山에 비치자
하느님은 그를 집어다가
여러 봉우리로 노나서
그 意味의 〈쭉스피체〉라는 이름을 붙여
그나마
오스트리아와의 國境에다가
앉혀 놓고 말았지요.

—「獨逸 山들 이야기」 전문

우주의 중심으로서 신성성을 지닌 '전나무'의 코드를 '산'의 코드로 변환해도 시 텍스트의 구조체계는 동일하다. 이 텍스트를 구축하고 있는 "브록켄山" 역시 "하느님"과 소통하는 거룩한 산으로서 신성성과 초월성, 그리고 창조성을 지니고 있기 때문이다.[19] "브록켄山"이 사람들의 本心을 비춰볼 수 있는 거울화의 신적 능력을 가지게 된 것도 여기에 기인한다. 더욱이 '안개'라는 거울로서 말이다. 그래서 거울화로서의 안개는 인간계와 신계를 분리 단절하는 기호의미로 작용하게 된다. 인간계와 분리되어 안개 속에 묻혀 있는 "브록켄山"에는 '하느님'이 거처하고 있다. 그 하느님은 거울에 비친 인간들의 욕망을 보고 그에 상응하는 사물로 변신시켜 재생하게 된다.

19) 산은 천상과 교섭하는 이미지들 중의 하나이다. 지상과 천상을 접촉시키는 산은 세계의 축으로서 그 어떤 의미에서는 천상에 닿아 있다고 볼 수 있기 때문에 '거룩한 산'이라고 할 수 있다. 멀치아 엘리아데, 이동하 역, 「거룩한 공간과 세계의 성화」, 『聖과 俗-종교의 본질』, 학민사, 1994, pp35~36.

깨끗하게 살기를 욕망하는 사람은 '눈에 덮인 산봉우리'로 되게 하고, 自然 자체를 좋아하는 사람은 '이름도 없는 한 산'[20]으로 되게 하고, 아주 고집불통인 사람은 "여러 봉우리"로 나누어 "오스트리아와의 國境에다" 앉혀 놓는다. 여기서 산봉우리가 된 사람은 신성성을 획득하고 있으며, 無名山이 된 사람은 자연의 일부가 되어 무욕으로 세상을 즐기고 있다. 반면에 국경의 여러 봉우리가 된 사람은 주변으로 몰려나 이쪽과 저쪽을 경계 짓는 역할을 하고 있다. 이러한 텍스트의 구조는 두 가지 의미를 시사해 준다. 하나는 인간이 자연의 일부로서 우주론적 유기체로 존재한다는 것이고, 다른 하나는 모든 사물이 인과응보에 근거한 業報輪廻思想에 의해 존재한다는 것이다. 이와 같이 서정주는 세계 도처의 '산'을 통하여 유기체적 우주론과 윤회연기설의 우주론을 보편화하고 있으며, 동시에 이를 삶의 원리로 확장하려는 욕망을 보여주고 있다.

그리고 또한 『山詩』는 인간의 역사와 산의 역사를 동일한 구조로 보는 텍스트를 산출하고 있다. 부연하면, '산' 자체가 세속적인 인간 역사의 흥망성쇠와 그 궤를 같이 하고 있다는 점이다. 그래서 산과 인간은 하나의 동일한 생명체로서 그 운명을 함께 하고 있다.

> 몽고에서 가장 높은 山
> 몬흐하이르한에서는
> 한 이만 년 전 옛날부터
> 크나큰 占쟁이새 한 마리가
> 불타는 밝은 눈으로

---

20) 매우 드물지만 『산시』에서 '無名'을 욕망하는 기호체계도 등장한다. 가령 "人生은 無名氏가 한결 맛이 좋다고/無名氏로 고쳐서 새로 사니", "나지막한 山 하나 달랑 있는 것도/아직 이름도 붙이지 않고" 등이 그 예이다. 이는 인간에 의해 의미를 부여받은 기호를 해체하려는 의도이다. 사물마다 부여된 기호는 의미를 산출하게 된다. 그 의미 산출의 근거가 바로 差異이다. 그리고 이 차이에 의해 분별과 망상과 아집이 생겨난다. 이런 점에서 기호를 해체한다는 것은 그 차이를 없앤다는 것이고, 동시에 불교의 '空' 사상을 실현한다는 뜻이 된다.

살아오고 있었네.

…중략…

징기스칸의 몽고 사내들이 腕力으로
西洋 여자들의 배에서까지
엉덩이에 몽고斑點이 박힌
검은머리 새끼들을 수두룩히 까내고 있던 때에는
「거 좋으이! 거 좋으이!」
맞장구도 쳤고,

그 징기스칸의 증손녀인
흘도로게리미실이가
그 남편인 우리 高麗의 忠烈王을 갖다가
침실에서 좀 불만족하게 논다고
몽둥이로 마구 두들겨팰 때에는
拍足까지도 잘 쳐보내고 있더니만.

요즘은
희미해진 두 눈에
눈꼽만 다래다래 끼고
입도 벙어리 다 되어뻐려.

―「蒙古 山의 占쟁이새」 일부

"가장 높은 산"은 높다는 그 자체로서 저절로 신성의 속성을 부여받는다.[21] 그래서 그 공간에 사는 "占쟁이새"는 신성성과 초월성을 지닌 존재가 된다. 말하자면, 신선, 선녀, 여신 등의 코드를 변환한 것이 예의 "占쟁이새" 코드라고 할 수 있다. 더욱이 새는 천상적 세계를 왕래할 수 있다는 점에서 그러한 가치를 부여받기에 충분하다. 이러한 "占쟁이새"는 몽고 민족의 역사를 점치며 살아오고 있다.

---

21) 이동하 역, 앞의 책, p.105.

몽고민족의 역사가 번창할 때에는 산정에 거처하고 있던 "占쟁이새"도 "불타는 밝은 눈"이 된다. 세계를 제패하던 "징기스칸의 몽고 사내들이 腕力"으로 서양 여자들을 겁탈하고, "징기스칸의 증손녀"가 "우리 高麗의 忠烈王"에게 성폭력을 가하고 있었을 때, 그 "占쟁이새"는 맞장구를 칠 뿐만 아니라 拍足까지 쳤다. 이런 점에서 '몽고민족의 번창함(內→外로 확장)'과 '불타는 밝은 눈(內→外로 확장)'은 상동적인 구조를 갖게 된다. 하지만 몽고역사의 번창은 완력과 폭력을 동반한 것으로 타민족에게 고통을 안겨다 주었다. 그래서 쇠락의 역사를 맞게 된다. 마찬가지로 '몽고민족의 쇠락(外→內로 축소)'과 '占쟁이새의 희미해진 눈(外→內로 응축)'으로 또한 상동적 구조를 갖게 된다. 이것은 왜곡된 역사에 의한 부정적 산물의 결과로 볼 수 있다.

하지만 이와 반대로 산이 악마의 세계로부터 민족의 역사를 보호해 주는 경우도 있다. 「헝가리의 케케스山이 말씀하시기를」에서 보면, "나라에 기막힌 일이 생기면" 산에서 "悲曲과 遁走曲"의 "바이얼린 소리가" 지상으로 울려 퍼진다. 그 소리는 "악마들의 힘"으로부터 도망쳐 살라는 지혜의 의미이다. 이렇게 해서 목숨을 보존할 수 있다. 하지만 "평화하고 자유로워 살기 좋은 때가 오면" 이 산에서는 "바이얼린의 舞曲"이 울려 퍼진다. 그러면 사람들은 '기쁨의 춤'을 추게 된다. 이렇게 산은 부정한 힘을 정화하는 의미로 작용하고 있다. 이와 같이 『산시』는 인간의 역사와 산의 역사가 하나의 동일한 생명체로 작용하고 있음을 보여주는 동시에, 산이 지닌 그 신성성에 의해 인간의 삶을 성화시키려는 욕망을 보여주고 있다.

V. 결 론

지금까지 『山詩』에 대한 시 텍스트의 구조와 의미작용을 탐색해 보았다. 우선 미당의 『山詩』는 민족적 특수성을 세계적인 보편성으로 전환하려는 시적 욕망을 전제로 하여 건축되고 있었다. 미당은 이를 통해서 인간과 자연, 인간과 신, 인간과 우주와의 근원적인 관계를 모색하면서 그것을 삶의 보편적 원리로 삼고자 하고 있다. 구체적으로 그 내용을 요약하면 다음과 같다.

먼저, 미당은 山을 인간처럼 하나의 신체 구조로 보고 그것을 시 텍스트로 건축하고 있다. 이는 소우주인 인간의 몸을 확장하면 좀 더 큰 우주인 산이 됨을 의미하는 것이다. 그래서 인간과 산은 상동적인 구조를 갖는다. 미당은 이러한 기호체계를 통하여 천상의 가치로써 지상의 가치를 淨化하려고 한다. 그럴 경우, 인간이 상승적인 영원한 삶을 살 수 있다고 본 것이다.

그리고 미당은 山을 통해 神과 인간이 교섭하는 기호체계를 창조해 내고 있다. 그는 이러한 기호체계를 통해 신과 소통하면서 상호 욕망을 교환하게 된다. 그 욕망의 교환은 다름 아닌 性的 욕망이다. 하지만, 육체성의 근원적 한계에 부딪혀 성취하기 어려운 것으로 드러난다. 더불어 여성(선녀)에 대한 편향성을 볼 수 있는데, 미당은 여성을 性的 대상의 소유물로 인식하는 동시에 절대적 생명체(모성)로 인식하고 있었다. 이는 자기 정체성 혼란을 보여주는 시적 태도이다.

마지막으로, 미당은 인간의 사물화, 사물의 사물화를 창조하는 우주론적 유기체의 사유를 보여주고 있다. 그는 이러한 내용을 불교의 연기설 기법을 차용해 시 텍스트로 구조화한다. 뿐만 아니라, 미당은 인간의 역사와 山의 역사를 동일하게 보고 있다. 곧 인간 역사의 흥망성쇠와 그 궤를 같이 하는 것이 바로 산이라는 것이다. 결국 『山詩』를 통합적으로 보면, 인간조건의 한계를 극복하기 위해서는 우주론적 원리를 따라야만 가능하다는 것을 보여주고 있다.

參 考 文 獻

1. 基本資料

서정주, 『서정주 문학전집』, 일지사, 1972.

______, 『未堂 徐廷柱 詩全集・1』, 민음사, 1991.

______, 『未堂 徐廷柱 詩全集・2』, 민음사, 1991.

______, 『未堂 徐廷柱 詩全集・3』, 민음사, 2005.

2. 國內著書

1) 단행본

김경수 外, 『페미니즘과 문학비평』, 고려원, 1994.

김경용, 『기호학이란 무엇인가』, 민음사, 1994.

김봉군 外, 『한국현대작가론』, 민지사, 1988.

김성도, 『기호, 리듬, 우주: 기호학적 상상력을 위하여』, 인간사랑, 2007.

김수환, 『사유하는 구조: 유리 로트만의 기호학 연구』, 문학과지성사, 2011.

김열규, 『한국문학사』, 탐구당, 1983.

김열규 外, 『현대문학비평론』, 학연사, 1987.

김용희, 『한국 현대 시어의 탄생』, 소명출판, 2009.

김우창 外, 『未堂연구』, 민음사, 1994.

김욱동, 『대화적 상상력』, 문학과 지성사, 1991.

김운찬, 『일반 기호학 이론』, 열린책들, 2009.

김윤식, 『미당의 어법과 김동리의 문법』, 서울대학교출판부, 2002.

김윤정, 『한국현대시와 구원의 담론』, 박문사, 2010.

김재홍, 『한국현대시인연구』, 일지사, 1989.

김점용, 『미당 서정주 시적 환상과 미의식』, 국학자료원, 2003.

김준오, 『시론』, 문장사, 1984.

김치수 外, 『현대문학비평의 방법론』, 서울대 출판부, 1983.

김학동 외, 『서정주 연구』, 새문사, 2005.

김학동, 『서정주 평전』, 새문사, 2011.
김해성, 『현대불교시인연구』, 대광문화사. 1981.
김화영, 『未堂 서정주의 시에 대하여』, 민음사, 1984.
류근조, 『한국 현대시의 구조』, 중앙출판, 1984.
박철희 · 김시태, 『문학의 이론과 방법』, 二友出版社, 1984.
소두영, 『기호학』, 인간사랑, 1993.
손진은, 『서정주 시의 시간과 미학』, 새미, 2003.
송하선, 『未堂 서정주 연구』, 선일문화사, 1991.
송효섭 엮음, 『기호학』, 한국문화사, 2010.
신현숙, 『희곡의 구조』, 문학과 지성사, 1992.
엄경희, 『미당과 목월의 시적 상상력』, 보고사, 2003.
여홍상 엮음, 『바흐친과 문화이론』, 문학과 지성사, 1995.
유성호, 『근대시의 모더니티와 종교적 상상력』, 소명출판, 2008.
이경수, 『상상력과 否定의 시학』, 문학과 지성사, 1986.
이경희 外, 『문학상상력과 공간』, 도서출판 창, 1992.
이규호 外 편, 『실존과 허무』, 태극출판사, 1980.
이사라, 『시의 기호론적 연구』, 도서출판 중앙, 1987.
이승훈, 『문학과 시간』, 이우출판사, 1983.
______, 『한국시의 구조분석』, 종로서적, 1987.
이승훈 엮음, 『한국문학과 구조주의』, 문학과 비평사, 1988.
어어령 선생님화갑기념 논문집 간행위원회 편, 『구조와 분석1 · 詩』, 도서출판 창, 1993.
이어령, 『詩 다시 읽기: 한국시의 기호론적 접근』, 문학사상사, 1995.
이원섭 · 최순열 편, 『현대문학과 선시』, 불지사, 1992.
이형권, 『한국시의 현대성과 탈식민성』, 푸른사상사, 2009.
정금철, 『한국시의 기호학적 연구』, 새문사, 1990.
정유화, 『한국 현대시의 구조미학』, 한국문화사, 2005.
정효구, 『현대시와 기호학』, 느티나무, 1989.
______, 『20세기 한국시의 정신과 방법』, 시와 시학사, 1995.
조연현 外, 『서정주연구』, 동화출판공사, 1975.

조창환, 『한국 현대시의 분석과 전망』, 한국문화사, 2010.
차봉희 편저, 『수용미학』, 문학과 지성사, 1993.
최현무 엮음, 『한국문학과 기호학』, 문학과 비평사, 1988.
최현식, 『서정주 시의 근대와 반근대』, 소명출판, 2003.
홍신선, 『한국시와 불교적 상상력』, 역락, 2004.

2) 논문

강우식, 「서정주시의 상징연구; 초기 시집을 중심으로」, ≪한국문학≫, 1984. 7.
고　은, 「서정주시대의 보고」, ≪문학과 지성≫, 1973. 봄호.
구모룡, 「초월 미학과 무책임의 사상-미당 서정주의 미학 비판」, ≪포에지≫, 나남출판, 2000. 11.
김기택, 『한국 현대시의 '몸' 연구: 이상화·이상·서정주의 시를 중심으로』, 경희대 대학원 박사학위논문, 2007. 8.
김선학, 『한국 현대시의 시적 공간에 관한 연구』, 동국대 대학원 박사학위논문, 1989.
김수이, 『서정주 시의 변천과정 연구: 욕망의 변화 양상을 중심으로』, 경희대 대학원, 박사학위논문, 1997. 8.
김열규, 「속신과 신화의 서정주론」, ≪서강어문≫, 서강어문학회, 1982.
김옥성, 『한국 현대시의 불교적 시학 연구: 한용운, 조지훈, 서정주의 시를 중심으로』, 서울대 대학원 박사학위논문, 2005. 8.
김옥순, 「서정주 시에 나타난 우주적 신비체험」, ≪이화어문논집≫ 제12집, 1992.
김용희, 「서정주 시의 욕망구조와 그 은유의 정체」, ≪이화어문논집≫ 제12집, 1992.
김윤식, 「서정주의 『질마재 神話』攷」, ≪현대문학≫, 1976. 3.
김정신, 『서정주 시의 변모과정 연구』, 경북대 대학원 박사학위논문, 2000. 8.
김종호, 『서정주 시의 영원지향성 연구』, 상지대 대학원 박사학위논문, 2001. 8.

김혜니, 『박목월 시 공간의 기호론적 연구』, 이화여대 대학원 박사학위논문, 1989.
남진우, 「남녀양성의 신화, 서정주 초기시에 있어서 심층탐험」, ≪시운동≫, 1987. 3.
노　철, 「서정주의 시의식과 시작방법의 상관성」, ≪한국문학이론과 비평≫ 5집, 한국문학이론과 비평학회, 1999. 8.
문정희, 『서정주 시 연구』, 서울여대 대학원 박사학위논문, 1993. 8.
문혜원, 「서정주의 시를 읽는 몇 가지 斷想」, ≪포에지≫, 나남출판, 2000. 11.
박선영, 『서정주 시의 공간 은유 연구』, 숭실대 대학원 박사학위논문, 2008. 8.
박철석, 「未堂시학의 변천고」, ≪한국문학논총≫, 1980. 12.
박혜숙, 『백석과 서정주의 서술시 비교 연구』, 아주대 대학원 박사학위논문, 2008. 2.
배영애, 『현대시에 나타난 불교의식 연구: 한용운, 서정주, 조지훈 시를 중심으로』, 숙명여대 대학원 박사학위논문, 1999. 8.
신범순, 「질기고 부드럽게 걸러진 영원(1) – 未堂 서정주의 〈떠돌이의 시〉」, ≪현대시≫, 1994. 1.
오태환, 『서정주 시의 무속적 상상력 연구』, 고려대 대학원 박사학위논문, 2006. 2.
유지현, 『서정주 시의 공간 상상력 연구』, 고려대 대학원 박사학위논문, 1998. 2.
육근웅, 『서정주시 연구』, 한양대 대학원 박사학위논문, 1991. 2.
윤재웅, 『서정주 시 연구』, 동국대 대학원 박사학위논문, 1996. 8.
이경수, 『한국 현대시의 반복 기법과 언술 구조: 1930년대 후반기의 백석 · 이용악 · 서정주 시를 중심으로』, 고려대 대학원 박사학위논문, 2003. 2.
이경희. 「서정주의 시 「알뫼집 개피떡」에 나타난 신비체험과 공간」, ≪이화 어문논집≫ 제12집, 1992.
이수정, 『서정주 시에 있어서 영원성 추구의 시학』, 서울대 대학원 박사학위논문, 2006. 8.

이어령, 『문학공간의 기호론적 연구』, 단국대 대학원 박사학위논문, 1986.
______, 「피의 순환과정 - 未堂시학」, ≪문학사상≫, 1987. 10.
이영광, 『서정주 시의 형성 원리와 시의식의 구조』, 고려대 대학원 박사학위논문, 2006. 2.
이진흥, 『서정주시의 심상연구』, 영남대 대학원 박사학위논문, 1989.
장창영, 「서정주 시에 나타난 성 욕망과 정화 양상」, ≪국어국문학≫ 133호, 국어국문학회, 2002. 5.
정금철, 「「花蛇集」의 심리분석적 접근」, ≪서강어문≫ 제1집, 서강어문학회, 서강대 국어국문학과, 1981. 6.
정형근, 『서정주 시 연구: 판타지와 이데올로기의 문제를 중심으로』, 서강대 대학원 박사학위논문, 2005. 2.
______, 「서정주 시의 판타지와 이데올로기」, ≪어문연구≫ 129호, 한국어문교육연구회, 2006. 3.
조연현, 「未堂 서정주론」, ≪동악어문논집≫ 제9집, 동악어문학회, 1976. 12.
천이두, 「지옥과 열반: 서정주론」, ≪시문학≫, 1972. 6-9.
허윤회, 『서정주 시 연구』, 성균관대학교 대학원 박사학위논문, 2001. 2.
황동규, 「탈의 완성과 해체」, ≪현대문학≫, 1981. 9.

3. 번역서 및 외국원서

그라스, 버논W. 김진국 편역, 『문학현상학』, 대방출판사, 1983.
랭어, 모니카 M. 서우석 · 임양혁 역, 『메를로-퐁티의 「지각의 현상학」』, 청하, 1992.
레비-스트로스, 클로드. 김진욱 역, 『구조인류학』, 종로서적, 1987.
로트만, 유리. 유재천 역, 『詩 텍스트의 분석; 詩의 구조』, 가나, 1987.
__________. 유재천 역, 『예술 텍스트의 구조』, 고려원, 1991.
뢰브느와. 『징표, 상징, 신화』, 윤정선 역, 탐구당, 1984.
리파떼르, 미카엘. 유재천 역, 『詩의 기호학』, 민음사, 1993.
링크, 위르겐. 고규진 外 역, 『기호와 문학』, 민음사, 1994.

바슐라르, 가스통. 곽광수 역, 『공간의 시학』, 민음사, 1993.
______________. 이가림 역, 『물과 꿈』, 문예출판사, 1993.
발르, 프랑스와 外. 민희식 역, 『구조주의란 무엇인가』, 고려원, 1985.
셀던, 레이먼. 현대문학이론연구회 역, 『현대문학이론』, 문학과 지성사, 1993.
슐츠, C. N. 김광현 역, 『실존·공간·건축』, 태림문화사, 1985.
야콥슨, 로만. 신문수 편역, 『문학 속의 언어학』, 문학과지성사, 1989.
___________ 外. 박인기 편역, 『현대시의 이론』, 지식산업사, 1990.
엘리아데, 멀치아. 정진홍 역, 『우주와 역사』, 현대사상사, 1976.
______________. 이동하 역, 『聖과 俗: 종교의 본질』, 학민사, 1994.
______________. 이재실 역, 『종교사 개론』, 까치, 1994.
융, 칼 구스타브(편). 이부영 外 편역, 『인간과 무의식의 상징』, 집문당, 1983.
주브, 벵상. 하태완 역, 『롤랑바르트』, 민음사, 1995.
칸딘스키, W. 권영필 역, 『예술에 있어서 정신적인 것에 대하여』, 열화 1979.
투쎙, 베르나르. 윤학로 역, 『기호학이란 무엇인가』, 청하, 1991.
투안, 위-푸. 정영철 역, 『공간과 장소』, 태림문화사, 1995.
파레트, 헤르만. 김성도 역, 『현대 기호학의 흐름』, 이론과실천, 1995.
파주, J. B. 김 현 역, 『구조주의란 무엇인가』, 문예출판사, 1972.
호옥스, 테렌스. 오원교 역, 『구조주의와 기호학』, 신아사, 1988.
홀, 에드워드. T. 김지명 역, 『숨겨진 차원』, 정음사, 1984.
홀럽, 로버트. C. 최상규 역, 『수용이론』, 삼지원, 1985.

Bollnow, Otto Friedrich. *Mensch und Raum*, Stuttgart: Kohlhamner, 1963.
Culler, Jonathan. *Structuralist Poetics*, New York: Comell Univ. Press, 1978.
Eco, Umberto. *Semiotics and the Philosophy of Language*, the MacMillan Press, 1984.
Greimas, A. J. *Semantique Structural*, Paris: Librairie Larousse, 1966.

Illich, Ivan. *Gender*, New York: Panthen Books, 1982.
Lotman, J. M. "On the Metalanguage of a Typological Description of Culture," *Semiotica* 14, 1975.
Maranda, E. K. & P. *Structural Models in Folklore and Transformational Essays*, the Hague: Mouton, 1971.
Norberg-Schulz, Christian. *Existence, Space & Architecture*, New York: Praeger Publishers, 1971.
Parrinder, Geoffrey. *Mysticism in the World's Religions*, New York: Oxford Univ. Press, 1976.
Riffaterre, Michael. *Semiotics of Poetry*, Bloomington: Indiana Univ. Press, 1978.
Todorov, Tzvetan. *Mikhail Bakhtin: The Dialogical Principle*, trans. Wald Godzich, Minneapolis: Univ. of Minnesota Press. 1984.
Wheelwright, Philip. *Metaphor and Reality*, Bloomington: Indiana Univ. Press, 1973.

찾 아 보 기

【ㄱ】

【ㄴ】

【ㄷ】

【ㄹ】

【ㅁ】

【ㅂ】

【ㅅ】

【ㅇ】

【ㅈ】

저 자 약 력

정 유 화

- 경북 선산 출생
- 중앙대 국어국문학과 및 동 대학원 박사과정 졸업
- 1988년 〈동서문학〉으로 등단(시)
- 2003년 〈월간문학〉으로 등단(문학평론)
- '중앙문학상' 및 '어문논문상' 수상
- 시집으로 『청산우체국 소인이 찍힌 편지』, 『미소를 가꾸다』 등이 있음.
- 저서로는 『한국 현대시의 구조미학』, 『타자성의 시론』이 있음.
- 현재 서울시립대 교양교육부 강의전담교수로 재직.

서정주의 우주론적 언술미학

저 자 / 정유화

인 쇄 / 2013년 10월 10일
발 행 / 2013년 10월 12일

펴낸곳 / 도서출판 청운
등 록 / 제7-849호
편 집 / 최덕임
펴낸이 / 전병욱

주 소 / 서울시 동대문구 용두동 767-1
전 화 / 02)928-4482
팩 스 / 02)928-4401
E-mail / chung928@hanmail.net

값 / 22,000원
ISBN 978-89-92093-36-1